高等职业教育机械专业系列教材

机械设计基础课程设计指导书

（第二版）

主　编　杨　红　傅子霞　陈慧玲
副主编　匡伟祥　程　利　朱树红
　　　　邱丽雅　王建平　黄代英
参　编　雷云进　蒋兴方　谭佩莲

南京大学出版社

内容简介

本书系统地介绍了简单机械传动装置的设计内容、设计方法和设计步骤,为学生如何正确设计结构及合理处理经验数据起了详实的指导作用,同时引入了创新设计,开拓了学生的视野,拓展了学生的思维,培养了学生创新设计能力。本书由 6 个章节和附录组成:前面 6 个章节内容包括机械设计课程设计指导、带式输送机的设计实例、创新设计指导;后面附录内容包括机械设计手册最新国家标准、规范的节选、减速器装配与零件工作图册和常见错误结构示例。本书为学生进行课程设计的重要工具。

本书主要供高等职业技术院校、大中专及职工大学机械类和近机械类专业学生进行机械设计基础课程设计时使用,也可供相关工程技术人员参考。

图书在版编目(CIP)数据

机械设计基础课程设计指导书 / 杨红,傅子霞,陈慧玲主编.
— 2 版. — 南京:南京大学出版社,2017.1(2022.8 重印)
ISBN 978 - 7 - 305 - 18205 - 1

Ⅰ. ①机… Ⅱ. ①杨… ②傅… ③陈… Ⅲ. ①机械设
计—课程设计—高等职业教育—教材 Ⅳ. ①TH122 - 41

中国版本图书馆 CIP 数据核字(2017)第 001040 号

出版发行　南京大学出版社
社　　　址　南京市汉口路 22 号　邮编 210093
出 版 人　金鑫荣

书　　名　机械设计基础课程设计指导书(第二版)
主　编　杨　红　傅子霞　陈慧玲
责任编辑　刘　洋　何永国　　编辑热线　025 - 83596997

照　排　南京开卷文化传媒有限公司
印　刷　南京京新印刷有限公司
开　本　787×1092　1/16　印张 16　字数 389 千
版　次　2022 年 8 月第 2 版第 6 次印刷
ISBN　978 - 7 - 305 - 18205 - 1
定　价　40.00 元

网　　址:http://www.njupco.com
官方微博:http://weibo.com/njupco
微信服务号:njuyuexue
销售咨询热线:(025)83594756

前　言

　　《机械设计基础课程设计指导书》(第二版)是在第一版的基础上,根据教育部《关于全面提高高等职业教育教学质量的若干意见》(教育部[2006]16号)文件的精神和高等职业教育机械制造类专业的人才培养目标和规格,在企业调研的基础上,结合高职院校的教学实际,由一批长期从事教学工作并具有生产实践经验的一线教师重新修订的《机械设计基础》配套教材。

　　本书以带式输送机的设计为实例,系统地介绍了简单机械传动装置的设计内容、设计方法和设计步骤等内容。本书为学生如何正确设计零部件结构及合理处理经验数据起到了详实的指导作用,同时引入了创新设计,其目的是开拓学生的视野,培养学生的创新设计能力。

　　本书内容包括机械设计课程设计指导、带式输送机的设计实例、创新设计指导、减速器装配图与零件图示例、常见错误结构示例和机械设计手册最新国家标准、规范的节选等。各部分有机结合起来,使本书具有很强的针对性和实用性。

　　与第一版相比,本书具有如下特点:

　　1. 带式输送机传动装置的设计实例内容更加合理,公式或数据的出处更为详细;

　　2. 严格精选零件工作图例,图形更加准确,其几何尺寸和形位公差均按最新国家标准标注,便于学生参考使用;

　　3. 鉴于我国许多标准都进行了修订,书中尽量节选了新近颁布的国家标准和规范;

　　4. 根据教学实际,修改或补充了常见错误结构示例,方便学生对照比较、加深认识;

　　5. 本书一方面作为"机械设计基础"课程的配套教材,满足机械设计基础课程设计要求;另一方面可作为简明机械设计手册,供有关工程技术人员参考使用。

　　本书由湖南工业职业技术学院杨红、长沙职业技术学院傅子霞、湖南化工职业技术学院陈慧玲担任主编;郴州职业技术学院匡伟祥、湖南工业职业技术学院程利、张家界航空工业职业技术学院朱树红、三明职业技术学院邱丽雅、长沙航空职业技术学院王建平、湖南工业职业技术学院黄代英担任副主编;郴州职业技术学院雷云进、湖南交通职业技术学院蒋兴方、湖南工业职业技术学院谭佩莲参与编写。全书由杨红负责教材框架构建、统稿和定稿事宜。

　　本书的编写力求适应高职高专课程体系和教学内容的改革及发展,限于编者水平,书中的缺点和错误恳请各位同仁及读者不吝批评指正。

编　者

2016 年 12 月

目　录

第1章　机械设计基础课程设计概述

1.1　课程设计的目的

课程设计是机械设计基础课程最重要的综合性与实践性教学环节,是高等职业院校机械类和近机类专业学生第一次较为全面地设计训练,其目的是:

(1) 培养学生综合应用机械设计基础课程及其他先修课程的理论知识和生产实际知识去分析和解决工程实际问题的能力,并使所学知识得到巩固、加深,做到融会贯通、协调应用。

(2) 使学生学习和掌握一般机械设计的基本方法和步骤,逐步树立正确的设计思想,增强创新意识和竞争意识,为今后毕业设计与就业打下基础。

(3) 使学生在设计中得到基本技能训练,如计算、绘图、使用相关资料(手册、图册、标准和规范等),以及正确使用经验数据、公式等。

总之,机械设计基础课程设计是培养学生分析和解决机械设计一般问题能力的初步实践。

1.2　课程设计的内容

课程设计通常是选择由机械设计基础课程所学过的大部分通用机械零件组成的机械传动装置或简单机械作为设计题目。

传动装置是一般机械中不可缺少的组成部分,它包括了机械设计基础课程的主要内容,也涵盖了机械设计中常遇到的一般问题,达到上述课程设计的目的。

因为齿轮(或蜗杆)减速器是典型的、应用十分广泛的一般传动装置,它包括了齿轮、轴、轴承及箱体等零部件的设计计算,掌握了它的设计方法、设计步骤,就可以举一反三,了解一般传动装置的设计并进而了解机器的设计。

课程设计的内容主要包括以下方面:

(1) 分析、拟定传动方案。

(2) 选择电动机。

(3) 传动装置的运动参数和动力参数的计算。

(4) 传动零件、轴系零件的设计计算。

(5) 联接件、密封、润滑的选择。

(6) 装配草图设计。

（7）箱体结构设计。

（8）减速器装配工作图及零件工作图绘制。

（9）编写设计计算说明书。

（10）设计总结,准备并参加答辩。

要求学生在规定的时间内完成以下工作：

（1）减速器装配图 1 张（A0 或 A1 图纸）。

（2）零件工作图 2～4 张（A2 或 A3 图纸）。

（3）设计计算说明书 1 份,约 5 000～8 000 字。

（4）课程设计完成后进行答辩。

1.3　课程设计的步骤与计划安排

1.3.1　机械设计的一般过程

设计任何一部新机械大体上都需要经过这样的一个过程：

设计任务→总体设计→结构设计→零件设计→加工生产→安装调试。

安装调试之后需要看是否能完全满足设计要求,如不能满足预先制定的设计要求,还要重新审视总体设计、结构设计等各个环节的设计是否合理,对有问题的环节应作相应的改进,直到完全满足设计要求为止。

1.3.2　课程设计的一般步骤

课程设计与机械设计的一般过程相似,也从方案分析开始,然后进行必要的计算和结构设计,最后以图纸表达设计结果,以设计计算说明书表达设计的依据。在设计过程中,零件的几何尺寸可由理论计算（通常以强度计算为主）、经验公式、绘制草图或根据设计要求及参考已有结构,用类比的方法确定。

通过边计算、边画图、边修改的方式,即用"三边"设计的方法来逐步完成设计。

下面以机械类 3 周,非机械类 2 周来说明机械设计的一般步骤：

1. 设计准备（1～1.5 天）

（1）认真研究设计任务书,了解设计要求和工作条件。

（2）准备好设计需要的图书、资料、用具。

（3）查阅有关资料和图纸,参观模型或实物,观看录像,挂图,上网查阅有关资料,进行减速器拆装实验等,加深对设计任务的了解。

（4）复习有关课程的内容,熟悉有关零件的设计方法和步骤。

（5）拟定课程设计进度计划。

2. 传动装置的总体设计（1～1.5 天）

（1）分析并确定传动装置的方案。

（2）选择电动机的类型和型号。

（3）确定传动装置的总传动比并分配各级传动比。

（4）计算传动装置的运动和动力参数,计算各轴转速和转矩。

3. 传动零件的设计计算(1~1.5 天)

(1) 减速器外部传动零件的参数和主要尺寸的设计计算(带传动、开式齿轮传动等)。

(2) 减速器内部传动零件的参数和主要尺寸的设计计算(齿轮传动、蜗杆传动等)。

(3) 选择联轴器的类型和型号等。

4. 减速器装配草图设计(2.5~4 天)

(1) 轴、轴上零件及轴承组件的结构设计。

(2) 校核轴的强度,校核滚动轴承的寿命,校核键联接的强度。

(3) 设计和选择减速器箱体结构及其附件,确定润滑密封和冷却的方式等。

(4) 自检草图。

5. 减速器装配图绘制(1.5~3 天)

(1) 编写零件序号,标注尺寸公差和配合。

(2) 编写减速器特性、技术要求、标题栏和明细表等内容。

(3) 加深装配图。

6. 设计和绘制零件工作图(1~1.5 天)

(1) 齿轮类零件和轴类零件工作图的绘制。

(2) 箱盖和箱体零件工作图的绘制。

7. 整理和编写设计说明书(1 天)

应含所有的计算,并附有必要的简图。

8. 设计总结和答辩(1 天)

(1) 编写设计总结。

(2) 认真阅读资料,回顾所做设计,做好答辩前的准备工作,参加答辩。

1.4　课程设计的要求与注意事项

机械设计基础课程设计是学生第一次较全面地接触综合设计训练,开始时学生往往不知从何处着手。现场指导教师应给予适当的指导,并掌握设计的进度,对设计过程进行阶段性检查;而学生应在教师的指导下发挥主观能动性,做到严肃、认真、负责,积极思考问题,刻苦钻研。认真阅读课程设计指导书,查阅有关设计资料,按指导教师的布置循序渐进地进行设计,按时完成设计任务。

在课程设计中应注意的事项:

1. 继承和创新,注重培养学生独立工作的能力

课程设计应在教师指导下由学生独立完成。学生在设计过程中要独立思考、深入钻研,主动地、创造性地进行设计,反对不求甚解、照搬照抄或依赖教师,不能盲目抄袭现有图例。要认真阅读参考资料,仔细分析参考图例的结构,这样,既可避免许多重复工作、加快设计进程,同时也是创新的基础和提高设计质量的重要保证。

2. 标准和规范的正确使用

采用和遵守各种标准规范是提高所设计机械的质量和降低成本的一项重要指标和首要原则。

设计时,尽可能选用标准件。这样可以保证零件的互换性,减轻设计工作量,缩短设计

周期,降低生产成本。对非标准件的一些尺寸参数,要求圆整为标准数或优先数系,以方便制造和测量。要尽量减少选用的材料牌号和规格,增加标准件的品种和规格,尽可能选用市场上能充分供应的通用品种,这样才能降低成本,方便使用和维修。

3. 强度计算与结构、工艺要求的关系

在设计中,机械零件的尺寸不可能完全由理论计算确定,还要通过同时考虑强度、刚度、结构、加工工艺、装配工艺、成本高低等各方面的要求来综合确定。理论计算只是为确定零件尺寸提供了一个方面(如强度、刚度)的依据,有些经验公式(如齿轮轮缘尺寸的计算公式)也只是考虑了主要因素的要求,所以求得的是近似值。因此,在设计时要根据具体情况作适当的调整,全面考虑强度、刚度、结构和工艺的要求。

4. 正确处理计算与绘图的关系

设计时,有些零件可以由计算得到主要尺寸,通过草图设计决定具体结构;而有些零件则需要先绘图,取得计算所需条件,再进行必要计算,由其计算结果又可能需要修改草图。这种边画、边算、边修改的设计方法,称为设计计算与绘图交替进行的"三边"方法。产品的设计总是经过多次修改才能得到较高的设计质量,因此在设计时应该坚持运用"三边"的设计方法。只有这样,才能在设计中养成严肃认真、一丝不苟、有错必改的工作作风,使设计精益求精。

5. 及时记录、检查和整理计算结果

设计开始时,就应准备一稿本,把设计过程中所涉及的主要问题及所有计算都写在稿本上,这样方便随时检查和修改。不要采用零散稿纸,以免散失而需重新计算,增加了工作量,也造成了时间的浪费。另外,对不懂的问题和解决问题的方法、从参考书中摘录的资料和数据等也应及时记在稿本上,方便备查。设计中各方面的问题都要做到有理有据,这样在编写说明书时可节省很多时间。

总之,设计是继承和创造的工作。任何一个设计都可能有很多解决的方案,因此学习机械设计应该有创新精神,不能盲目地、死搬教条地抄袭已有的类似产品。要善于在设计中学习和借鉴以往积累下来的宝贵经验和资料,继承和发展这些经验和成果,提高自己分析和解决实际工程设计问题的能力。

1.5　课程设计任务书

机械设计基础课程设计任务书应明确提出设计题目、原始数据、工作条件和设计工作量等。下面列出一级圆柱齿轮减速器、二级圆柱齿轮减速器、一级蜗杆减速器、二级圆锥-圆柱齿轮减速器四种类型设计任务书,以供参考。

机械设计基础课程设计任务书(一)

班级＿＿＿＿＿＿　　姓名＿＿＿＿＿＿＿＿

设计题目

设计带式输送机传动装置中的一级圆柱齿轮减速器。

运动简图

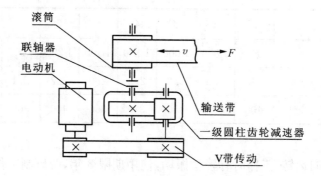

原始数据

数据编号	1	2	3	4	5	6	7	8	9	10
输送带工作拉力 F/N	1 500	1 500	1 600	1 800	1 800	2 000	2 000	2 200	2 300	2 400
输送带工作速度 $v/(\text{m} \cdot \text{s}^{-1})$	1.5	1.6	1.6	1.5	1.8	1.8	2.0	1.5	1.8	1.8
滚筒直径 D/mm	280	300	320	300	300	320	300	280	200	320

工作条件

输送机连续单向运转,工作时有轻微振动,使用期限 8 年,两班制工作(每年按 300 工作日计算),小批量生产,输送带速度容许误差为±5%。

设计工作量

减速器装配图 1 张

减速器零件图 2~3 张

设计说明书 1 份

机械设计基础课程设计任务书(二)

班级 ＿＿＿＿＿＿　　　　姓名 ＿＿＿＿＿＿＿＿＿＿

设计题目

设计带式输送机传动装置中的一级圆柱齿轮减速器。

运动简图

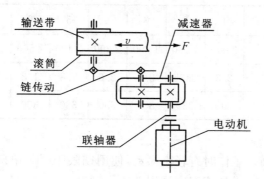

原始数据

数据编号	1	2	3	4	5	6	7	8	9	10
输送带工作拉力 F/N	900	1 000	1 000	1 100	1 100	1 200	1 200	1 500	1 600	1 800
输送带工作速度 $v/(\text{m}\cdot\text{s}^{-1})$	2.5	2.0	2.2	2.2	2.0	2.2	2.1	1.6	1.7	1.6
滚筒直径 D/mm	400	500	450	320	350	400	300	250	200	320

工作条件

输送机连续单向运转,工作时有轻微振动,使用期限 8 年,两班制工作(每年按 300 工作日计算),小批量生产,输送带速度容许误差为±5%。

设计工作量

减速器装配图 1 张

减速器零件图 2～3 张

设计说明书 1 份

机械设计基础课程设计任务书(三)

班级_____　　　　姓名_____

设计题目

设计带式输送机传动装置中的二级圆柱齿轮减速器。

运动简图

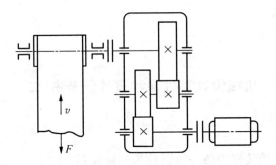

原始数据

数据编号	1	2	3	4	5	6	7	8	9	10
输送带工作拉力 F/N	2 000	1 800	1 800	2 200	2 400	2 500	2 600	1 900	2 300	2 000
输送带工作速度 $v/(\text{m}\cdot\text{s}^{-1})$	2.3	2.35	2.5	2.6	1.8	1.8	1.8	2.45	2.1	2.4
滚筒直径 D/mm	300	330	350	350	380	300	360	320	360	380

工作条件

输送机连续单向运转,工作时有轻微振动,使用期限 10 年,单班制工作(每年按 300 工作日计算),小批量生产,输送带速度容许误差为±5%。

设计工作量

减速器装配图 1 张

减速器零件图 2～3 张

设计说明书 1 份

机械设计基础课程设计任务书（四）

班级＿＿＿＿＿＿＿＿　　姓名＿＿＿＿＿＿＿＿

设计题目

设计电动卷扬机传动装置中的一级蜗杆减速器。

运动简图

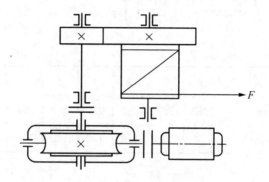

原始数据

数据编号	1	2	3	4	5	6	7	8	9	10
钢绳拉力 F/N	10	12	14	15	16	18	20	11	13	17
钢绳速度 $v/(\text{m} \cdot \text{min}^{-1})$	12	12	10	10	10	8	8	12	12	8
卷筒直径 D/mm	450	460	400	380	390	310	320	440	480	320

工作条件

输送机连续单向运转，工作时有中等振动，两班制工作（每年按 300 工作日计算），小批量生产，使用寿命 10 年，钢丝绳速度允许误差为±5％。

设计工作量

减速器装配图 1 张

减速器零件图 2～3 张

设计说明书 1 份

机械设计基础课程设计任务书（五）

班级＿＿＿＿＿＿＿＿　　姓名＿＿＿＿＿＿＿＿

设计题目

设计螺旋输送机传动装置中的一级圆柱齿轮减速器。

运动简图

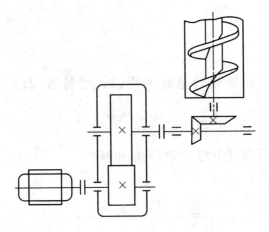

原始数据

数据编号	1	2	3	4	5	6	7	8	9	10
输送机工作轴转矩 $T/(\text{N} \cdot \text{m})$	250	250	260	250	260	265	270	275	280	285
输送机工作轴转速 $n/(\text{r} \cdot \text{min}^{-1})$	150	145	140	140	135	130	125	125	120	120

工作条件

输送机连续单向运转,工作时有轻微振动,使用期限 10 年,单班制工作(每年按 300 工作日计算),小批量生产,输送机工作轴转速允许误差为±5%。

设计工作量

减速器装配图 1 张　　减速器零件图 2～3 张　　设计说明书 1 份

机械设计基础课程设计任务书(六)

班级＿＿＿＿＿＿＿＿　　姓名＿＿＿＿＿＿＿＿

设计题目

设计带式输送机传动装置中的二级圆锥-圆柱齿轮减速器。

运动简图

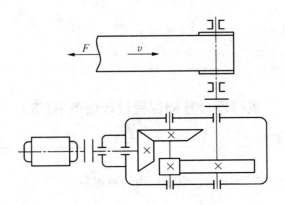

原始数据

数据编号	1	2	3	4	5	6	7	8	9	10
输送带工作拉力 F/N	2 500	2 400	2 300	2 200	2 100	2 100	2 800	2 700	2 600	2 500
输送带工作速度 $v/(\text{m}\cdot\text{s}^{-1})$	1.4	1.5	1.6	1.7	1.8	1.9	1.3	1.4	1.5	1.6
滚筒直径 D/mm	250	260	270	280	290	300	250	260	270	280

工作条件

输送机连续单向运转,工作时有轻微振动,使用期限 9 年,单班制工作(每年按 300 工作日计算),小批量生产,输送带速度容许误差为±5%。

设计工作量

减速器装配图 1 张

减速器零件图 2～3 张

设计说明书 1 份

第 2 章　机械传动装置及其零部件设计

2.1　机械传动装置总体设计

机器常由原动机、传动装置和工作机三部分组成。传动装置是将原动机的运动和动力传递给工作机的中间装置,它可以改变工作机速度的大小、方向,力或力矩的大小,有时也可改变工作机的运动性质和规律。机械传动装置总体设计的目的是确定传动方案、选定电动机型号、合理分配各级传动比及计算传动装置的运动和动力参数,为计算各级传动件和设计绘制装配草图准备条件。

课程设计任务书一般由指导教师拟定。如设计任务书给定传动方案时,学生则应了解和分析该种方案的特点;若只给定工作机的性能要求,学生则应根据各种传动的特点,确定出最佳的传动方案。

2.1.1　分析与拟定传动方案

1. 传动机构类型的比较

选择传动机构的类型是拟定传动方案的重要一环,通常应考虑机器的动力、运动和其他要求,再结合各种传动机构的特点和适用范围,通过分析比较,合理选择。常用传动机构的性能与适用范围如表 2-1。

表 2-1　常用传动机构的性能及适用范围

选用指标＼传动机构		平带传动	V带传动	圆柱摩擦轮传动	链传动	齿轮传动		蜗杆传动
功率(常用值)/kW		小 (≤20)	中 (≤100)	小 (≤20)	中 (≤100)	大 (最大达 50 000)		小 (≤50)
单级 传动比	常用值	2～4	2～4	2～4	2～5	圆柱 3～5	圆锥 3～5	10～40
	最大值	5	7	5	6	8	5	80
传动效率		中	中	较低	中	高	高	低
许用的线速度/(m·s⁻¹)		≤25	≤25～30	≤15～25	≤40	6 级精度直齿≤18,非直齿≤36;5 级精度达 100		≤15～35

续表

传动机构 选用指标	平带传动	V 带传动	圆柱摩擦 轮传动	链传动	齿轮传动	蜗杆传动
外廓尺寸	大	大	大	大	小	小
传动精度	低	低	低	中等	高	高
工作平稳性	好	好	好	较差	一般	好
自锁能力	无	无	无	无	无	可有
过载保护作用	有	有	有	无	无	无
使用寿命	短	短	短	中等	长	中等
缓冲吸振能力	好	好	好	中等	差	差
要求制造及安装精度	低	低	中等	中等	高	高
要求润滑条件	不需	不需	一般不需	中等	高	高
环境适应性	不能接触酸、碱、油类、爆炸性气体		一般	好	一般	一般

2. 合理的传动方案

合理的传动方案首先应满足工作机的性能要求,如所传递的功率大小与转速。另外还要考虑结构简单、尺寸紧凑、加工方便、成本低廉、传动效率高和使用维护方便等要求,以保证工作机的工作质量和可靠性。拟定一个合理的传动方案,需要在熟悉各种传动机构特点的基础上,合理地布置传动顺序,通常应考虑以下几点:

(1) 在众多的传动零件当中,圆柱齿轮传动因传动效率高、结构尺寸小,应优先采用。

(2) 当输入轴和输出轴有一定角度要求时,可采用圆锥-圆柱齿轮传动。

(3) 对于大传动比,可采用蜗杆或环面蜗杆传动。

(4) 带传动的承载能力较低,在传递相同扭矩时,其结构尺寸比其他传动机构大,但传动平稳,有吸振和过载保护作用。

(5) 链传动运转不均匀、有冲击,不适于高速传动,宜布置在传动装置的低速级。

(6) 圆锥齿轮的加工比较困难,特别是大模数圆锥齿轮。因此圆锥齿轮传动应尽可能布置在高速级并能限制其传动比,以减小其直径和模数。

(7) 蜗杆传动可以实现较大的传动比,传动平稳,但效率低,适于中小功率、间歇传动的场合。当与齿轮传动同时布置时,最好布置在高速级,使传递的转矩较小,以减小蜗轮尺寸、节约有色金属;而且高速级处有较高的齿面相对滑动速度,有利于形成润滑油膜,提高效率,延长使用寿命。

(8) 斜齿轮传动的平稳性较直齿轮传动好,常用于高速级或要求传动平稳的场合。

(9) 开式齿轮传动的工作环境一般较差,润滑条件不好,磨损较严重,应布置在低速级。

传动方案常用运动简图表示,运动简图明确地表示了组成机构的原动件、传动装置和工作机三者之间的运动和动力的传递关系。传动方案要同时满足许多要求肯定是比较困难的,因此,在设计过程中,往往需要拟定多种方案,以进行技术和经济上的分析和比较。

图 2-1 给出了带式输送机的三种传动方案运动简图。在这三种传动方案中,除方案(b)采用一级蜗杆传动外,其他均为二级减速传动。由于采用了不同类型的传动机构,因此各有其特点:方案(a)采用一级带传动和一级闭式齿轮传动,这种方案外廓尺寸较大,有减振和过载保护作用,但带传动不适合繁重的工作要求和恶劣的工作环境;方案(b)的结构紧凑,可实现较大的传动比,但由于蜗杆传动效率低、功率损失大,用于长期连续运转场合很不经济;方案(c)的宽度虽然也较大,但采用了闭式齿轮传动,可得到良好的润滑与密封,能适应在繁重与恶劣的条件下长期工作,使用维护方便。上述三种方案应根据机器的具体情况分析确定,如机械系统的总传动比大小、载荷大小、性质,各机构的相对位置,工作环境,对整机结构要求等。

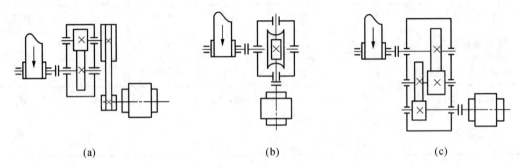

(a) 　　　　　　　　　　　(b) 　　　　　　　　　　　(c)

图 2-1 带式输送机的三种传动方案

2.1.2 电动机的选择

一般机械中多用电动机为原动机。电动机是已经系列化和标准化的定型产品,设计中须根据工作载荷大小与性质、转速高低、起动特性、运载情况、工作环境、安装要求及空间尺寸限制和经济性等要求从产品目录中选择电动机的类型、结构型式、容量(功率)和转速,并确定电动机的具体型号。常用电动机的型号及技术数据可从附录 9 中查取。

1. 电动机类型和结构型式的选择

电动机分交流电动机和直流电动机,工业上常采用交流电动机。交流电动机有异步电动机和同步电动机两类,异步电动机又分为笼型和绕线型两种,其中以普通笼型异步电动机应用最为广泛。

如无特殊要求,一般选择 Y 系列三相交流异步电动机。它高效、节能、噪声小、振动小,运行安全可靠,安装尺寸和功率等级符合国际标准(IEC),适用于无特殊要求的各种机械设备,设计时应优先选用。对于需频繁起动、制动和换向的机器(如起重机、提升设备),要求电动机具有较小的转动惯量和较大的承载能力,这时应选用起重与冶金用 YZ(鼠笼型)或 YZR(绕线型)系列三相交流异步电动机。

电动机的结构有防护式、封闭自扇式和防爆式等,可根据防护要求选择。同一类型的电动机又具有几种安装型式,可根据不同的安装要求选择。

2. 电动机的功率确定

电动机的功率选择是否合适将直接影响电动机的工作性能和经济性能。如果选用的电动机额定功率超出输出功率较多时,则电动机长期在低负荷下运转,效率及功率因素低,增加了非生产性的电能消耗;反之,如所选电动机额定功率小于输出功率,则电动机长期在过载下运转,会使其寿命降低,甚至使电动机发热烧毁。

（1）电动机输出功率的确定

当已知工作机阻力为 $F(N)$ 或转矩为 $T(N \cdot m)$ 或圆周速度为 $V(m/s)$ 或转速为 $n(r/min)$ 或角速度为 $\omega(rad/s)$ 时,电动机的输出功率为:

$$p_d = \frac{p_w}{\eta_a} \tag{2-1}$$

式中: p_w—工作机所需输入功率(kW);

$\quad\quad\quad \eta_a$—由电动机至工作机的传动装置的总效率。

工作机所需功率 p_w 由工作机的工作阻力(F 或 T)和运动参数(v 或 n 或 ω)按式 (2-2)、式(2-3)计算。

$$p_w = \frac{FV}{1\,000\,\eta_w} \quad (kW) \tag{2-2}$$

$$p_w = \frac{Tn}{9\,550\,\eta_w} \quad (kW) \tag{2-3}$$

式中　η_w—工作机的效率,根据工作机类型确定。

对于起重运输机,当已知卷筒直径为 $D(mm)$,卷筒转速为 $n(r/min)$ 时,卷筒圆周速度为

$$v = \frac{\pi Dn}{60 \times 1\,000} \quad (m/s) \tag{2-4}$$

当已知卷筒直径为 $D(mm)$,卷筒圆周速度为 $v(m/s)$ 时,卷筒转速为

$$n = \frac{60 \times 1\,000 \times v}{\pi D} \quad (r/min) \tag{2-5}$$

选择电动机型号时应满足下列条件:

$$P_m \geqslant KP_d \tag{2-6}$$

式中: P_m—电动机的额定功率(kW),指在长期连续运转条件下所能发出的功率。其数值标注在电动机铭牌上;

K—过载系数,视工作机构可能的过载情况而定。一般可取 $K = 1 \sim 1.3$。

电动机的额定功率 P_m 应等于或略大于电动机所需的输出功率 P_d,以便电动机工作时不会过热。

（2）传动装置总效率 η_a 的确定

$$\eta_a = \eta_1 \cdot \eta_2 \cdot \cdots \cdot \eta_n \tag{2-7}$$

式中: $\eta_1, \eta_2, \cdots, \eta_n$—分别为传动装置中各传动副(如齿轮、蜗杆、带或链传动等),每一对轴承及每一个联轴器的效率,其数值可从表2-2中查取。

表 2-2　机械传动效率概略值

类别	传动型式	效率 η	类别	传动型式	效率 η
圆柱齿轮传动	很好跑合的 6 级和 7 级精度齿轮传动(稀油润滑)	0.98~0.99	绞车卷筒		0.94~0.97
	8 级精度的一般齿轮传动(稀油润滑)	0.97	滑动轴承	润滑不良	0.94
	9 级精度的齿轮传动(稀油润滑)	0.96		润滑正常	0.97
				润滑特好(压力润滑)	0.98
	加工齿的开式齿轮传动(干油润滑)	0.94~0.96		液体摩擦	0.99
	铸造齿的开式齿轮传动	0.90~0.93	滚动轴承	球轴承(稀油润滑)	0.99
圆锥齿轮传动	很好跑合的 6 级和 7 级精度齿轮传动(稀油润滑)	0.97~0.98		滚子轴承(稀油润滑)	0.98
			摩擦传动	平摩擦传动	0.85~0.92
	8 级精度的一般齿轮传动(稀油润滑)	0.94~0.97		槽摩擦传动	0.88~0.90
	加工齿的开式齿轮传动(干油润滑)	0.92~0.95		卷绳轮	0.95
			联轴器	十字滑块联轴器	0.97~0.99
	铸造齿的开式齿轮传动	0.88~0.92		齿轮联轴器	0.99
蜗杆传动	自锁蜗杆	0.40~0.45		弹性联轴器	0.99~0.995
	单头蜗杆	0.70~0.75		万向联轴器($\alpha \leqslant 3°$)	0.97~0.98
	双头蜗杆	0.75~0.82		万向联轴器($\alpha > 3°$)	0.95~0.97
	三头、四头蜗杆	0.80~0.92		梅花接轴	0.97~0.98
	圆弧面蜗杆传动	0.85~0.95		液力联轴器(在设计点)	0.95~0.98
带传动	平带无压紧轮的开式传动	0.98	复合轮组	滑动轴承($i=2\sim6$)	0.90~0.98
	平带有压紧轮的开式传动	0.97		滚动轴承($i=2\sim6$)	0.95~0.99
	平带交叉传动	0.90	减速(变)速器[1]	单级圆柱齿轮减速器	0.97~0.98
	V 带传动	0.96		双级圆柱齿轮减速器	0.95~0.96
	同步齿形带传动	0.96~0.98		单级行星圆柱齿轮减速器	0.95~0.96
链传动	焊接链	0.93		单级行星摆线针轮减速器	0.90~0.97
	片式关节链	0.95		单级圆锥齿轮减速器	0.95~0.96
	滚子链	0.96		双级圆锥-圆柱齿轮减速器	0.94~0.95
	无声链	0.97		无极变速器	0.92~0.95
丝杠传动	滑动丝杠	0.30~0.60		轧机人字齿轮座(滑动轴承)	0.93~0.95
				轧机人字齿轮座(滚动轴承)	0.94~0.96
	滚动丝杠	0.85~0.95		轧机主减速器(包括主联轴器和电机联轴器)	0.93~0.96

注：(1) 将滚动轴承的损耗考虑在内

计算传动装置的总效率 η_a 时应注意以下几点：

① 轴承的效率均指对一对轴承而言。所取传动副效率一般不包括其支承轴承的效率，如已包括，则不再计入该对轴承的效率。

② 动力经过每一个运动副时，都会产生功率损耗，故计算时不要漏掉。

③ 一般情况下推荐的效率值是在一个范围内，可根据传动副、轴承和联轴器等的工作条件、精度等选取具体值。例如，工作条件好、精度高、润滑良好的齿轮传动取大值，反之取小值，一般取中间值。

④ 蜗杆传动效率与蜗杆头数及材料有关，应先初选头数，估计效率，初步设计出蜗杆、蜗轮参数后，再计算效率并验算电动机所需功率。

3. 电动机转速的选择

额定功率相同的同类型电动机，可以有几种转速供选择。如三相异步电动机就有四种常用的同步转速，即 3 000 r/min、1 500 r/min、1 000 r/min、750 r/min。电动机转速越高，极数越少、尺寸及质量越小、价格越低、效率越高，但传动装置的传动比大、尺寸及质量大，从而使传动装置成本增加；若选用低转速电动机则相反。因此，确定电动机转速时，应同时考虑到电动机及传动系统的尺寸、质量和价格，使整个设计既合理又经济。一般来说，如无特殊要求，通常多选用同步转速为 1 500 r/min（4 极）或 1 000 r/min（6 极）的电动机，而前者由于市场供应最多，设计时应优先选用。

对于多级传动，可以根据工作机的转速及各级传动机构的传动比，推算出电动机转速的可选范围，即

$$n_d = in = (i_1 \cdot i_2 \cdot i_3 \cdots \cdot i_n)n$$

式中：n_d——电动机可选转速范围（r/min）；

i——传动装置总传动比的合理范围；

$i_1, i_2, \cdots, i_n$——各级传动合理传动比范围（参见表 2-1）；

n——工作机转速（r/min）。

根据选定的电动机类型、结构、输出功率和转速，查出电动机型号、额定功率、满载转速、外形尺寸、中心高、轴伸出尺寸、键联接尺寸、地脚螺栓尺寸等参数。

2.1.3 传动装置总传动比与各级传动比的分配

1. 总传动比的计算

电动机选定后，根据电动机满载转速 n_m 与工作机转速 n_w，可得传动装置的总传动比为

$$i = \frac{n_m}{n_w} \tag{2-8}$$

对于起重绞车和带式输送机，n_w 为卷筒的转速。由传动方案可知，传动装置的总传动比等于各级传动比之积。即

$$i = i_1 \cdot i_2 \cdot i_3 \cdots \cdot i_n \tag{2-9}$$

2. 传动比的分配

合理地分配各级传动比，在传动装置总体设计中是很重要的。如果分配给各级传动的

传动比值太小,则传动级数增多,使传动装置总体尺寸和总质量增大,材料消耗与加工费用增多;若分配给各级传动的传动比值太大,将会给传动装置的工作性能和润滑等方面带来一系列的问题。因此分配传动比时,应根据具体设计要求,进行分析比较,首先满足主要要求,再兼顾其他要求,力求使传动级数最少。合理分配传动比时应注意以下几点:

(1) 各级传动比都应在常用的合理范围之内,不应超过其传动比允许的最大值。各类传动的传动比的荐用值与最大值见表 2-1。

(2) 在 V 带—齿轮减速器中,要避免大带轮半径大于减速器输入轴的中心高而造成安装不便,如图 2-2(a)所示。因此,分配传动比时,应使带传动的传动比小于齿轮传动的传动比。

(3) 总传动比和中心距都相同而传动比分配不同,对结构尺寸的影响不同,如图 2-2(b)所示。应使各级传动装置具有较小的外部尺寸和最小中心距。

(4) 在二级及多级卧式圆柱齿轮减速器中,为便于实现浸油润滑,应使各级大齿轮浸油深度大致相等。为此,传动比的分配可参考下例要求:对于展开式二级圆柱齿轮减速器,传动比一般推荐为 $i_1=(1.22\sim1.44)i_2$,式中 i_1、i_2 分别为减速器高速级和低速级的传动比;对于同轴式减速器,通常取 $i_1\approx i_2=\sqrt{i}$,式中,i 为减速器总传动比;对于圆锥—圆柱齿轮减速器,为使大圆锥齿轮尺寸不致过大,一般应使高速级的圆锥齿轮传动比 i_1 不大于 $3\sim4$ 或取 $i_1\approx(0.22\sim0.25)i$,当 i 比较大时取小值;对于蜗杆—齿轮减速器,可取低速级齿轮传动比 $i_2\approx(0.03\sim0.06)i$。

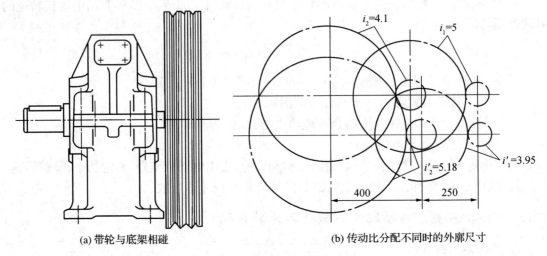

(a) 带轮与底架相碰　　　　　　　　　(b) 传动比分配不同时的外廓尺寸

图 2-2　传动比的影响

分配的传动比只是初步选定的数值,实际传动比要由传动件参数准确计算。因此,工作机的实际转速要在传动件设计计算完成后进行核算。一般允许工作机实际转速与设定转速之间的相对误差为 $\pm(3\sim5)\%$,否则应重新调整所分配的传动比。

2.1.4　传动装置的运动和动力参数计算

传动装置的运动和动力参数,主要是指各轴的功率、转速和转矩,是设计计算传动件和轴的重要参数。现以带式输送机传动装置为例(如图 2-3 所示),说明机器传动装置中各轴的功率、转速及转矩的计算方法。

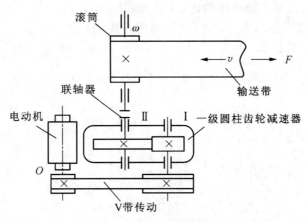

图 2 - 3 带式输送机

1. 各轴输入功率的计算

(1) 功率计算有两种方法

① 各轴功率按工作机所需功率与传动效率进行计算；

② 各轴功率按电动机的额定功率与传动效率进行计算。

第①种方法所计算出的各轴功率是实际传递的功率，因而设计出的各零件结构较紧凑，一般用于专用机器传动装置的设计；第②种方法计算出的各轴功率一般较实际传递的功率要大一些，因而结构不够紧凑，但承受过载的能力要强一些，一般用于通用机器传动装置的设计。课程设计中，一般按专用机器进行设计。

(2) 各轴的输入功率

① Ⅰ轴的输入功率 $\qquad P_{\mathrm{I}} = P_d \cdot \eta_{0\mathrm{I}}$ (2 - 10)

② Ⅱ轴的输入功率 $\qquad P_{\mathrm{II}} = P_{\mathrm{I}} \cdot \eta_{\mathrm{I}\,\mathrm{II}}$ (2 - 11)

③ 滚动轴的输入功率 $\qquad P_w = P_{\mathrm{II}} \cdot \eta_{\mathrm{II}\,w}$ (2 - 12)

式中：P_d——工作机所需要的实际功率即电动机的输出功率，单位为 kW；

$\eta_{0\mathrm{I}}, \eta_{\mathrm{I}\,\mathrm{II}}, \eta_{\mathrm{II}\,w}$——依次为电动机轴与Ⅰ轴，Ⅰ轴与Ⅱ轴，Ⅱ轴与 w 轴间的传动效率。

$$\eta_{0\mathrm{I}} = \eta_{带}; \quad \eta_{\mathrm{I}\,\mathrm{II}} = \eta_{承} \cdot \eta_{齿}; \quad \eta_{\mathrm{II}\,w} = \eta_{承} \cdot \eta_{联}$$

2. 各轴转速的计算

$$n_0 = n_m$$

$$n_{\mathrm{I}} = \frac{n_m}{i_{0\mathrm{I}}} \qquad (2 - 13)$$

$$n_{\mathrm{II}} = \frac{n_{\mathrm{I}}}{i_{\mathrm{I}\,\mathrm{II}}} \qquad (2 - 14)$$

$$n_w = n_{\mathrm{II}}$$

式中：n_m——电动机满载转速(r/min)；

$i_{0\text{I}}$——电动机至Ⅰ轴的传动比(这里为带传动);

$i_{\text{I}\text{II}}$——Ⅰ轴至Ⅱ轴的传动比(这里为齿轮传动)。

3. 各轴输入转矩的计算

$$T_0 = 9\,550\,\frac{p_d}{n_m}(\text{N} \cdot \text{m}) \tag{2-15}$$

$$T_1 = 9\,550\,\frac{p_\text{I}}{n_\text{I}}(\text{N} \cdot \text{m}) \tag{2-16}$$

$$T_2 = 9\,550\,\frac{p_\text{II}}{n_\text{II}}(\text{N} \cdot \text{m}) \tag{2-17}$$

$$T_w = 9\,550\,\frac{p_w}{n_w}(\text{N} \cdot \text{m}) \tag{2-18}$$

应该注意:同一轴的输出功率(或转矩)与输入功率(或转矩)的数值不同是因为有滚动轴承的功率损耗。因此,需要精确计算时应该取不同的数值。同样,一根轴的输出功率(或转矩)与下一根轴的输入功率(或转矩)的数值不同是因为有传动件的功率损耗。

将上述计算结果加以汇总,列出表格,如表 2-3 所示,以备以后设计计算使用。

表 2-3　传动装置的运动和动力参数

参　数	轴　　名			
	电动机轴 0	Ⅰ轴	Ⅱ轴	滚筒轴(w)
转速 $n/(\text{r/min})$				
功率 $p/(\text{kW})$				
转矩 $T/(\text{N} \cdot \text{m})$				
传动比 i				
效率 η				

2.1.5　传动装置总体设计举例

例:如图 2-3 所示为带式输送机的运动简图,已知输送带有效拉力 $F = 3\,000$ N,输送带速度 $v = 1.5$ m/s,滚筒直径 $D = 400$ mm,工作机效率 $\eta_w = 0.95$。在室内常温下长期连续工作,载荷平稳,单向运转。试选择合适的电动机;计算传动装置的总传动比,并分配各级传动比;计算传动装置中各轴的运动和动力参数。

解:

1. 选择电动机

(1) 选择电动机类型

按照工作要求和条件,选用 Y 系列一般用途的全封闭自扇冷鼠笼型三相异步电动机。

(2) 选择电动机的容量(即电动机所需的额定功率)

工作机所需功率由式(2-2)得

$$p_w = \frac{FV}{1\,000\eta_w} = \frac{3\,000 \times 1.5}{1\,000 \times 0.95} = 4.74(\text{kW})$$

电动机的输出功率由式(2-1)计算

$$p_d = \frac{p_w}{\eta_a}$$

式中：η_a—电动机至滚筒轴传动装置的总效率，包括 V 带传动、一对齿轮传动、两对滚动轴承及一个联轴器的效率。η_a 值由式(2-9)计算如下

$$\eta_a = \eta_带 \cdot \eta_齿 \cdot \eta_承^2 \cdot \eta_联$$

由表 2-2 查得：$\eta_带 = 0.96$，$\eta_齿 = 0.97$(8 级精度，稀油润滑)，$\eta_承 = 0.99$，$\eta_联 = 0.98$，因此

$$\eta_a = \eta_带 \cdot \eta_齿 \cdot \eta_承^2 \cdot \eta_联 = 0.96 \times 0.97 \times 0.99^2 \times 0.98 = 0.894$$

$$p_d = \frac{p_w}{\eta_a} = \frac{4.74}{0.894} = 5.30(\text{kW})$$

根据 p_d 选取电动机的额定功率 p_m，一般电动机额定功率

$$p_m \geqslant (1 \sim 1.3)p_d = 5.30 \sim 6.89\,(\text{kW})$$

由附录 9 查得电动机的额定功率为

$$p_m = 5.5\,(\text{kW})$$

(3) 确定电动机的转速

确定工作机转速，由式(2-5)得

$$n_w = \frac{60 \times 1\,000v}{\pi D} = \frac{60 \times 1\,000 \times 1.5}{\pi \times 400} = 71.66(\text{r/min})$$

为了便于选择电动机转速，需先推算电动机转速的可选范围。由表 2-1 推荐的各级传动的传动比范围：V 带传动比范围 $i_带 = 2 \sim 4$，单级圆柱齿轮传动比范围为 $i_齿 = 3 \sim 5$，则电动机转速可选范围为

$$n_d' = i_带 \cdot i_齿 \cdot n_w = (2 \sim 4) \times (3 \sim 5)n_w = (6 \sim 20)n_w = 430.0 \sim 1\,433.2(\text{r/min})$$

符合这一转速范围的同步转速有 750 r/min、1 000 r/min 两种，考虑质量和价格后，由附录 9 选常用的同步转速为 1 000 r/min 的 Y 系列异步电动机 Y132M2-6，其满载转速 $n_m = 960$ r/min。电动机的中心高、外形尺寸、轴伸尺寸等可查附录 9。

2. 计算传动装置的总传动比和分配各级传动比

(1) 传动装置的总传动比

$$i = \frac{n_m}{n_w} = \frac{960}{71.66} = 13.40$$

(2) 分配各级传动比

为使 V 带传动外部尺寸不要太大，且满足 $i_带 < i_齿$，初步取 $i_带 = 2.8$，则齿轮的传动比

$$i_齿 = \frac{13.40}{2.8} = 4.79$$

3. 计算传动装置的运动和动力参数

(1) 各轴转速由式(2-13)、式(2-14)得

$$n_{\mathrm{I}} = \frac{n_m}{i_{o\mathrm{I}}} = \frac{n_m}{i_{带}} = \frac{960}{2.8} = 342.86(\mathrm{r/min})$$

$$n_{\mathrm{II}} = \frac{n_{\mathrm{I}}}{n_{\mathrm{I}\mathrm{II}}} = \frac{n_{\mathrm{I}}}{i_{齿}} = \frac{342.86}{4.79} = 71.58(\mathrm{r/min})$$

$$n_w = n_{\mathrm{II}} = 71.58(\mathrm{r/min})$$

(2) 各轴的输入功率由式(2-10)~(2-12)得

$$p_{\mathrm{I}} = p_d \cdot \eta_{带} = 5.30 \times 0.96 = 5.09(\mathrm{kW})$$

$$p_{\mathrm{II}} = p_{\mathrm{I}} \cdot \eta_{承} \cdot \eta_{齿} = 5.09 \times 0.99 \times 0.97 = 4.89(\mathrm{kW})$$

$$p_w = p_{\mathrm{II}} \cdot \eta_{承} \cdot \eta_{联} = 4.89 \times 0.99 \times 0.98 = 4.74(\mathrm{kW})$$

(3) 各轴的输入转矩由式(2-15)~(2-18)得

$$T_0 = 9\,550\,\frac{p_d}{n_m} = 9\,550 \times \frac{5.30}{960} = 52.72(\mathrm{N \cdot m})$$

$$T_{\mathrm{I}} = 9\,550\,\frac{p_{\mathrm{I}}}{n_{\mathrm{I}}} = 9\,550 \times \frac{5.09}{342.86} = 141.78(\mathrm{N \cdot m})$$

$$T_{\mathrm{II}} = 9\,550\,\frac{p_{\mathrm{II}}}{n_{\mathrm{II}}} = 9\,550 \times \frac{4.89}{71.58} = 652.41(\mathrm{N \cdot m})$$

$$T_w = 9\,550\,\frac{p_w}{n_w} = 9\,550 \times \frac{4.74}{71.58} = 632.40(\mathrm{N \cdot m})$$

将传动装置的运动和动力参数结果填入下表中,以便设计传动零件时使用。

参　数	轴　　名			
	电动机轴 0	Ⅰ 轴	Ⅱ 轴	滚筒轴(w)
转速 $n/(\mathrm{r/min})$	960	342.86	71.58	71.58
功率 P/kW	5.30	5.09	4.89	4.74
转矩 $T/(\mathrm{N \cdot m})$	52.72	141.78	652.41	632.40
传动比 i	2.8		4.79	1
效率 η	0.96		0.96	0.97

2.2　传动零件的设计计算

传动零件的设计计算,包括确定传动零件的材料、热处理方法、参数、尺寸和主要结构,为绘制装配草图做好准备工作。

减速器是独立、完整的传动部件,为了使设计减速器时的依据比较准确,通常应先设计

计算减速器之外的传动零件,如带传动、链传动和开式齿轮传动等,最后进行减速器内传动零件的设计计算。

各类传动零件的设计计算方法均按有关教材所述,下面仅就设计计算时应注意的问题作简要的说明。

2.2.1　减速器外传动零件的设计

1. 带传动

(1) 普通 V 带传动设计的主要内容:确定带的型号、长度、根数、传动中心距安装要求(初拉力、张紧装置),对轴的作用力及带轮的材料、结构和尺寸等。有些结构细部尺寸(例如轮毂、轮辐、斜度和圆角等)不需要在装配图设计前确定,可以留待画装配图时再定。

(2) 设计时应注意相关尺寸的协调。如装在电动机轴上的小带轮的基准直径选定后,要检查它与电动机中心高是否协调;小带轮孔径要与所选电动机轴径一致。大带轮基准直径选定后,要注意检查它与箱体尺寸是否协调;大带轮的孔径应与带轮的基准直径相协调,以保证其装配的稳定性,同时还应注意此孔径就是减速器小齿轮轴外伸端的最小轴径。

(3) 画出带轮结构草图,注明主要尺寸备用。带轮的结构型式主要取决于带轮基准直径的大小,其具体结构尺寸可参照图 4-14 与表 4-2 或有关设计手册进行设计。大带轮轴孔直径和宽度(图 2-4)与减速器输入轴轴伸尺寸有关(图 2-5)。带轮轮毂宽度与带轮的轮缘宽度不一定相同,一般轮毂宽度 l 由轴孔直径 d 的大小确定,常取 $l=(1.5\sim2)d$;而轮缘宽度 B 取决于传动带的型号和根数。

(4) 按带轮直径与滑动率计算实际传动比和大带轮转速,并以此修正减速器传动比和输入转矩。

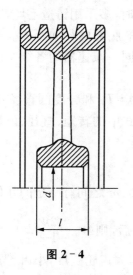

图 2-4

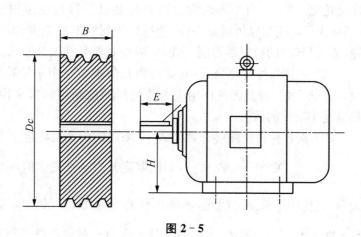

图 2-5

2. 链传动

链传动与带传动各点类似外,还应注意:

(1) 当用单排链尺寸过大时,应改选双排链或多排链,以尽量减小节距。

(2) 应选定润滑方式和润滑剂牌号。

(3) 应注意大小链轮顶圆直径、轴孔尺寸和轮毂尺寸等是否与减速器、工作机相协调。

3. 开式齿轮传动

(1) 开式齿轮传动一般按弯曲强度进行设计,考虑到磨损,应将求得的模数加大10%～20%,而在进行轮齿弯曲强度校验时,则应将模数减小10%～20%。

(2) 开式齿轮传动一般支承刚度较小,故齿宽系数应取小些,以减轻轮齿载荷集中。

(3) 为保证轮齿的弯曲强度,常取 $Z_1=17\sim20$。

(4) 开式齿轮传动一般布置在低速级,宜采用直齿。由于润滑和密封条件差、灰尘大,要注意齿轮材料配对,使其具有较好的减摩和耐磨性能。选择大齿轮材料时应考虑毛坯的制造方法。

(5) 检查齿轮尺寸与传动装置和工作机是否协调,并计算其实际传动比,考虑是否需要修改减速器的传动比要求。

(6) 画出齿轮结构图,标明与减速器输出轴轴头相配合的轮毂尺寸,备用。

2.2.2 减速器内传动零件的设计

设计计算完减速器外部的传动零件后,应检查开始计算的运动和动力参数有无变化,如有变动,应作相应的修改,再进行减速器内传动零件的设计计算。

1. 圆柱齿轮传动

软齿面闭式齿轮传动齿面接触疲劳强度较低,可先按齿面接触疲劳强度条件进行设计,确定中心距和小齿轮分度圆直径后,选择齿数和模数,然后校核轮齿弯曲疲劳强度;硬齿面闭式齿轮传动的承载能力主要取决于轮齿弯曲疲劳强度,常按轮齿的弯曲疲劳强度进行设计,然后校核齿面接触疲劳强度。具体方法和步骤可参考有关教材,设计时应注意以下几个方面。

(1) 齿轮材料及热处理方法的选择,要考虑到齿轮毛坯制造方法。当齿轮的齿顶圆直径 $d_a\leqslant400\sim500$ mm 时,一般采用锻造毛坯;当 $d_a>400\sim500$ mm 时,多采用铸造毛坯,制作成轮辐式结构;当小齿轮齿根圆直径和轴径接近或齿根圆到键槽底部的径向距离 $x<2.5m_n$ 时,齿轮与轴可做成一体,选择齿轮材料时要兼顾轴的要求;同一减速器的各级小齿轮(或大齿轮)的材料尽可能一致,以减少材料号和工艺要求。

(2) 齿轮强度计算公式中,载荷和几何参数是用小齿轮输出转矩 T_1 和分度圆直径 d_1 或 mz_1 表示的,因此无论许用应力或齿形参数是用的哪个齿轮,上式中的转矩、直径、齿数都应是小齿轮的数值。

(3) 在各种齿轮强度计算公式中,采用的齿宽系数定义有三种:

$\Psi_d=\dfrac{b}{d_1}$,$\Psi_a=\dfrac{b}{a}$,$\Psi_m=\dfrac{b}{m}$,如已取定其中一种的数值,则因 d_1、a、m 之间有一定的几何

关系,其他两个就随之确定,不能再任意选定数值。例如,选定 Ψ_d 后,则 $\Psi_a=\dfrac{2\Psi_d}{1+i}$,$\Psi_m=z_1\cdot\Psi_d$。根据 Ψ_d 和 d_1 求出的齿宽 b 应为一对齿轮的工作宽度,即大齿轮宽度,小齿轮宽度 $b_1=b+(5\sim10)$mm。

(4) 齿轮传动的几何参数和尺寸应分别进行标准化、圆整或计算其精确值。如模数必须标准化;中心距和齿宽应尽量圆整;分度圆、齿顶圆直径、螺旋角、变位系数等啮合尺寸必须精确计算到小数点后三位,角度精度到分。中心距一般要圆整为 0 或 5 结尾的整数,对直齿圆柱齿轮传动,可以通过调整模数 m 和齿数 z 或采用角变位来达到;对斜齿圆柱齿轮传

动还可以通过调整螺旋角 β 来实现中心距尾数圆整的要求。齿轮的结构尺寸如齿宽、轮毂直径、轮缘内径、轮辐厚度、孔径等均应圆整，以便于制造和测量。

　　2. 圆锥齿轮传动

　　除参看圆柱齿轮传动的各点外，还应注意：

　　(1) 圆锥齿轮以大端模数为标准，几何尺寸按大端模数计算。

　　(2) 两轴交角为 90°时，在确定大、小齿轮的齿数后，就可准确计算出分度圆锥角 δ_1、δ_2，注意不能圆整。

　　(3) 圆锥齿轮的齿宽系数按 $\Psi_R = b/R$ 求得，并进行圆整，且大小齿轮宽度应相等。

　　3. 蜗杆传动

　　蜗杆传动设计计算的主要内容有强度计算、几何尺寸计算、热平衡计算、蜗杆蜗轮的结构设计、精度等级的确定等。设计蜗杆传动除参看圆柱齿轮传动注意事项外，还应注意：

　　(1) 蜗杆副材料要求有较好的跑合和耐磨损性能，选材料时要初估相对滑动速度。待蜗杆传动尺寸确定后，应校核滑动速度和传动效率，如与初估值有较大出入，则应重新修正计算，其中包括检查材料选择是否恰当。

　　(2) 为了便于加工，蜗杆和蜗轮的螺旋线方向尽量采用右旋。

　　(3) 模数 m 和蜗杆中圆直径 d_1 要符合标准规定。在确定 m、d_1、z_2 后，计算中心距应尽量圆整其尾数值为 0 或 5。为此，常需将蜗杆传动做成变位传动(只能对蜗轮进行变位)，变位系数应在 $-1 \leqslant x \leqslant 1$ 之间，如不符合，则应调整 d_1 值或改变蜗轮齿数 1 或 2 个。

　　(4) 当蜗杆分度圆圆周速度 $v \leqslant 4 \sim 5$ m/s 时，一般将蜗杆下置；当 $v > 4 \sim 5$ m/s 时，将蜗杆上置。

　　(5) 蜗杆和蜗轮的结构尺寸，除啮合尺寸外，均应适当圆整。

　　(6) 蜗杆强度与刚度验算，或蜗杆传动的热平衡计算，常需要画出装配草图并在确定蜗杆支点距离和箱体轮廓尺寸后才能进行。

　　4. 轴径的估算

　　轴的结构设计要在初步估算出一段轴径的基础上进行。初算轴径可按下式进行。

$$d \geqslant C \cdot \sqrt[3]{\frac{P}{n}} \qquad (2-19)$$

　　式中　　P——轴所传递的功率(kW)；

　　　　　　n——轴的转速(r/min)；

　　　　　　C——由轴的材料和承载情况确定的系数(见教材或相关机械设计手册)。

　　初估的轴径常作为轴的最小直径，此处还要考虑键槽对轴强度削弱的影响。当初算轴径处有一键槽时，直径增大 3%～5%；有双键槽时，直径增大 7%，然后圆整。

　　若外伸轴段与其他标准传动件(如联轴器)相连接，则该段的直径必须满足传动件的孔径要求。

2.3　滚动轴承的组合设计

　　工程中绝大多数常用的中小型减速器均采用滚动轴承作支承，只有在重型减速器中，才采用滑动轴承。减速器工作的可靠性在很大程度上取决于轴承组合设计是否合理、轴承的安装和维护是否正确。

2.3.1　轴承的选择

1. 轴承类型的选择

选择轴承类型时应考虑以下几个方面的因素。

（1）载荷的性质、大小和方向

载荷较大时宜选用滚子轴承；载荷较小时宜选用球轴承；受冲击载荷时宜选择滚子轴承，反之宜选用球轴承；只承受径向载荷时宜选用深沟球轴承、圆柱滚子轴承等向心轴承，只受轴向力时宜选用推力轴承；同时受较大的径向和轴向载荷或较大的轴向载荷和较小的径向载荷时，宜选用接触角大的角接触球轴承或圆锥滚子轴承；若径向载荷大而轴向载荷小，则可选用深沟球轴承或接触角小的角接触球轴承。

（2）转速的高低

转速低时可选择滚子轴承；转速高时可选择球轴承。

（3）调心性能的要求

如果轴的两个轴承孔的同轴度难以保证，或轴受载后轴线发生较大弯曲变形，或轴有多支点支撑等情况，为使轴正常运转，宜选用调心轴承。调心轴承一定要成对使用并装在轴的两端，如果一端装调心轴承，另一端装非调心轴承，那么调心轴承将失去自动调心作用。

（4）对轴的热膨胀补偿的要求

工作时轴受热将伸长，轴承内圈将与轴颈一起沿轴向移动。这种运动如受到限制，则轴承内的滚动体将卡住，引起很大的附加轴向力，使轴承迅速损坏。此外，由于轴和轴上零件沿长度方向的尺寸在制造和安装时总有些误差，因此轴承内圈的位置应在一定范围内有沿轴向调节的可能。

（5）装拆要求

对于需要经常拆卸或装拆困难的轴承，宜选用内外圈可分离结构的轴承。

减速器中常用轴承的类型、特点及适用条件见表2-4，可供选用时参考。

表 2-4　减速器中常用轴承类型、特点及适用条件

名　称	代　号	可承受的负荷方向	特点及适用条件
深沟球轴承	60 000	可承受较大的径向载荷和一定的双向轴向载荷	结构简单，使用方便，摩擦阻力小，极限转速高，应用广泛。承受冲击载荷的能力差 适用与主要承受径向负荷、高速和刚性较大的轴上
角接触球轴承	70 000C($\alpha=15°$) 70 000AC($\alpha=25°$) 70 000B($\alpha=40°$)	可同时承受轴向和径向负荷，也可承受纯轴向负荷	可同时承受径向和轴向载荷 通常用于刚性好、转速高，同时承受径向和轴向负荷的轴上。一般成对使用，对称安装
圆锥滚子轴承	30 000	可同时承受径向和较大的轴向载荷，也可承受纯轴向载荷	内外圈可分离，安装方便，内部游隙可调，摩擦阻力大，极限转速低。应用广泛

名　称	代　号	可承受的负荷方向	特点及适用条件
圆柱滚子轴承	N0000	,只能承受径向载荷	承载能力大,承受冲击负荷的能力高。内外圈可分离,安装方便。但对轴的弯曲变形适应性差
推力球轴承	51 000	只能承受单向轴向载荷	极限转速低,用于承受单向轴向负荷的轴

2. 轴承尺寸的选择

轴承尺寸的大小是用轴承的型号来表示的。同一类型同一内径的轴承,可以有几种不同的外径和宽度,从特轻系列到重窄系列,承载能力逐渐增大。要计算出承载能力(计算方法参见教材有关内容),按承载能力确定轴承尺寸。设计时,轴承尺寸按以下步骤进行。

(1) 根据轴颈的尺寸(要求尾数是 0 或 5)初步确定轴承的内径,同时初步选用中系列轴承,这样便于修改设计。

(2) 计算每个轴承所受的径向载荷和轴向载荷及当量动载荷。

(3) 根据轴承寿命要求计算轴承所需要的基本额定动载荷。

(4) 选择轴承型号。从有关设计手册或附表中选取轴承类型,从所选的轴承类型中选择其基本额定动载荷与计算出的基本额定动载荷最接近且稍大的轴承(同时应注意轴承的转速不应超过表中所列的极限转速),作为初步选定的型号。

(5) 按结构要求作必要的修改,使所选轴承的内径与已定的轴颈直径相符合,如不能满足这一要求,则应采取下列措施:当轴承的内径较大时,可将轴颈尺寸放大或在轴颈上加一适当厚度的衬套(结构条件允许时),或选择尺寸较小的轴承(如允许缩短轴承使用期限时),或改选承载能力较高的另一种类型或系列的轴承;当轴承内径较小时,可将轴颈尺寸缩小(如结构、轴的强度和刚度条件允许时),或改选尺寸较大的轴承(轴承使用年限将延长,但减速器的质量和尺寸将增大),或改选承载能力较低的另一种类型或系列的轴承。

3. 轴承精度等级的选择

轴承按基本尺寸精度和旋转精度分为 0、6、5、4、2 五个等级。在普通减速器中一般采用 0 级精度的轴承。

4. 轴承选择时其他注意事项

(1) 在选择轴承时必然要涉及轴承的支承结构问题。例如轴承在轴上的布置、轴向力的传递、轴颈与轴承孔同轴度的保证及轴的热膨胀补偿等。因此轴承选择和轴承的支承结构必须同时考虑,不应选好轴承后再来设计支承结构。

(2) 选择轴承时,可拟定几个方案进行分析比较,选择其中结构最紧凑、合理,成本最低,而且易于采购到轴承的一种方案。

(3) 同一机器中所采用的轴承型号愈少愈好,这样可以减少轴承备件。

2.3.2　滚动轴承的支承结构设计

轴承的支承结构设计对于保证轴的运转精度、发挥轴承工作能力起着重要作用。轴承的支承结构设计,需要综合考虑轴承的轴向位置的限定与调整、轴的热膨胀补偿、轴承游隙调整、轴承的紧固、轴承的润滑和密封等问题。

1. 滚动轴承的轴向固定

（1）轴承内圈的轴向固定

内圈轴向固定的常用方法有：

① 用轴用弹性挡圈嵌在轴的沟槽内，主要用于承受轴向力不大及转速不高的深沟球轴承，如图 2-6(a)所示。

② 用轴端挡圈固定，用于在轴端切割螺纹有困难时，这样固定可在高转速下承受大的轴向力，如图 2-6(b)所示。

③ 用圆螺母和止动垫圈固定，主要用于轴承转速高、承受较大的轴向力的情况，如图 2-6(c)所示。

④ 用紧定衬套、止动垫圈和圆螺母固定，主要用于光轴上的、轴向力和转速都不大的、内圈为圆锥孔的轴承，如图 2-7 所示。

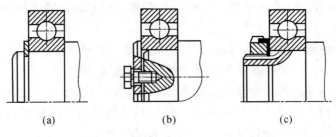

(a)   (b)   (c)

图 2-6　内圈轴向固定的常用方法

内圈的另一端常以轴肩作为定位面，为了便于轴承拆卸，轴间的高度应低于轴承内圈的厚度。

（2）轴承外圈的轴向固定

外圈轴向固定的常用方法有：

① 用嵌入外壳沟槽内的孔用弹簧挡圈固定，用于向心轴承，当轴向力不大且需要减少轴承装置的尺寸时，如图 2-8(a)所示。

② 用止动环嵌入轴承外圈的止动槽内固定，用于带有止动槽的深沟球轴承，当外壳不便设凸肩且外壳为剖分式结构时，如图 2-8(b)所示。

③ 用轴承端盖固定，用于高转速和很大轴向力时的各类向心、推力和向心推力轴承，如图 2-8(c)所示。

④ 用螺纹环固定，用于轴承转速高、轴向载荷大而不适于使用轴承端盖固定的情况，如图 2-8(d)所示。

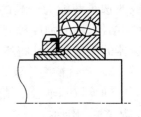

图 2-7　安装在紧定衬套上的轴承

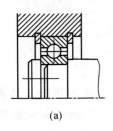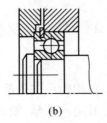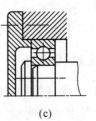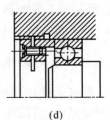

(a)   (b)   (c)   (d)

图 2-8　外圈轴向固定常用的方法

2. 滚动轴承支承的结构形式

合理的支承结构应考虑轴在机器中有确定的位置、防止轴向窜动以及轴受热膨胀后不致将轴承卡死等因素。滚动轴承常用的支承结构有三种基本形式。

（1）两端单向固定

如图 2-9 所示，两轴承均利用轴肩顶住内圈，端盖压住外圈，两端支承的轴承各限制轴一个方向的轴向移动，合在一起便限制了轴的双向移动。这是一种轴承游隙不能调整的支承结构形式，为了补偿轴的受热伸长，对于径向接触轴承可在轴承盖与外圈端面之间留出 $C=0.2\sim0.3\ mm$ 的轴向补偿间隙；对于内部游隙可以调整的角接触轴承在装配时利用调整垫片使轴承中保留适当的间隙，以补偿轴的受热伸长，如图 2-10 所示。

这种支承形式适用于温度变化不大或较短的轴（跨距 $L\leqslant350\ mm$）。

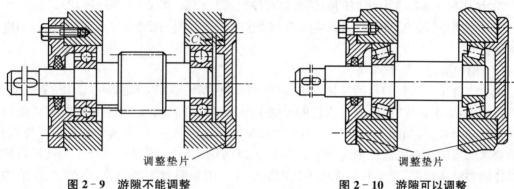

图 2-9　游隙不能调整　　　　　　图 2-10　游隙可以调整

（2）一端双向固定，一端游动

如图 2-11 所示，一端支承处轴承限制了轴的双向轴向移动，为固定支承；而另一端支承处轴承的内圈作双向固定，外圈的两侧自由，故当轴受热膨胀伸长时，该支承处的轴承可以随轴颈沿轴向自由游动，即为游动支承。一般取承载较小的轴承作为游动支承。游动轴承外圈端面与轴承盖端面之间应留有足够大的间隙 C，一般为 $3\sim8\ mm$。

这种支承形式适用于温度变化较大或较长的轴（跨距 $L>350\ mm$）。

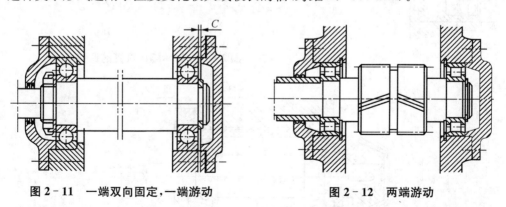

图 2-11　一端双向固定，一端游动　　　　图 2-12　两端游动

（3）两端游动

如图 2-12 所示的传动中，小齿轮轴做成两端游动的支承结构，大齿轮轴的支承结构采用两端固定结构。由于人字齿轮的加工误差使得轴转动时产生左右窜动，而小齿

轮采用两端游动支承结构,满足了其运转中自由游动的需要,并可调节啮合位置。

几乎所有不需要调整轴向游隙的轴承均可用作游动支承。如用深沟球轴承或调心滚子轴承构成游动支承,内外圈之一采用间隙配合;用内圈或外圈无挡边圆柱滚子轴承作游动支承时,轴承本身就可以进行长度调整;角接触轴承不宜用作游动支承。

两端游动支承不需要精确限定轴的轴向位置,因此安装时不必调整轴承的轴向游隙。工作中,即使处于不利的发热状态,轴承也不会被卡死。

3. 滚动轴承轴向间隙与轴承组合位置的调整

(1) 轴承轴向间隙的调整

对为补偿轴受热膨胀预留的间隙和内部间隙可调轴承的轴向间隙,可用下列方法对其进行调整。

① 靠加减轴承端盖与机座间的调整垫片厚度进行调整(图 2-9、图 2-10)。

② 利用螺钉,通过轴承外圈压盖移动外圈位置进行调整(图 2-13),调整之后,用螺母锁紧防松。

(2) 轴承组合位置的调整

轴承组合位置调整的目的是使轴上零件(如齿轮、蜗轮等)具有准确的工作位置。例如,蜗杆传动中,为了正确啮合,要求蜗轮的中间平面通过蜗杆的轴线,故在装配时要求能调整蜗轮轴的轴向位置,如图 2-14(a)所示。又如圆锥齿轮传动中,要求两个节锥顶点要重合,因此要求两齿轮轴都能进行轴向调整,如图 2-14(b)所示。如图 2-15 所示为圆锥齿轮轴的具体调整结构示例,套杯和箱体端面之间的垫片 1 用来调整圆锥齿轮(整个轴系)的轴向位置,而垫片 2 则用来调整轴承的轴向间隙。

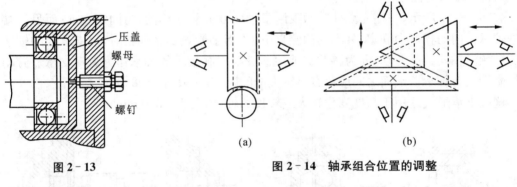

压盖
螺母
螺钉

图 2-13

(a)　　　　(b)

图 2-14　轴承组合位置的调整

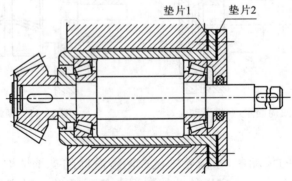

垫片1　垫片2

图 2-15　圆锥齿轮轴的调整机构

4. 滚动轴承的预紧

为了提高轴承的旋转精度、增加轴承装置的刚性、减少机器工作时轴的振动,常采用预紧的滚动轴承。所谓预紧,就是在安装时用某种方法给轴承一定的轴向压力,以消除其轴向间隙,并在滚动体和内、外圈接触处产生预变形。预紧后的轴承受到工作载荷时,其内、外圈的径向和轴向相对移动量要比未预紧的轴承大大地减少。

常用的预紧方法有: ① 夹紧一对正装的圆锥滚子轴承的外圈来预紧,如图 2-16(a)所示;② 用弹簧预紧,可以得到稳定的预紧力,如图 2-16(b)所示;③ 在一对轴承内、外圈之间分别放置长度不等的套筒来预紧,预紧力可由两套筒的长度差控制,如图 2-16(c)所示;④ 夹紧一对磨窄了的外圈来预紧,如图 2-16(d)所示,反装时可磨窄内圈并夹紧。

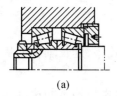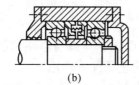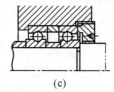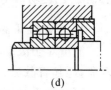

　　(a)　　　　　　　　(b)　　　　　　　　(c)　　　　　　　　(d)

图 2-16　滚动轴承的预紧

5. 滚动轴承的配合

滚动轴承的配合是指内圈与轴颈,外圈与轴承座孔的配合。由于滚动轴承是标准件,故轴承内孔与轴的配合采用基孔制,轴承外径与轴承座孔的配合采用基轴制。国家标准规定,0、6、5、4、2 各公差等级的轴承的内径和外径的公差带均为单向制,而且统一采用上偏差为零、下偏差为负值的分布。详细内容见有关标准。

轴承配合种类的选取,应根据轴承的类型和尺寸、载荷的大小和方向、载荷的性质和使用条件等情况来决定。一般来说,当工作载荷的方向不变时,转动圈应比不动圈的配合紧些。当转速愈高、载荷愈大和振动愈强烈时,应选用愈紧的配合。经常装拆的轴承,要选间隙配合或过渡配合,以便装拆。对游动支承,轴承与机座孔间选间隙配合;如外圈承受旋转载荷,不宜采用间隙配合,可考虑选用圆柱滚子轴承。剖分式轴承座,外圈不宜采用过盈配合。轴承、轴套、轴承盖配合的荐用值见附表 11-5。

6. 滚动轴承的装拆

在进行轴承的组合设计时,必须考虑轴的装拆,以保证在装拆的过程中不致损坏轴承和其他零件。如图 2-17 所示,若轴肩高度大于轴承内圈外径时,就难以放置拆卸工具的钩头。对外圈拆卸要求也是如此,应留出拆卸高度 h_1 和必要的拆卸空间,如图 2-18(a)、(b)所示,或在壳体上做出能放置拆卸螺钉的螺孔,如图 2-18(c)所示。

当轴承内圈与轴径过盈配合时,可采用压力机在内圈上加压,将轴承压套到轴径上。大尺寸的轴承,可将轴承放入油中加热至 80~120℃后进行热装。

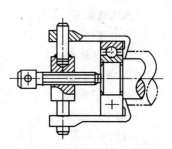

图 2-17　用钩爪器拆卸轴承

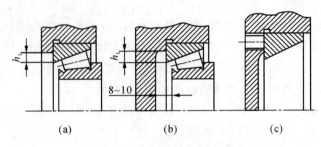

图 2-18　拆卸高度和拆卸螺孔

2.3.3　滚动轴承的润滑与密封

1. 滚动轴承的润滑

润滑对于滚动轴承具有重要意义,不仅可以减少摩擦与磨损、提高效率、延长轴承使用寿命,还起着散热、减小接触应力、吸收振动、防止锈蚀等作用。

滚动轴承常用润滑方式有油润滑和脂润滑两类,选用哪一类润滑方式与轴承的速度有关。一般根据轴承的内径 d 与转速 n 之积,即 dn 值进行选择,具体可参见表 2-5。

(1)脂润滑

当轴承速度较低时,一般采用脂润滑。此方式结构简单,易于密封。润滑脂在装配时填入轴承内,填入量不宜过多,一般填满轴承空隙的 1/3~1/2 为宜,更换润滑脂的周期可依据表 2-6 确定。

(2)油润滑

在高速高温的条件下,脂润滑不能满足要求时,可采用油润滑。润滑油的选择可参考图 2-19,根据轴承工作温度和 dn 值选择润滑油应具有的粘度值,然后根据粘度从有关手册中选定相应的润滑油的牌号。

表 2-5　适用于脂润滑和油润滑的 dn 值界限(标值×10⁴)　　　　(mm·r·min⁻¹)

轴承类型	脂润滑	油 润 滑			
		油浴	滴油	循环油(喷油)	油 雾
深沟球轴承	16	25	40	60	>60
调心球轴承	16	25	40	60	
角接触球轴承	16	25	40	60	>60
圆柱滚子轴承	12	25	40	60	>60
圆锥滚子轴承	10	16	23	30	
调心滚子轴承	8	12		25	
推力球轴承	4	6	12	15	

表 2-6　加脂周期推荐值

dn/(mm·r·min⁻¹)	50 000	100 000	200 000	300 000	400 000
加脂周期/月	36	18	6	2	1

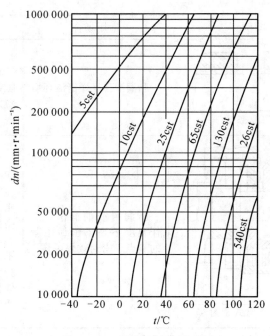

图 2 - 19 润滑油粘度的选择

2. 滚动轴承的密封

轴承的密封装置是为了防止灰尘、水、酸气和其他杂物进入轴承,并阻止润滑剂流失而设置的。滚动轴承密封方法的选择与润滑剂的种类、工作环境、温度、密封表面的圆周速度有关。密封装置可分为接触式和非接触式两大类,它们的密封形式、适用范围和性能可参见表 2 - 7。

表 2 - 7 常用滚动轴承密封形式

密封类型	图例	适用场合	说 明
接触式密封	毛毡圈密封	脂润滑。要求环境清洁,轴颈圆周速度 v 不大于 4~5 m/s,工作温度不超过 90℃	矩形断面的毛毡圈被安装在梯形槽内,它对轴产生一定的压力而起到密封作用
	唇形圈密封	脂润滑或油润滑。轴颈圆周速度 $v < 7$ m/s,工作温度范围为 − 40 ~ 100℃	唇形密封圈用皮革、塑料或耐油橡胶制成,有的具有金属骨架,有的没有骨架,是标准件,单向密封

续表

密封类型	图例	适用场合	说　明
非接触式 密封	间隙密封	脂润滑。干燥清洁环境	靠轴与盖间的细小环形间隙密封,间隙愈小愈长,效果愈好,间隙 δ 取 $0.1\sim0.3$ mm
	(a) (b) 迷宫式密封	脂润滑或油润滑。工作温度不高于密封用脂的滴点。密封效果可靠	将旋转件与静止件之间的间隙做成迷宫(曲路)形式,在间隙中充填润滑油或润滑脂以加强密封效果。迷宫式密封分径向、轴向两种:图(a)为径向曲路,径向间隙 δ 不大于 $0.1\sim0.2$ mm;图 b 为轴向曲路,因考虑到轴要伸长,间隙取大些,同时应采用两半的轴承端盖

2.3.4　轴承端盖的结构和尺寸

轴承端盖用于固定轴承、调整轴承间隙、保证轴承与箱体外部隔绝以及承受轴向载荷等,常用铸铁(HT150~300)或钢(Q215 或 Q235)来制造。

轴承端盖的结构型式分凸缘式(如表 2-8 所示)和嵌入式(如表 2-9 所示)两种。两种结构型式的轴承端盖中,按中间是否穿孔又分为透盖和闷盖。

表 2-8　凸缘式轴承盖

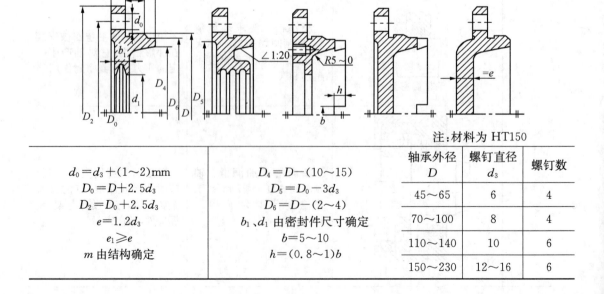

注:材料为 HT150

$$d_0=d_3+(1\sim2)\text{mm}$$
$$D_0=D+2.5d_3$$
$$D_2=D_0+2.5d_3$$
$$e=1.2d_3$$
$$e_1\geqslant e$$
$$m \text{ 由结构确定}$$

$$D_4=D-(10\sim15)$$
$$D_5=D_0-3d_3$$
$$D_6=D-(2\sim4)$$
$$b_1 、d_1 \text{ 由密封件尺寸确定}$$
$$b=5\sim10$$
$$h=(0.8\sim1)b$$

轴承外径 D	螺钉直径 d_3	螺钉数
45~65	6	4
70~100	8	4
110~140	10	6
150~230	12~16	6

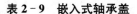

表 2‑9　嵌入式轴承盖

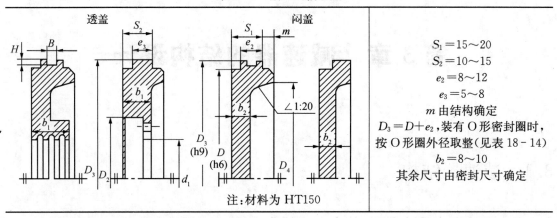

$S_1 = 15 \sim 20$
$S_2 = 10 \sim 15$
$e_2 = 8 \sim 12$
$e_3 = 5 \sim 8$
m 由结构确定
$D_3 = D + e_2$，装有 O 形密封圈时，
按 O 形圈外径取整（见表 18‑14）
$b_2 = 8 \sim 10$
其余尺寸由密封尺寸确定

注：材料为 HT150

　　凸缘式轴承端盖调整轴承间隙方便、密封性能好，应用较普遍，但结构尺寸偏大，需要螺钉联接及密封垫片等零件。

　　嵌入式轴承端盖结构紧凑、重量轻，但承受轴向载荷的能力差，座孔中需要镗出环形槽，加工复杂，调整间隙不方便。装有 O 型密封圈的嵌入式轴承端盖密封性能良好，常用于油润滑轴承，无密封圈者用于脂润滑轴承。

第3章 减速器的结构设计

3.1 减速器结构

3.1.1 常用减速器的类型、特点与应用

减速器的种类很多,常见的分类方式有以下几种。

（1）按传动类型和结构特点分,有圆柱齿轮减速器、圆锥齿轮减速器、蜗杆减速器、圆锥-圆柱齿轮减速器和齿轮-蜗杆减速器等。

（2）按传动级数分,有一级、二级和多级减速器。二级减速器根据齿轮布置方式又可分为展开式、分流式和同轴式二级减速器。

（3）按轴线排列分,有卧式和立式减速器。

（4）按传递功率的大小分,有小型、中型和大型减速器。

常见的各类减速器的传动类型、特点与应用见表3-1。

表3-1 常用减速器的类型、特点与应用

名称	型 式		推荐传动比范围	特点与应用
一级减速器	圆柱齿轮		直齿 $i \leqslant 5$ 斜齿、人字齿 $i \leqslant 10$	轮齿可做成直齿、斜齿或人字齿。箱体通常用铸铁做成,单件或少批量生产时可采用焊接结构,尽可能不用铸钢件。 支承通常用滚动轴承,也可用滑动轴承
	圆锥齿轮		直齿 $i \leqslant 3$ 斜齿 $i \leqslant 6$	用于输入轴和输出轴垂直相交的传动
	下置式蜗杆		$i = 10 \sim 70$	蜗杆在蜗轮下面,润滑方便、效果较好,但蜗杆搅油损失大,一般用于蜗杆圆周速度 $v \leqslant 4 \sim 5 \ \mathrm{m/s}$ 的场合
	上置式蜗杆		$i = 10 \sim 70$	蜗杆在蜗轮上面,装拆方便,蜗杆圆周速度可高些

名称	型　式		推荐传动比范围	特点与应用
二级减速器	圆柱齿轮展开式	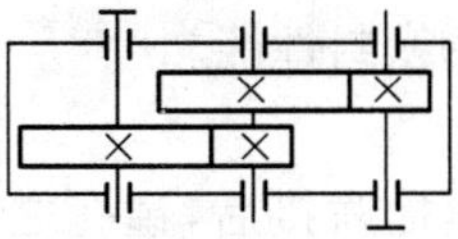	$i=i_1 \cdot i_2=8\sim40$	二级减速器中最简单的一种。由于齿轮相对于轴承位置不对称，轴应具有较大的刚度。用于载荷平稳的场合。高速级常用斜齿，低速级用斜齿或直齿
	圆柱齿轮分流式	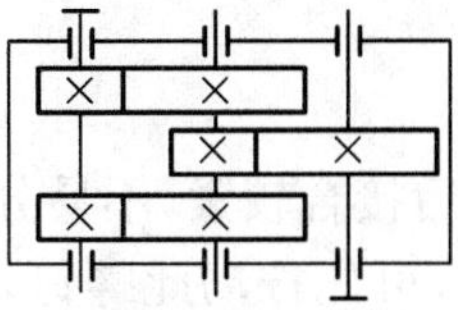	$i=i_1 \cdot i_2=8\sim40$	高速级用斜齿，低速级可用人字齿或直齿。由于低速级齿轮与轴承对称分布，沿齿宽受载均匀，轴的承受力也均匀。常用于变载荷场合
	圆柱齿轮同轴式	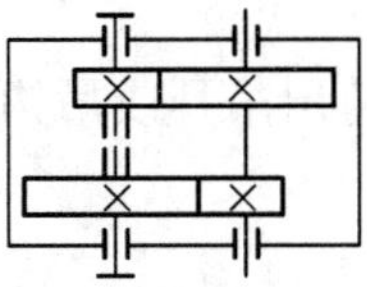	$i=i_1 \cdot i_2=8\sim40$	减速器横向尺寸小。两对齿轮浸入油中深度大致相等。但减速器轴向尺寸和质量较大，且中间轴较长，容易使载荷沿齿宽分布不均，高速轴的承载能力难以充分利用
	圆锥圆柱齿轮	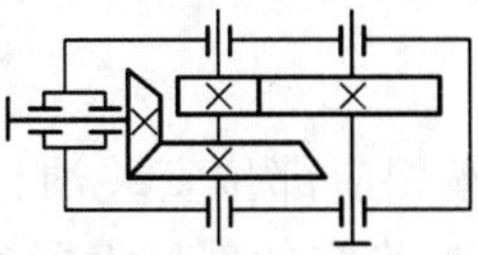	$i=i_1 \cdot i_2=8\sim15$	圆锥齿轮应用在高速级，使齿轮尺寸不致太大，否则加工困难。圆锥齿轮可用直齿或圆弧齿，圆柱齿轮可用直齿或斜齿
	二级蜗杆	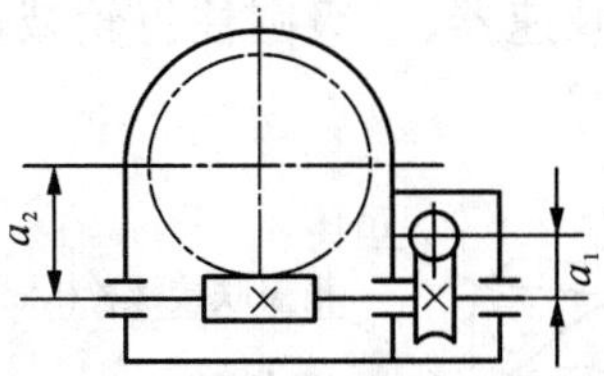	$i=i_1 \cdot i_2=70\sim2\,500$	传动比大、结构紧凑，但效率低
	齿轮蜗杆	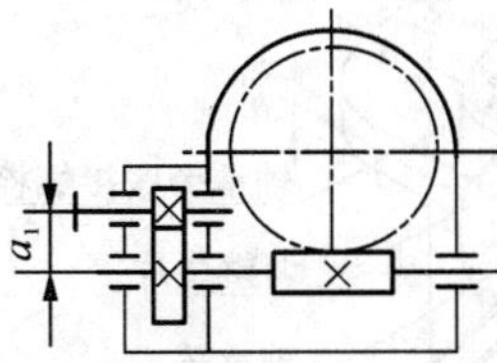	$i=i_1 \cdot i_2=15\sim480$	分为齿轮传动在高速级和蜗杆传动在高速级两种。前者结构紧凑，后者效率高

3.1.2　减速器附属零件的名称和功能

减速器的结构因其类型、用途不同而异。但无论何种类型的减速器，其附属零件的名称和功能大致相同。其主要名称和功能如下：

1. 窥视孔和窥视孔盖

为了能看到减速器箱体内传动零件的啮合情况，以便检查齿面接触斑点和齿侧间隙，一般应在减速器上部开窥视孔。另外，为了防止润滑油飞溅出来和污物进入箱体内，在窥视孔上应加窥视孔盖。

2．通气器

减速器运转时,由于摩擦发热,箱体内温度升高,气压增大,导致润滑油从缝隙(如剖面、轴外伸处间隙)向外渗漏。所以多在箱盖顶部或窥视孔盖上安装通气器,使箱体内热涨气体自由逸出,达到箱体内外气压相等,提高箱体有缝隙处的密封性能。

3．定位销

为了保证轴承座孔的安装精度,在箱盖和箱座用螺栓联接后,镗孔之前装上两个定位销,销孔位置尽量间隔远些,以保证定位精度。如果箱体结构是对称的,销孔位置应非对称布置。

4．启盖螺钉

箱盖与箱座接合面上常涂有水玻璃或密封胶,联结后接合较紧,不易分开。为便于取下箱盖,在箱盖凸缘上常装有1～2个启盖螺钉,在启盖时,可先拧动此螺钉,顶起箱盖。在轴承端盖上也可以安装启盖螺钉,便于拆卸端盖。

5．起吊装置

为了搬运和装卸箱盖,在箱盖上装有吊环螺钉,也可铸出吊耳或吊钩。为了搬运箱座或整个减速器,在箱座两端连接凸缘处铸出吊钩。

6．放油孔与油塞

为了更换润滑油或排除油污,在减速器箱座最底部设有放油孔,并用放油螺塞和密封垫圈将其堵住。

7．油杯与油面指示器

轴承采用脂润滑时,为了方便润滑,有时需在轴承座相应部位安装油杯;为保证减速器箱体内油池有适量的油量,一般在箱体便于观察和油面较稳定的部位设置油面指示器。

图3-1、图3-2、图3-3分别为单级圆柱齿轮减速器、二级圆柱齿轮减速器和蜗杆减速器的典型结构。

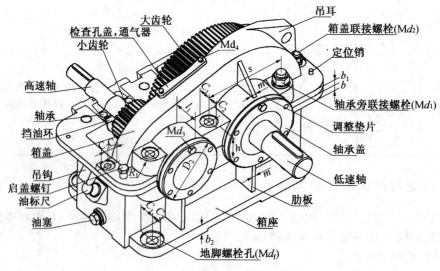

图3-1　单级圆柱齿轮减速器

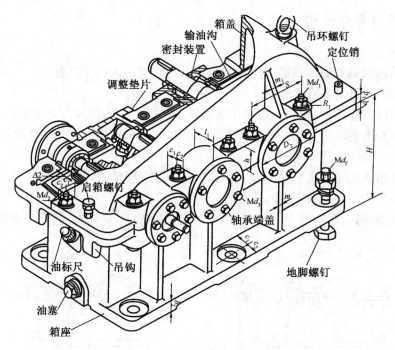

图 3-2　二级圆柱齿轮减速器

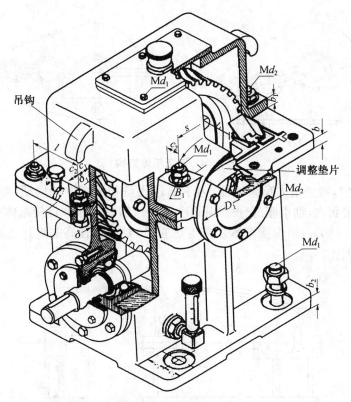

图 3-3　蜗杆减速器

3.1.3　减速器箱体结构

1. 箱体结构分析

减速器箱体根据其毛坯制造方法和箱体剖分与否可分为以下几种。

(1) 铸造箱体和焊接箱体

箱体大多以铸造而成,材料一般采用灰铸铁 HT200 或 HT250。对于重型箱体,为了提高承受振动和冲击的能力,可采用球墨铸铁(QT400 - 18 或 QT450 - 10)或铸钢(ZG200 - 400 或 ZG270 - 500)。

常见铸造箱体的结构形式见图 3 - 4,图 3 - 4(a)为直壁式,结构简单,但较重;图 3 - 4(b)、(c)和(d)为曲壁式,结构复杂,质量轻。

铸造箱体刚性好、易切削,并可得到合理的复杂外形,但重量大,适宜于成批生产。

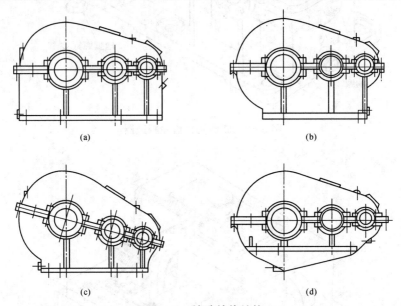

(a)　　　　　　　　　　　　　　　　(b)

(c)　　　　　　　　　　　　　　　　(d)

图 3 - 4　铸造箱体结构

在单件生产中,特别是大型减速器,为了减轻质量和缩短生产周期,箱体常采用 Q215 或 Q235 钢板焊接而成,轴承座部分可用圆钢、锻钢或铸钢制作。焊接箱体的壁厚可比铸造箱体壁厚薄 20%～30%,但焊接箱体易产生热变形,要求有较高的焊接技术且焊后要作退火处理,其结构见图 3 - 5。

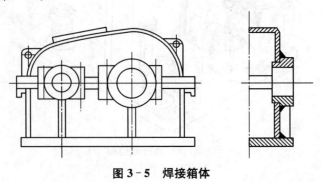

图 3 - 5　焊接箱体

（2）剖分式和整体式箱体

为使箱内零件装拆方便,箱体常制成剖分式,其剖分面常与轴线平面重合,有水平[图 3-4(a)、(b)、(d)]和倾斜[图 3-4(c)]两种。前者加工方便,应用较多;后者有利于多级齿轮传动的润滑,但剖分处接合面加工困难,应用较少。

对于小型圆锥齿轮或蜗杆减速器,为使结构紧凑,保证轴承与座孔的配合性质,常采用整体式箱体(图 3-6),但这种箱体装拆、调整不方便。

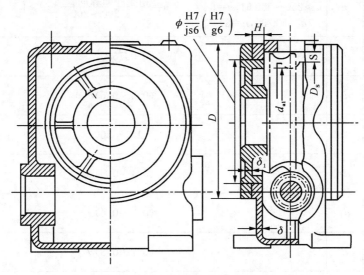

图 3-6　整体式蜗杆减速器箱体

2. 箱体结构尺寸

箱体结构尺寸与相关零件的尺寸关系经验值见表 3-2、表 3-3 和图 3-7,结构尺寸需圆整。

表 3-2　铸铁减速器箱体结构尺寸　　　　　　　　　　　　　(mm)

名　称	符号	减速器类型及尺寸关系			
		圆柱齿轮减速器		圆锥齿轮减速器	蜗杆减速器
箱座壁厚	δ	一级	$0.025a+1\geqslant8$	$0.0125(d_{1m}+d_{2m})+1\geqslant8$ 或 $0.01(d_1+d_2)+1\geqslant8$ d_1、d_2—小、大圆锥齿轮的大端直径 d_{1m}、d_{2m}—小、大圆锥齿轮的平均直径	$0.04a+3\geqslant8$
		二级	$0.025a+3\geqslant8$		
		三级	$0.025a+5\geqslant8$		
		考虑铸造工艺,所有壁厚都不应小于8			
箱盖壁厚	δ_1	$(0.8\sim0.85)\delta\geqslant8$		$(0.8\sim0.85)\delta\geqslant8$	蜗杆在上: $\delta_1\approx\delta$ 蜗杆在下: $\delta_1=0.85\delta\geqslant8$
箱座凸缘厚度	b	1.5δ			
箱盖凸缘厚度	b_1	$1.5\delta_1$			
箱座底凸缘厚度	b_2	2.5δ			

名　称	符号	减速器类型及尺寸关系		
		圆柱齿轮减速器	圆锥齿轮减速器	蜗杆减速器
地脚螺栓直径	d_f	$0.036a+12$	$0.018(d_{1m}+d_{2m})+1\geqslant12$ 或 $0.015(d_1+d_2)+1\geqslant12$	$0.036a+12$
地脚螺栓数目	n	$a\leqslant250$ 时,$n=4$ $a>250\sim500$ 时,$n=6$ $a>500$ 时,$n=8$	$n=\dfrac{箱座底凸缘周长之半}{200\sim300}\geqslant4$	4
轴承旁联接螺栓直径	d_1	$0.75d_f$		
箱盖与箱座联接螺栓直径	d_2	$(0.5\sim0.6)d_f$		
联接螺栓 d_2 的间距	l	$150\sim200$		
轴承端盖螺钉直径	d_3	$(0.4\sim0.5)d_f$		
观察孔盖螺钉直径	d_4	$(0.3\sim0.4)d_f$		
定位销直径	d	$(0.7\sim0.8)d_2$		
d_f、d_1、d_2至外箱壁距离	c_1	见表 3-3		
d_f、d_2至凸缘边缘距离	c_2	见表 3-3		
轴承旁凸台半径	R_1	c_2		
凸台高度	h	根据低速级轴承座外径确定,以便于扳手操作为准(参见图 3-12)		
外箱壁至轴承座端面距离	l_1	$c_1+c_2+(5\sim8)$		
大齿轮顶圆(蜗轮外圆)与内箱壁距离	Δ_1	$\geqslant\delta$		
齿轮端面与内箱壁距离	Δ_2	$\geqslant\delta$		
箱盖、箱座肋厚	m_1 m	$m_1\approx0.85\delta_1$ $m\approx0.85\delta$		
轴承端盖外径	D_2	凸缘式端盖:轴承孔直径+$(5\sim5.5)d_3$;嵌入式端盖:$1.25D+10$,D—轴承外径		
轴承旁联接螺栓距离	s	尽量靠近,以 Md_1 和 Md_3 互不干涉为准,一般取 $s\approx D_2$		

注: 多级传动时,a 取低速级中心距。对圆锥-圆柱齿轮减速器,按圆柱齿轮传动中心距取值。

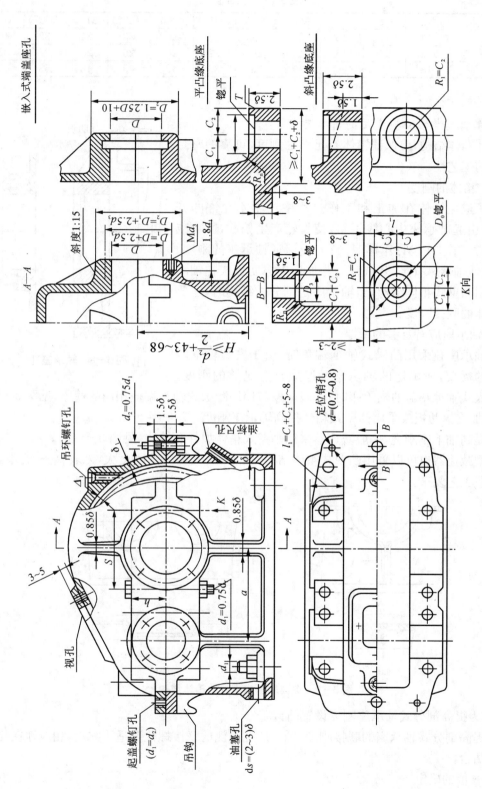

图 3-7　圆柱齿轮减速器箱体结构尺寸

表 3－3　c_1、c_2值 （mm）

螺栓直径	M8	M10	M12	(M14)	M16	(M18)	M20	(M22)	M24	(M27)	M30
$c_1 \geqslant$	13	16	18	20	22	24	26	30	34	38	40
$c_2 \geqslant$	12	14	16	18	20	22	24	26	28	32	35
沉头座直径	18	22	26	30	33	36	40	43	48	53	61

注：带括号者为第 2 系列。

3. 箱体结构设计应满足的基本要求

设计箱体结构,要保证箱体有足够的刚度、可靠的密封和良好的工艺性。

(1) 箱体的刚度

为了避免箱体在加工和工作过程中产生不允许的变形,从而引起轴承座中心线歪斜,使齿轮产生偏载,影响减速器正常工作,在设计箱体时,首先应保证轴承座的刚度。为此,应使轴承座有足够的壁厚,并加设支撑肋板或在轴承座处采用凸壁式箱体结构,当轴承座是剖分式结构时,还要保证箱体的联接刚度。

① 轴承座应有足够的壁厚

当轴承座孔采用凸缘式轴承端盖时,由于安装轴承端盖螺钉的需要,所确定的轴承座壁厚应具有足够的刚度。使用嵌入式轴承端盖的轴承座时,一般应取与使用凸缘式轴承端盖相同的壁厚,见图 3－8。

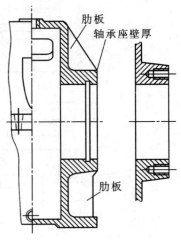

肋板
轴承座壁厚
肋板

图 3－8　轴承座孔

② 加支撑肋板或采用凸壁式箱体提高轴承座刚度

为提高轴承座刚度,一般减速器采用平壁式箱体加外肋结构,见图 3－9(a)。

大型减速器也可以采用凸壁式箱体结构,见图 3－9(b)。其刚度大,外表整齐、光滑,但箱体制造工艺复杂。

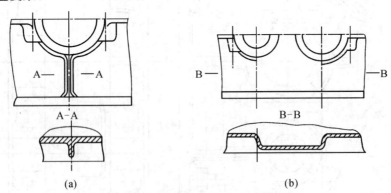

(a)

(b)

图 3－9　提高轴承座刚度的箱体结构

③ 为提高剖分式轴承座刚度设置凸台

为提高剖分式轴承座的联接刚度,轴承座孔两侧的联接螺栓要适当靠近,相应地在孔两旁设置凸台。

A. s 值的确定

轴承座孔两侧螺栓的距离 s 不宜过大也不宜过小,一般取 $s=D_2$,D_2 为凸缘式轴承盖的外圆直径。s 过大（图 3 - 10），不设凸台，轴承座刚度差；s 过小（图 3 - 11），螺栓孔可能与轴承螺钉孔干涉，还可能与输油沟干涉，为保证扳手空间将会不必要地加大凸台高度。

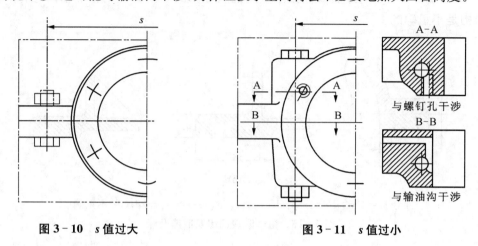

图 3 - 10　s 值过大　　　　　　　　　　　图 3 - 11　s 值过小

B. 凸台 h 值的确定

凸台 h 值由联接螺栓中心线（s 值）和保证装配时有足够的扳手空间（C_1 值）来确定，其确定过程见图 3 - 12。为制造加工方便，各轴承座凸台高度应当一致，并且按最大轴承座凸台高度确定。

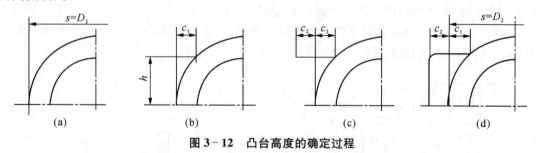

(a)　　　　　　　　(b)　　　　　　　　(c)　　　　　　　　(d)

图 3 - 12　凸台高度的确定过程

凸台结构三视图关系如图 3 - 13 所示。位于高速级一侧的箱盖凸台与箱壁结构的视图关系如图 3 - 14 所示（凸台位置在箱壁外侧）。

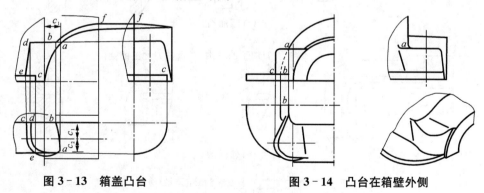

图 3 - 13　箱盖凸台　　　　　　　　图 3 - 14　凸台在箱壁外侧

④ 凸缘应有一定厚度

为了保证箱盖与箱座的联接刚度，箱盖与箱座的联接凸缘应较箱壁 δ 厚些，约为 1.5δ，见图 3 - 15 (a)。

为了保证箱体底座的刚度,取底座凸缘厚度为 2.5δ,底面宽度 B 应超过内壁位置,一般 $B=C_1+C_2+2\delta$。C_1、C_2 为地脚螺栓扳手空间的尺寸。图 3-15(b)为正确结构,图 3-15(c) 所示结构是不正确的。

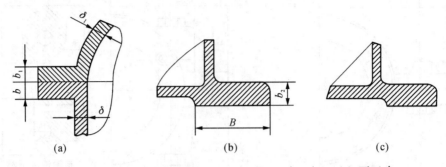

(a) $b_1=1.5\delta_1$, $b=1.5\delta$; (b) $b_2=2.5\delta$, $B=c_1+c_2+2\delta$; (c) 不正确

图 3-15　箱体联接凸缘及底座凸缘

（2）箱体的密封

为了保证箱盖与箱座接合面的密封,对接合面的几何精度和表面粗糙度应有一定要求, 一般要精刨到表面粗糙度值 Ra 小于 $1.6\ \mu m$,重要的需刮研。凸缘联接螺栓的间距不宜过 大,小型减速器应小于 $100\sim150\ mm$。为了提高接合面的密封性,在箱座联接凸缘上面可 铣出回油沟,使渗向接合面的润滑油流回油池,见图 3-16(a)。

当减速器中滚动轴承采用飞溅润滑或刮板润滑时,常在箱座结合面上制出油沟[图 3- 16(b)、(c)],使飞溅的润滑油沿箱盖壁汇入油沟,流入轴承室。

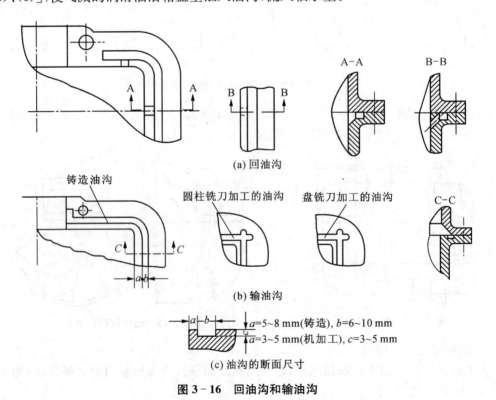

图 3-16　回油沟和输油沟

（3）箱体结构的工艺性

设计箱体结构，必须对其制造工艺要求和过程有清楚的了解，才能使设计的箱体有良好的工艺性。箱体结构工艺性对箱体制造质量、成本、检修维护等有直接影响，因此设计时应十分重视。

① 铸造工艺性

在设计铸造箱体时，应力求壁厚均匀，过渡平缓，金属无局部积聚，起模容易等。

A. 为保证液态金属流动通畅，铸件壁厚不可过薄，其最小壁厚见表 3-4。

表 3-4　砂型铸件的最小壁厚　　　　　　　　　　　　（mm）

材料	小型铸件 （<200×200）	中型铸件 （200×200～500×500）	大型铸件 （>500×500）
灰铸铁	3～5	8～10	12～15
球墨铸铁	>6	12	
铸钢	>8	10～12	15～20

B. 为避免缩孔或应力裂纹，壁与壁之间应采用平缓的过渡结构，其结构尺寸见表 3-5。

表 3-5　铸件过渡部分尺寸　　　　　　　　　　　（mm）

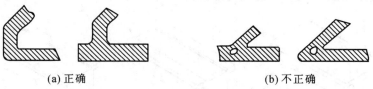

铸件壁厚 h	x	y	R
10～15	3	15	5
15～20	4	20	5
20～25	5	25	5

C. 为避免金属积聚，两壁间不宜采用锐角联接。图 3-17(a) 为正确结构，图 3-17(b) 为不正确结构。

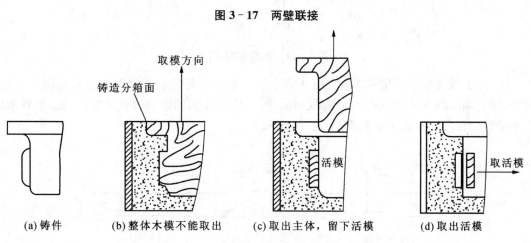

(a) 正确　　　　　　　　　　　　(b) 不正确

图 3-17　两壁联接

取模方向

铸造分箱面

活模

取活模

(a) 铸件　　　(b) 整体木模不能取出　　　(c) 取出主体，留下活模　　　(d) 取出活模

图 3-18　凸起结构与起模——需用活模

D. 设计铸件沿起模方向应有 1：10～1：20 的斜度。铸造箱体沿起模方向有凸起结构时,需在模型上设置活块,使造型中起模复杂,见图 3-18,故应尽量减少凸起结构。当有多个凸起部分时,应尽量将其连成一体,见图 3-19(b),以便起模。

E. 铸件应尽量避免出现狭缝,因这时砂型强度差,易产生废品。图 3-20(a)中两凸台距离过近而形成狭缝,图 3-20(b)为正确结构。

② 机械加工工艺性

在设计箱体时,要注意机械加工工艺性要求,尽可能减少机械加工面积和刀具的调整次数,加工面和非加工面必须严格区分开等。

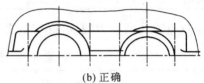

图 3-19　凸起结构与起模——凸起联接不用活模

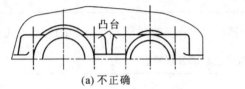

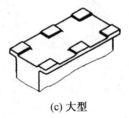

(a) 不正确　　　　　　　　　　(b) 正确

图 3-20　凸台设计避免狭缝

A. 箱体结构设计要避免不必要的机械加工。图 3-21 为箱座底面结构。支承地脚底面宽度 $B[B=C_1+C_2+2\delta$ 见图 3-15(b)]具有足够的刚度。这一宽度值也能满足减速器安装时对支承面宽度的要求,若再增大宽度从而增大机械加工面积是不经济的。图 3-21(a)中全部进行机械加工的底面结构是不正确的;中小型箱座多采用图 3-21(b)的结构形式;大型箱座则采用图 3-21(c)的结构形式。

(a) 不正确　　　　　　　　(b) 中、小型　　　　　　　　(c) 大型

图 3-21　箱座底面结构

B. 为了保证加工精度和缩短加工时间,应尽量减少机械加工过程中刀具的调整次数。例如,同一轴线的两轴承座孔直径宜取相同值,以便于镗削和保证镗孔精度;又如,各轴承座孔外端面应在同一平面上,见图 3-22(b)所示。

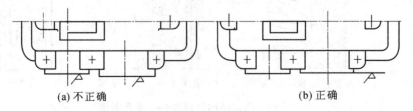

(a) 不正确　　　　　　　　　　　　　　(b) 正确

图 3-22　箱体轴承座端面结构

C. 设计铸造箱体时,箱体上的加工面与非加工面应严格分开,并且不应在同一平面内,如箱体与轴承端盖的结合面,视孔盖、油标和放油塞接合处,与螺栓头部或螺母接触处,都应做出凸台(凸起高度 h,见图 3-23);也可将与螺栓头部或螺母的接触面锪出沉头座坑。

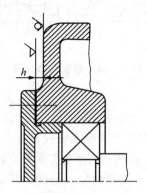

图 3-23 加工表面与非加工表面应当分开

3.1.4 减速器附件的结构设计

1. 窥视孔

窥视孔用来检查传动零件的啮合、润滑等情况,箱内的润滑油也可由此孔注入。窥视孔应开在啮合齿轮上方的箱盖顶部。为了防止渗油,在盖板底面垫有纸质封油垫片。为了减少加工面,与盖板配合处的箱盖上制有凸台,凸台面刨削时与其他部位不应相碰(见图 3-24)。窥视孔与窥视孔盖的结构尺寸见表 3-6。

表 3-6 窥视孔与窥视孔盖结构尺寸 (mm)

盖板尺寸 $l_1 \times b_1$	螺钉孔尺寸 $l_2 \times b_2$	窥视孔尺寸 $l_3 \times b_3$	联接螺钉 d 孔径	联接螺钉 d 孔数	盖板厚 δ	圆角 R	减速器中心距 a
90×70	75×55	60×40	7	4	4	5	单级 $a \leqslant 150$
120×90	105×75	90×60	7	4	4	5	单级 $a \leqslant 250$
180×140	165×125	150×110	7	8	4	5	单级 $a \leqslant 350$
200×180	180×160	160×140	11	8	4	10	单级 $a \leqslant 450$
220×200	200×180	180×160	11	8	4	10	单级 $a \leqslant 500$
270×220	240×190	210×160	11	8	6	15	单级 $a \leqslant 700$

注:窥视孔盖板材料为 Q235A

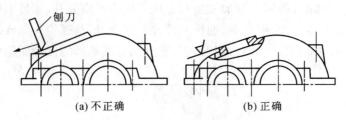

图 3‑24　窥视孔凸台结构

2. 通气器

通气器是用来沟通箱内外的气流,使箱内气压不会增大,避免各处缝隙泄漏。为了使箱内热空气自由逸出,通气器应装在箱盖顶部或窥视孔盖板上。通气器的结构不仅要具有通气能力,而且还要能防止灰尘进入箱内,故通气孔不要直通顶端。

通气器分为通气螺塞和网式通气器两种。清洁的环境用通气螺塞(见表 3‑7),通气器防尘能力较差,适用于发热小和环境清洁的小型减速器。灰尘较多的环境用网式通气器(见表 3‑8、表 3‑9),网式通气器内部应做成各种曲路并有金属网,防尘效果好,但结构复杂、尺寸较大,适用于比较重要的减速器。

表 3‑7　通气螺塞与提手式通气器　　　　　　　　　　　　　(mm)

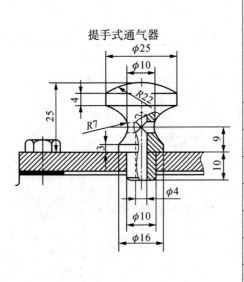

提手式通气器

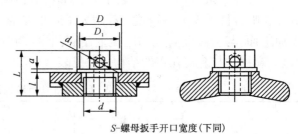

S‑螺母扳手开口宽度(下同)

d	D	D_1	S	L	l	a	d_1
M12×1.25	18	16.5	14	19	10	2	4
M16×1.5	22	19.6	17	23	12	2	5
M20×1.5	30	25.4	22	28	15	4	6
M22×1.5	32	25.4	22	29	15	4	7
M27×1.5	38	31.2	27	34	18	4	8
M30×2	42	36.9	32	36	18	4	8
M33×2	45	36.9	32	38	20	4	8
M36×3	50	41.6	36	46	25	5	8

表 3-8　通气罩　　　　　　　　　　（mm）

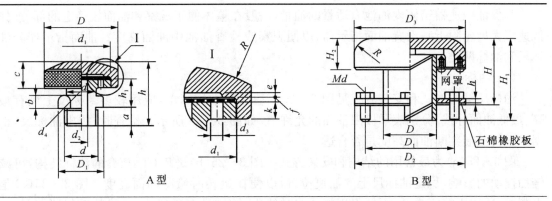

A 型　　　　　　　　　　　　　　B 型

A 型

d	d_1	d_2	d_3	d_4	D	h	a	b	c	h_1	R	D_1	S	k	e	f
M18×1.5	M33×1.5	8	3	16	40	40	12	7	16	18	40	26.4	22	6	2	2
M27×1.5	M48×1.5	12	4.5	24	60	54	15	10	22	24	60	36.9	32	7	2	2
M36×1.5	M64×1.5	16	6	30	80	70	20	13	28	32	80	53.1	41	7	3	3

B 型

序号	D	D_1	D_2	D_3	H	H_1	H_2	R	h	$d×l$
1	60	100	125	125	77	95	35	20	6	M10×25
2	114	200	250	260	165	195	70	40	10	M20×50

表 3-9　通气帽　　　　　　　　　　（mm）

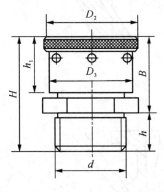 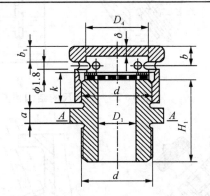 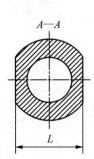

d	D_1	B	h	H	D_2	H_1	D_3	D_4
M27×1.5	15	≈30	15	≈45	36	32	32	18
M36×2	20	≈40	20	≈60	48	42	42	24
M48×3	30	≈45	25	≈70	62	52	56	36

d	a	δ	k	b	h_1	b_1	L	孔数
M27×1.5	6	4	10	8	22	6	32	6
M36×2	8	4	12	11	29	8	41	6
M48×3	10	5	15	13	32	10	55	8

3. 油面指示器

为保证减速器箱体内油池有适量的油量,一般在箱体便于观察和油面较稳定的部位(如低速级大齿轮附近),设置油面指示器,以便观察或检查油池中油面高度。油面指示器分油标尺和油标两类。

(1) 油标尺

油标尺结构形式和安装方式见图 3-25。油标尺结构简单,应用较多。标尺上刻有最高、最低油面标线,分别表示极限油面的允许值,如图 3-26 所示。检查时,拔出油标尺,根据尺上的油痕判断油面高度是否合适。

图 3-25(a)为最常用的结构和安装方式。图 3-25(b)是装有隔离套的油标结构,可减轻油搅动的影响,稳定油标尺上的油痕位置,以便在运转时检测油面高度。图 3-25(c)是直装式,适用于箱座较矮、不便采用侧装式时使用,结构带有通气孔,可代替通气器。图 3-25(d)是简易油标尺。

油标尺一般安装在箱体侧面,当采用侧装式油标尺时,设计时应注意其在箱座侧壁上的安置高度和倾斜角(指油标尺与底平面夹角)。若太低或倾斜角太小,箱内的油易溢出;若太高或倾斜角太大,油标尺难以拔出,插孔也难以加工(见图 3-27)。为此设计时应满足不溢油、易安装、易加工的要求,同时保证油标尺倾斜角大于或等于 45°。

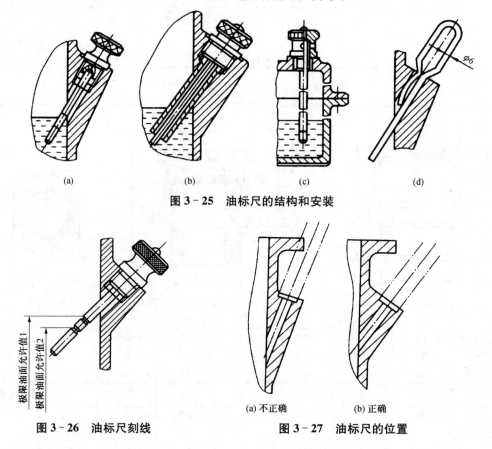

图 3-25　油标尺的结构和安装

图 3-26　油标尺刻线　　　　图 3-27　油标尺的位置

(2) 油标

油标的结构很多,有旋塞式油标、圆形和长形油标等,其尺寸规格已有国家标准,选用方便,但结构复杂、密封要求高,多用于较为重要的减速器中。表 3-10、表3-11、表 3-12 和表 3-13 分别为杆式油标、旋塞式油标、压配式油标和长形油标的结构尺寸。

表 3-10　杆式油标　　　　　　　　　　　　　　　　　　　　（mm）

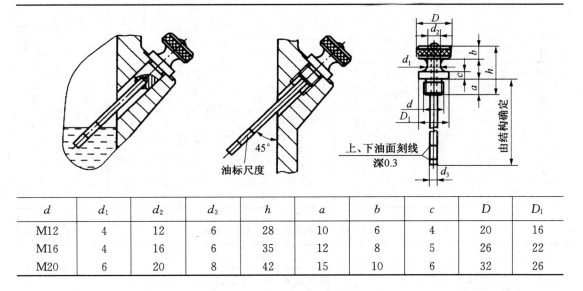

d	d_1	d_2	d_3	h	a	b	c	D	D_1
M12	4	12	6	28	10	6	4	20	16
M16	4	16	6	35	12	8	5	26	22
M20	6	20	8	42	15	10	6	32	26

表 3-11　旋塞式油标结构尺寸　　　　　　　　　　　　　　　（mm）

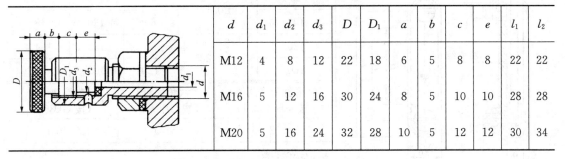

d	d_1	d_2	d_3	D	D_1	a	b	c	e	l_1	l_2
M12	4	8	12	22	18	6	5	8	8	22	22
M16	5	12	16	30	24	8	5	10	10	28	28
M20	5	16	24	32	28	10	5	12	12	30	34

注:成对使用,一个装在最高油面处,一个装在最低油面处。

表 3-12　压配式圆形油标(GB1161—1989)　　　　　　　　　（mm）

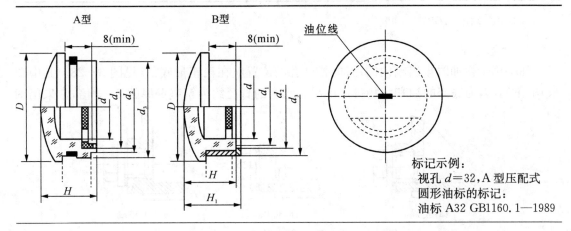

标记示例:
视孔 d=32,A 型压配式
圆形油标的标记:
油标 A32 GB1160.1—1989

d	D	d_1		d_2		d_3		H	H_1	O形橡胶密封圈 (按 GB3452.1)
		基本尺寸	极限偏差	基本尺寸	极限偏差	基本尺寸	极限偏差			
12	22	12	−0.050 −0.160	17	−0.050 −0.160	20	−0.065 −0.195	14	16	15×2.65
16	27	18		22	−0.065 −0.195	25				20×2.65
20	34	22	−0.065 −0.195	28		32	−0.080 −0.240	16	18	25×3.55
25	40	28		34	−0.080 −0.240	38				31.5×3.55
32	48	35	−0.080 −0.240	41		45		18	20	38.7×3.55
40	58	45		51		55				48.7×3.55
50	70	55	−0.100 −0.290	61	−0.100 −0.290	65	−0.100 −0.290	22	24	
63	85	70		76		80				

表 3-13　长形油标(GB1161—1989)　　　　　　　　　(mm)

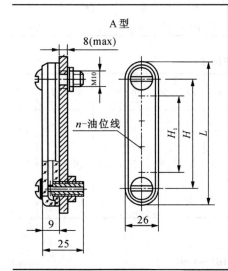

H		H_1	L	n(条数)
基本尺寸	极限偏差			
80	±0.17	40	110	2
100		60	130	3
125	±0.20	80	155	4
160		120	190	6

O形橡胶密封圈 (按 GB3452.1)	六角螺母 (按 GB6172)	弹性垫圈 (按 GB861)
10×2.65	M10	10

标记示例：
H＝80,A 型长形油标的标记：
油标　A80　GB1161—1989

注：B 型长形油标见 GB1161—1989。

4. 油塞

油塞用于换油时排出箱内的污油,排油孔的位置应在箱座最底部,见图 3-28。其中图(c)不正确,因为底部的油和污物排放不尽。螺塞的直径约为箱座壁厚的 2~3 倍,常采用细

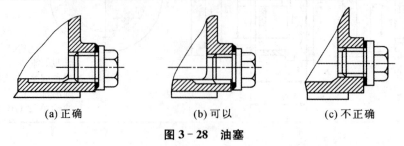

(a) 正确　　　　　(b) 可以　　　　　(c) 不正确

图 3-28　油塞

牙螺纹以保证配合紧密性,箱壁放油孔处应制有凸台,并加封油圈以增加密封效果。外六角螺塞和封油圈结构尺寸见表 3－14。

表 3－14　外六角螺塞(JB/ZQ4450—1986)、纸封油圈(ZB71—62)、皮封油圈(ZB70—1962)　(mm)

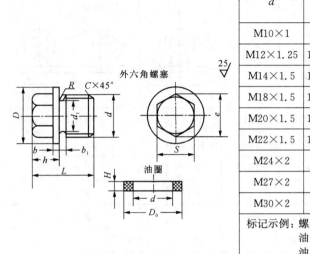

d	d_1	D	e	S	L	h	b	b_1	R	C	D_0	H 纸圈	H 皮圈
M10×1	8.5	18	12.7	11	20	10	2			0.5	0.7	18	
M12×1.25	10.2	22	15	13	24			3			1.0	22	2
M14×1.5	11.8	23	20.8	18	25	12							2
M18×1.5	15.8	28	24.2	21	27			3				25	
M20×1.5	17.8	30				15						30	
M22×1.5	19.8	32	27.7	24	30				1			32	
M24×2	21	34	31.2	27	32	16	4			1.5		35	3
M27×2	24	38	34.6	30	35	17		4				40	2.5
M30×2	27	42	39.3	34	38	18						45	

标记示例:　螺塞 M20×1.5　JB/ZQ4450—86
　　　　　　油圈 30×20　ZB71—62($D_0=30,d=20$ 的纸封油圈)
　　　　　　油圈 30×20　ZB70—62($D_0=30,d=20$ 的皮封油圈)

材料:纸封油圈使用石棉橡胶纸;皮封油圈使用工业用革;螺塞使用 Q235。

5. 吊环螺钉、吊耳和吊钩

为了减速器的装拆和搬运,在减速器上装有吊环螺钉或铸出吊耳、吊钩。吊环螺钉一般安装在上箱盖上,通常只用来吊运箱盖,其结构尺寸见表 3－15,吊环螺钉旋入螺孔的螺纹部分不应太短,以保证承载能力,见图 3－29。为了减少螺孔和支承面等处的机加工工序,也可以在箱体上直接铸造出吊耳、吊钩(通常铸在箱座接合面的凸缘下部),用来吊运整台减速器,其结构尺寸见表 3－16。

表 3－15　吊环螺钉(GB825—1988)　　　　　　　(mm)

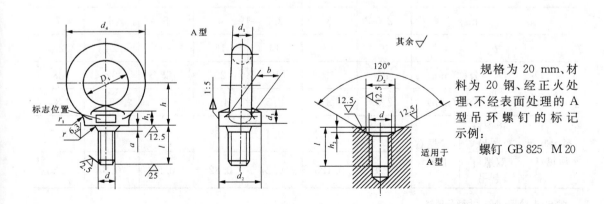

规格为 20 mm、材料为 20 钢、经正火处理、不经表面处理的 A 型吊环螺钉的标记示例:

螺钉 GB 825　M 20

续表

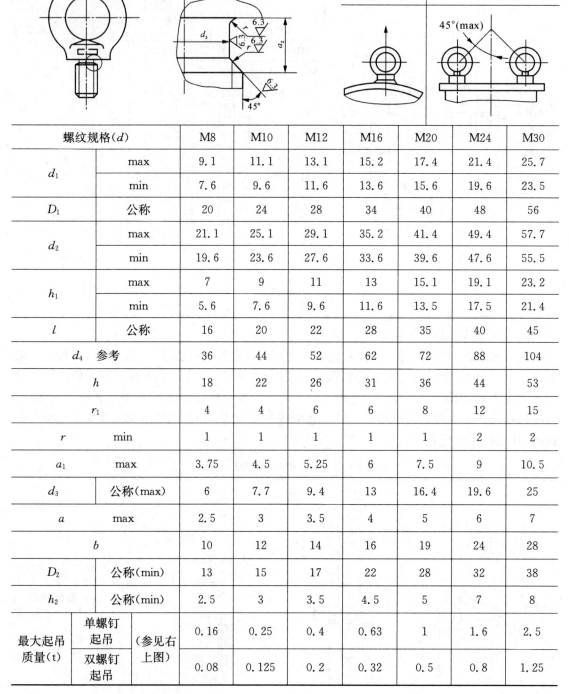

螺纹规格(d)			M8	M10	M12	M16	M20	M24	M30
d_1		max	9.1	11.1	13.1	15.2	17.4	21.4	25.7
		min	7.6	9.6	11.6	13.6	15.6	19.6	23.5
D_1		公称	20	24	28	34	40	48	56
d_2		max	21.1	25.1	29.1	35.2	41.4	49.4	57.7
		min	19.6	23.6	27.6	33.6	39.6	47.6	55.5
h_1		max	7	9	11	13	15.1	19.1	23.2
		min	5.6	7.6	9.6	11.6	13.5	17.5	21.4
l		公称	16	20	22	28	35	40	45
d_4	参考		36	44	52	62	72	88	104
h			18	22	26	31	36	44	53
r_1			4	4	6	6	8	12	15
r		min	1	1	1	1	1	2	2
a_1		max	3.75	4.5	5.25	6	7.5	9	10.5
d_3		公称(max)	6	7.7	9.4	13	16.4	19.6	25
a		max	2.5	3	3.5	4	5	6	7
b			10	12	14	16	19	24	28
D_2		公称(min)	13	15	17	22	28	32	38
h_2		公称(min)	2.5	3	3.5	4.5	5	7	8
最大起吊质量(t)	单螺钉起吊	(参见右上图)	0.16	0.25	0.4	0.63	1	1.6	2.5
	双螺钉起吊		0.08	0.125	0.2	0.32	0.5	0.8	1.25

注：1. M8～M36 为商品规格。

　　2. 最大起吊质量系指平稳起吊时的质量。

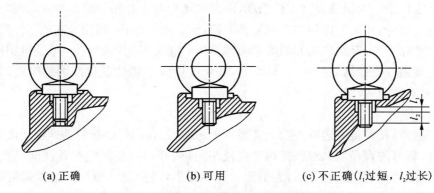

(a) 正确　　　　　　　　(b) 可用　　　　　　　(c) 不正确(l_1过短，l_2过长)

图 3 – 29　吊环螺钉的螺孔尾部结构

表 3 – 16　起重吊耳和吊钩　　　　　　　　　　　　　（mm）

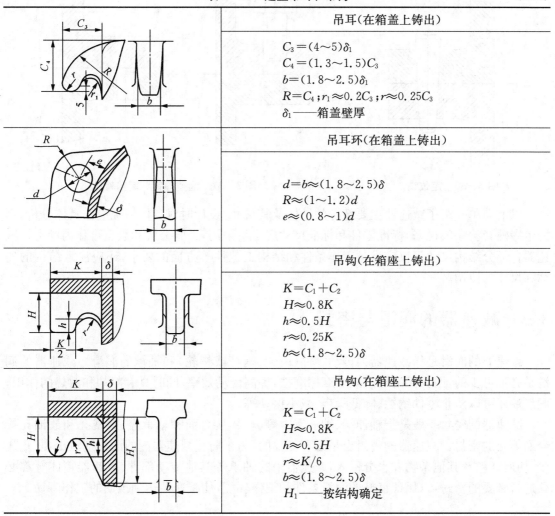

	吊耳（在箱盖上铸出）
	$C_3 = (4 \sim 5)\delta_1$ $C_4 = (1.3 \sim 1.5)C_3$ $b = (1.8 \sim 2.5)\delta_1$ $R = C_4 ; r_1 \approx 0.2C_3 ; r \approx 0.25C_3$ δ_1——箱盖壁厚
	吊耳环（在箱盖上铸出）
	$d = b \approx (1.8 \sim 2.5)\delta$ $R \approx (1 \sim 1.2)d$ $e \approx (0.8 \sim 1)d$
	吊钩（在箱座上铸出）
	$K = C_1 + C_2$ $H \approx 0.8K$ $h \approx 0.5H$ $r \approx 0.25K$ $b \approx (1.8 \sim 2.5)\delta$
	吊钩（在箱座上铸出）
	$K = C_1 + C_2$ $H \approx 0.8K$ $h \approx 0.5H$ $r \approx K/6$ $b \approx (1.8 \sim 2.5)\delta$ H_1——按结构确定

6. 定位销、起盖螺钉

（1）定位销

为保证箱体轴承座孔的镗孔精度和装配精度，在精加工轴承座孔前，在箱体联接凸缘面上配装两个定位销。为保证提高定位精度,两定位销应布置在箱体对角线方向,距箱体中心线不要太近。此外,还要考虑到加工和装拆方便,而且不与吊钩、螺栓等其他零件发生干涉。

定位销是标准件,有圆柱销和圆锥销两种结构。通常采用圆锥销,一般圆锥销的直径是箱体凸缘连接螺栓直径的 0.7~0.8 倍左右,其长度应大于箱体联接凸缘总厚度,以便于装拆,其连接方式见图 3-30。

(2) 起盖螺钉

为便于起盖,在箱盖侧边的凸缘上常装有 1~2 个起盖螺钉。螺钉的螺纹长度应大于箱盖凸缘厚度;螺钉的直径与凸缘联接螺栓直径相同,最好与联接螺栓布置在同一直线上,便于钻孔;启盖螺钉杆端做成圆柱形,大倒角做成半圆形,以免顶坏螺纹。起盖螺钉结构如图 3-31(a)所示,启盖螺钉亦可设置于箱座,由下向上顶开箱盖,如图 3-31(b)所示。

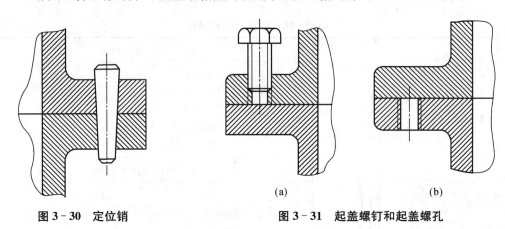

(a)　　　　　　　(b)

图 3-30　定位销　　　　　　　　图 3-31　起盖螺钉和起盖螺孔

以上简单介绍了减速器主要部分的结构及其尺寸,设计时对具体情况应作具体分析,不能生搬硬套。一般说来,标准零件和标准尺寸应尽量采用,经验公式和数据可作为参考。减速器各部分结构尺寸不仅应满足工作条件和结构工艺性等方面的要求,还应注意结构的匀称和尺寸的协调。

3.2　减速器的润滑与密封

减速器的润滑是指减速器内传动零件(齿轮、蜗杆或蜗轮)和轴承的润滑。减速器的润滑是必不可少的,因为润滑可以减少摩擦磨损,提高传动效率,同时具有冷却和散热的作用,润滑油还可以防止零件锈蚀、降低噪声、减小振动等。

减速器的密封一般是指轴伸端、轴承室内侧、箱体接合面和轴承盖、窥视孔和放油孔接合面等处的密封。减速器的密封也是必不可少的,为了防止减速器内的润滑剂泄出,防止灰尘、切屑微粒及其他杂物和水分侵入,减速器中的轴承等其他传动部件、减速器箱体等都必须进行必要的密封,以保证良好的润滑条件和工作环境,使减速器达到预期的工作寿命。

3.2.1　齿轮和蜗杆传动的润滑

减速器内传动零件(齿轮、蜗杆或蜗轮)的润滑,通常有油池浸油润滑和喷油润滑两种方法。

1. 浸油润滑

所谓浸油润滑是指将传动件如齿轮、蜗杆或蜗轮等浸入箱内的油池中,通过传动件的转动,将油池中的润滑油带到啮合处进行润滑。同时,油池中的油也被甩到箱壁上,还可起到散热作用。

浸油润滑适用于浸入油中齿轮的圆周速度 $v<12$ m/s、蜗杆圆周速度 $v<10$ m/s 的场合。

为了保证轮齿啮合处的充分润滑,并避免搅油损耗过大,减速器内的传动件浸入油池中的深度不宜太浅或太深,合适的浸油深度见表 3-17。另外,为了避免油搅动时沉渣泛起,齿顶到底面的距离 H 不应小于 30~50 mm。由此即可决定箱座的高度。

表 3-17　浸油润滑时的浸油深度

减速器类型		传动件浸油深度
单级圆柱齿轮减速器		$m<20$ 时,浸油深度约为 1 个齿高,但不小于 10 mm $m\geq20$ 时,浸油深度约为 0.5 个齿高
二级或多级圆柱齿轮减速器		高速级:浸油深度约为 0.7 个齿高,但不小于 10 mm 低速级:浸油深度按圆周速度而定,速度大者取小值 当 $v=0.8\sim1.2$ m/s 时,浸油深度约为 1 个齿高~1/6 齿轮半径(但不小于 10 mm) 当 $v\leq0.5\sim0.8$ m/s 时,浸油深度≤(1/6~1/3)齿轮半径
圆锥齿轮减速器		整个齿宽浸入油中(至少半个齿宽)
蜗杆减速器	蜗杆下置	浸油深度大于蜗杆一个螺牙高,但油面不应高于蜗杆轴承最低一个滚动体中心
	蜗杆上置	蜗轮浸油深度按低速级圆柱齿轮的浸油深度取值

在多级减速器中应尽量使高速级齿轮浸油深度约为 0.7 个齿高(不小于 10 mm),但低速级浸油深度约为 1/6~1/3 齿轮半径[见图 3-32(a)],或将减速器箱盖和箱座的剖分面做成倾斜的,从而使高速级和低速级传动的浸油深度大致相等[见图 3-32(b)]。

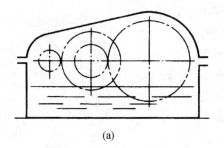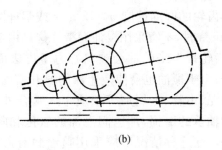

(a)　　　　　　　　　　　　　　　　(b)

图 3-32　油池润滑

如果确因结构需要导致各级大齿轮直径相差较大,而使高速级大齿轮不能浸入油中、低速级齿轮又浸油太深的情况发生,则为了降低其深度可以采取下列措施:将高速级齿轮采用设置带油轮的方法,保证各级齿轮的啮合润滑(见图 3-33)。油浸至带油轮,由带油轮将油带到高速级大齿轮。带油轮常用塑料制成,宽度约为浸入油中齿轮宽度的 1/3~1/2;为减少油的搅动,其浸油深度不应大于 10 mm。

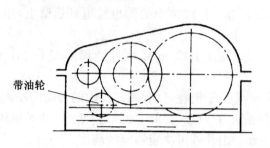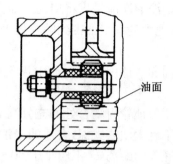

图 3-33　带油轮润滑

对于蜗杆减速器,当蜗杆下置时,油面高度应低于蜗杆的齿根圆直径,并且不应超过蜗杆轴上滚动轴承的最低滚珠(柱)的中心,以免增加功率损失。如果蜗杆外径小于轴承滚动体中心分布直径时,若让蜗杆浸入油中,则轴承浸油深度将超过最下方的滚动体中心,为避免这种情况可采用溅油轮方法,即在蜗杆轴上装一溅油轮,将润滑油飞溅到蜗轮上,以保证啮合处的润滑(见图 3-34)。

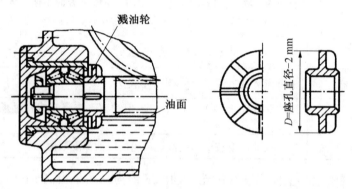

图 3-34　溅油轮润滑

2. 喷油润滑

当齿轮的圆周速度 $v>12$ m/s 或蜗杆圆周速度 $v>10$ m/s 时,不宜采用浸油润滑。这是由于圆周速度高,齿轮带上来的油会被离心力甩出去而送不到啮合处;由于搅油也会使减速器的温升增加;搅起的箱底油泥、污物、金属屑等杂质带入啮合处,会加速齿轮和轴承的磨损,加速润滑油的氧化和降低润滑性能等。在这种情况下应采用喷油润滑,即利用油泵(压力 0.1~0.3 MPa)将润滑油通过喷嘴直接喷到啮合面上,如图 3-35 所示。注意,油应自啮入端喷入,喷嘴沿齿宽均匀分布。

但是,喷油润滑要有专门的油路、滤油器、油量调节装置等,故费用较高。

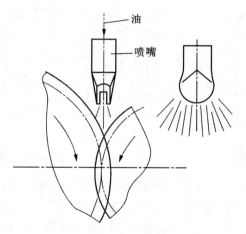

图 3-35　喷油润滑

3.2.2　滚动轴承的润滑

滚动轴承常采用油润滑和脂润滑。减速器轴承的润滑方法可以根据齿轮或蜗杆的圆周速度来选择。

1. 飞溅润滑

减速器中只要有一个浸油齿轮的圆周速度 $v>1.5 \sim 2 \text{ m/s}$ 时，一般可利用传动零件进行飞溅式润滑，即将减速器内的油直接溅入轴承或经箱体剖分面上的油沟流到轴承中进行润滑。为此，应在箱体剖分面上开输油沟，并在端盖上开缺口，如图 3-36(b)所示；还应将箱盖剖分面内壁边缘处制成倒角，如图 3-36(a)所示，以保证飞溅到箱盖内壁上的油能顺利流入油沟并进入轴承进行润滑。油沟尺寸参见图 3-16。当圆周速度 $v>3 \text{ m/s}$ 时，飞溅的油会形成油雾，可直接溅入轴承室。

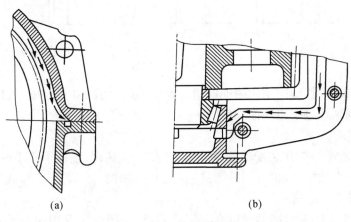

(a)　　　　　　　　　　(b)

图 3-36　输油沟润滑

飞溅润滑最简单，在减速器中应用最广，而且箱内的润滑油粘度完全由齿轮传动决定。

2. 刮油润滑

当浸油齿轮的圆周速度 $v<2 \text{ m/s}$ 时，由于飞溅的油量不能满足轴承的需要，可以采用刮油润滑，或根据轴承转动速度的大小选用脂润滑或滴油润滑。如图 3-37(a)所示，当蜗轮转动时，利用装在箱体内的刮油板，将蜗轮轮缘侧面的油刮下，油沿着输油沟流向轴承，图 3-37(b)为其详细结构图。这种给轴承润滑的方法称为刮油润滑。

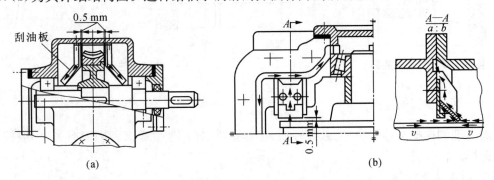

(a)　　　　　　　　　　(b)

图 3-37　刮油润滑

3. 浸油润滑和喷油润滑

当轴承的位置较低,如下置式蜗杆传动,可使轴承局部浸入油池中,但油面不得超过最低的一个滚动体中心,以免搅动时功率损耗太大以及引起漏油。对于斜齿轮传动和蜗轮传动,为防止润滑油被齿轮沿轴向推动,应在轴承面向箱体内壁的一侧加设挡油板(见图 3‐38)。

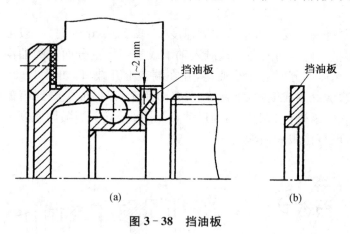

图 3‐38　挡油板

当轴承转速较高时,则应采用喷油润滑,以保证正常的润滑和冷却。如果齿轮或蜗杆已采用喷油润滑,则轴承也采用喷油润滑。

4. 润滑脂润滑

润滑脂润滑通常是指在装配时将润滑脂填入轴承室,以后每年添 1～2 次。添润滑脂时,可拆去轴承盖直接添加,也可用旋盖式油杯加注(如图 3‐39 所示),或采用压注油杯用压力枪注入(如图 3‐40 所示)。

对于填入轴承室的润滑脂的量也有一定的要求,一般低速及中速轴承不超过轴承室空间的 2/3,而对于高速(1 500～3 000 r/min)轴承则不应超过轴承室空间的 1/3。

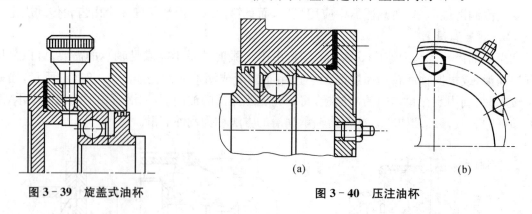

图 3‐39　旋盖式油杯　　　　　　　图 3‐40　压注油杯

3.2.3　润滑剂的选择

润滑剂的选择与传动类型、载荷性质、工作条件、转动速度等多种因素有关,一般按下述原则选择。

1. 润滑油的选择

减速器中齿轮、蜗杆、蜗轮和轴承大都依靠箱体中的油进行润滑,这时润滑油的选择主要考虑箱内传动零件的工作条件,适当考虑轴承的工作情况。

对于闭式齿轮传动,润滑油黏度推荐值见表 3-18。

表 3-18　闭式齿轮传动的润滑油黏度推荐值　　　　　　(mm²/s)

齿轮材料及热处理	齿面硬度	齿轮圆周速度 v/(m/s)						
		<0.5	0.5~1.0	1.0~2.5	2.5~5.0	5.0~12.5	12.5~25	>25
钢:调质	<HBS280	266 (32)	177 (21)	118 (11)	82	59	44	32
	HBS280~350	266 (32)	266 (32)	177 (21)	118 (11)	82	59	44
钢:整体淬火,表面淬火或渗碳淬火	HRC40~64	444 (52)	266 (32)	266 (32)	177 (21)	118 (11)	82	59
铸铁,青铜,塑料		177	118	82	59	44	32	—

注:1. 对于多级齿轮传动,应采用各级传动圆周速度的平均值选取润滑油黏度。

　　2. 表中括号内为 100℃时的黏度,不带括号的为 50℃时的黏度。

对于蜗杆传动,润滑油黏度推荐值见表 3-19。

表 3-19　蜗杆传动的润滑油黏度推荐值　　　　　　(mm²/s)

滑动速度/(m/s)	0~1	>1~2.5	0~5	>5~10	>10~15	>15~25	>25
工作条件	重型	重型	中型	—	—	—	—
运动黏度 cSt	444 (52)	266 (32)	177 (1)	118 (1)	82	59	44
润滑方式	浸油润滑			浸油或喷油润滑	喷油压力 P/(N/mm²)		
					0.07	0.2	0.3

注:1. 表中括号为 100℃时的黏度,不带括号的为 50℃时的黏度。

　　2. 在确定了润滑油的黏度之后,查附表 6-1 选取润滑油牌号。

2. 润滑脂的选择

润滑脂主要用于减速器中滚动轴承的润滑,也用于开式齿轮传动和开式蜗杆传动的润滑。润滑脂主要根据滚动轴承的转动速度、载荷、工作温度和工作环境选择。润滑脂的选择可参考表 3-20 和表 3-21。

表 3-20　滚动轴承润滑脂选用参考(一)

轴径/mm	工作温度/℃	工作环境	轴的转速/r·min⁻¹			
			<300	300~1 500	1 500~3 000	3 000~5 000
20~140	0~60	有水	3 号、4 号钙基脂	2 号、3 号钙基脂	1 号、2 号钙基脂	1 号钙基脂
	60~110	干燥	2 号钠基脂	2 号钠基脂	2 号钠基脂	1 号二硫化钼复合钙基脂
	<100	潮湿	2 号复合钙基脂	1 号、2 号复合钙基脂	1 号复合钙基脂	1 号二硫化钼复合钙基脂
	-20~100	有水	3 号、4 号锂基脂	2 号、3 号锂基脂	1 号、2 号锂基脂	1 号二硫化钼锂基脂

表 3 - 21　滚动轴承润滑脂选用参考(二)

工作温度 /℃	转速 /r·min⁻¹	载荷	推荐用脂	工作温度 /℃	转速 /r·min⁻¹	载荷	推荐用脂
0～60	约1 000	轻、中	2号、3号钙基脂	0～110	约1 000	轻、中、重	2号钠基脂
0～60	约1 000	重	4号钙基脂	0～110	约1 000	轻、中	2号钠基脂
0～60	1 000～2 000	轻、中	2号、3号钙基脂	0～140	约1 000	轻、中、重	2号二硫化钼复合钙基脂
0～80	约1 000	轻、中、重	3号钙钠基脂	0～120	约1 000	轻、中	1号二硫化钼复合钙基脂
0～80	1 000～2 000	轻、中	2号钙钠基脂	0～160			3号二硫化钼复合钙基脂
0～100	约1 000	轻、中、重	3号钙钠基脂	-20～100			二硫化钼锂基脂
0～100	约1 000	轻、中	1号、2号钙钠基脂				

润滑脂的牌号、性质及用途见附表 6-2。

3.2.4　轴伸出端的密封

轴伸出端密封的作用是使滚动轴承与箱外隔绝,防止润滑油(脂)漏出和箱外杂质、水及灰尘侵入轴承室,避免轴承急剧磨损和腐蚀。

1. 毡圈密封

如图 3-41 所示,利用毛毡圈实现轴承与外界隔离。这种密封效果较差,主要用于脂润滑、接触处线速度 $v<5$ m/s、工作温度小于 60℃的场合。图 3-41(b)的结构便于定期更换毡圈与调整径向密封力,以保持密封性以及延长使用寿命。

毡圈和槽的尺寸系列见附表 6-3。

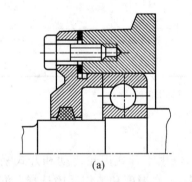
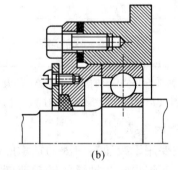

(a)　　　　　　　　(b)

图 3 - 41　毡圈密封装置

2. O形橡胶圈密封

利用箱体上沟槽使 O 形橡胶圈受到压缩而实现密封,在介质作用下产生自紧作用而增强密封效果。O 形橡胶圈有双向密封的能力,其密封结构简单,如图 3-42 所示。

O 形橡胶圈的尺寸系列见附表 6-4。

3. 唇形密封圈密封

利用耐油橡胶圈唇形结构部分的弹性和螺旋弹簧圈的扣紧力,使唇形部分紧贴轴表面而实现密封。图 3-43(a)为唇

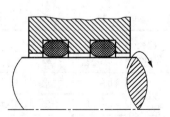

图 3 - 42　O 形橡胶圈密封装置

部背着轴承,其主要作用是防止外界灰尘和水进入轴承与箱体内;图 3-43(b)为唇部对着轴承,其主要作用是防止轴承室内的油泄漏出来;另外还可采用两个密封圈相对安装,同时具备防漏和防尘能力。

唇形密封圈密封效果比毡圈密封好,工作可靠,常用于接触处线速度 $5 < v < 10$ m/s,工作温度为 $-40℃ \sim 100℃$ 的脂润滑或油润滑的情况下。

唇形密封圈和槽的尺寸系列见附表 6-6。

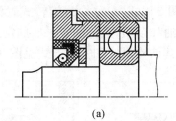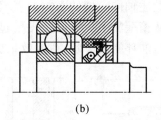

(a)　　　　　　　　　　　　　　　(b)

图 3-43　唇形密封圈密封装置

4. 沟槽密封

沟槽密封是通过在运动构件与固定件之间设计较长的环状间隙($\delta = 0.1 \sim 0.3$ mm)和不少于 3 个的环状沟槽,并填满润滑剂来达到密封的目的(图 3-44)。这种方式适用于脂润滑和低速油润滑,且工作环境清洁的轴承。其结构尺寸见附表 6-7。

5. 迷宫密封

迷宫密封是通过在运动构件与固定件之间构成迂回曲折的小缝隙来实现密封的(图 3-45),缝隙中填满润滑脂,对各种润滑剂均有良好的密封效果,对防尘和防漏也有较好效果,圆周速度可达 30 m/s。密封可靠,但结构复杂。其结构见附表 6-8。

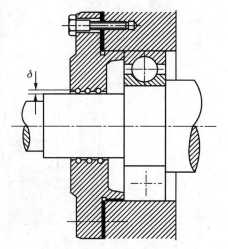

图 3-44　沟槽密封装置

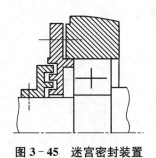

图 3-45　迷宫密封装置　　　　**图 3-46　组合式密封装置**

6. 组合式密封

根据轴承工作条件和密封要求,利用上述密封方式的特点,联合几种密封方式为组合式密封装置。图 3-46 为毛毡-迷宫组合密封装置。组合式密封可使密封更为有效和可靠,常用于密封要求高的场合。

3.2.5 轴承室箱体内侧的密封

该密封按其作用可分为封油环和挡油环两种。

1. 封油环

封油环用于脂润滑轴承,其作用是使轴承室与箱体内部隔开,防止轴承内的油脂流入箱内,箱内润滑油溅入轴承室而稀释,带走油脂。图 3－47(a)、(b)、(c)为固定式封油环,其结构尺寸可参照上述轴伸出处的密封装置确定;图 3－47(d)、(e)为旋转式封油环,它利用离心力作用甩掉从箱壁流下的油以及飞溅起来的油和杂质,其封油效果比固定式好,是最常用的封油装置。封油环制成齿状,封油效果更好,其结构尺寸和安装方式见图 3－48。

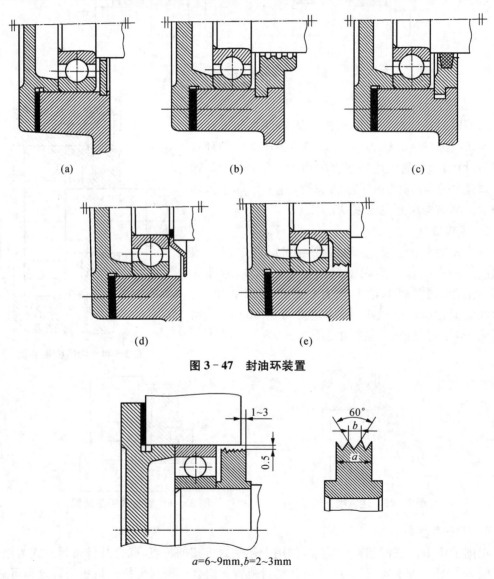

(a)　　　　　　　　　　(b)　　　　　　　　　　(c)

(d)　　　　　　　　　　(e)

图 3－47　封油环装置

a=6~9mm,b=2~3mm

图 3－48　封油环

2. 挡油环

轴承采用油润滑时,为了防止过多的油、杂质进入轴承室内和啮合的热油冲入轴承内,有时可在轴承内侧加挡油环,其结构见图 3－49(a)、(b)所示,图 3－49(c)为贮油环装置,其作用是使轴承内保存一定量的润滑油,常用于需经常启动的油润滑轴承。贮油环高度以不超过轴承最低滚动体中心为宜。

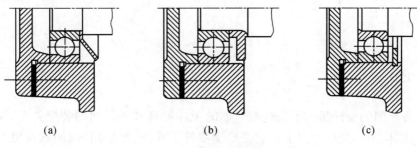

(a)　　　　　　　　　(b)　　　　　　　　　(c)

图 3－49　挡油环及储油环装置

3.2.6　箱体结合面的密封

箱盖与箱座的密封常用在箱盖与箱座接合面上涂密封胶或水玻璃的方法实现。为了提高结合面的密封性,可在箱座结合面上开回油沟(图 3－16),使渗入接合面之间的润滑油重新流回箱体内部。为了保证箱体座孔与轴承的配合,结合面上严禁加垫片密封,对结合面的几何精度和表面粗糙度都有一定的要求。

另外,凸缘式轴承端盖的凸缘,窥视孔盖板以及油塞等与箱座、箱盖的结合处均需装纸封油环或皮封油环等密封件以加强效果。纸封油环、皮封油环见表 3－14。

第4章 减速器装配图与零件图的设计与绘制

4.1 概述

减速器装配图的设计是为了表达减速器的工作原理和零件间的装配关系,反映各零件的相互位置、结构形状及尺寸要求。它是绘制零件工作图、部件组装、调试及维护等的技术依据。在设计装配图时需要综合考虑整机及其零部件的工作条件、材料使用、强度及刚度、生产工艺、装拆操作、调整方法以及润滑和密封等要求,协调各零部件的结构尺寸和相互位置关系,同时还要对其外观造型、成本核算等方面给予足够的重视。

4.1.1 装配图设计的准备

由于装配图设计过程较为复杂,常常需要反复计算和多次修改,所以在绘制装配图前,应翻阅有关资料,参观或拆卸实际减速器,弄懂各零部件的功用、结构特点及制造工艺等,从而确定自己所设计的减速器结构方案,为画装配图做好技术资料准备。其内容大致包括:

1. 原始资料
(1)电动机型号、轴伸直径、轴伸长度、中心高等。
(2)联轴器型号、孔径范围、轴孔长度及装拆尺寸。
(3)各传动零件的主要参数和尺寸,如齿轮传动和蜗杆传动的中心距、分度圆和齿顶圆及齿宽等。

2. 选择结构方案
准备阶段中,可根据所设计的题目参考表4-1及附录3进行结构方案的选择。

表4-1 准备阶段中结构方案选择的主要内容

方 案 名 称	主 要 内 容
减速器箱体结构	有整体式、剖分式、铸造式、焊接式等(见第3章)
润滑方式和润滑装置	传动件的润滑:多为浸油润滑;少数齿轮传动采用带油轮润滑;蜗杆传动有时用溅油轮润滑(见第3章)
轴承密封装置	轴伸出端密封装置:常用毛粘圈密封、橡胶密封等(见第3章)。轴承室内侧的密封装置:脂润滑轴承常用旋转式封油环;溅油润滑时的高速级齿轮轴承常设挡油环装置(见第3章)
轴承端盖结构	有凸缘式和嵌入式之分。使用特点和选择见第2章
轴承组合结构	主要包括轴承类型、支承固定方式、轴承间隙(或游隙)及传动件啮合位置的调整等(见第3章)

4.1.2　装配图的图面布置

装配图可用 A0 或 A1 号图纸绘制,图纸幅面及图框格式应符合机械制图的标准。一般需选用三个视图布置形式(图 4 - 1),若减速器结构简单,也可用两个视图和附加必要的剖视图或局部视图来表达。

尽量采用1∶1或1∶2的比例尺绘图。在布局之前,应根据传动件的中心距、齿顶圆及轮宽等主要结构尺寸估计出减速器的轮廓尺寸,并留出标题栏、明细表、零件编号、技术特性表及技术要求的文字说明等位置,做好图面的合理布置。

图 4 - 1 给出的图面布置一般形式仅供参考。

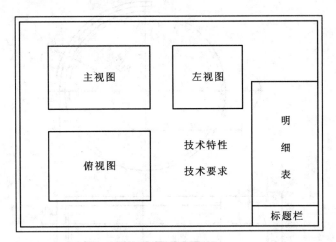

图 4 - 1　图面布局

4.2　装配草图的设计与绘制

绘制装配草图的目的是通过绘图确定减速器的大体轮廓,更重要的是进行轴的结构设计和轴承组合结构设计,确定轴承的型号和位置,确定轴承支反力作用点和轴上力的作用点,从而对轴、轴承及键进行验算。

在减速器中,传动零件、轴和轴承是其主要零部件,其他零件的结构尺寸是随着这些零件的确定而确定的。因此,在设计绘图时,应按照从主到次、从内到外、从粗到细的顺序,边绘图、边计算、边修改,以一个视图为主,兼顾几个视图。装配草图的设计与绘制按以下三个阶段进行。

4.2.1　装配草图的第一阶段

1. 确定传动零件轴心线位置与轮廓

先画出箱内传动零件的中心线、齿顶圆(或蜗轮外圆)、分度圆、齿根圆、轮缘及轮毂尺寸。对于多级减速器,建议最好先画中间轴的中心线和传动件的轮廓线,然后向两侧展开;对于圆锥齿轮传动,要使两齿轮大端端面对齐,锥顶交于一点;对于蜗杆传动,要使蜗杆轴向平面和蜗轮中间平面重合。

2. 确定箱体内壁位置

箱体内壁与齿轮轮毂端面应留有一定的距离 Δ_2(一般 $\Delta_2 = 10 \sim 15$ mm,对于重型减速器应取大些),大齿轮齿顶圆(蜗轮外圆)与箱体内壁应留有距离 Δ_1($\Delta_1 \geqslant 1.2\delta$,$\delta$ 为箱座壁厚),两级传动件之间距离 Δ_3 可取 $8 \sim 15$ mm。

对于圆柱齿轮减速器,小齿轮齿顶圆与箱体内壁间的距离暂不确定,待进一步设计时,再由主视图上箱体结构的投影确定。对于蜗杆减速器,因箱体内壁之间的距离主要考虑蜗杆轴系结构及轴承尺寸,故箱体内壁与蜗轮轮毂端面的距离一般比较远。

这一步骤的绘图方法可参见图 4-2、图 4-3 和图 4-4。

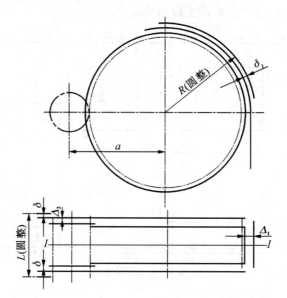

图 4-2 一级圆柱齿轮减速器装配草图初始示例

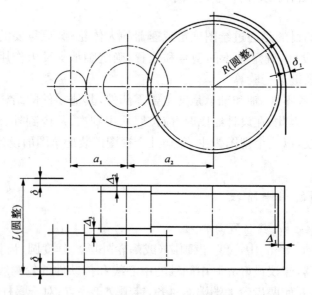

图 4-3 二级圆柱齿轮减速器装配草图的初始示例

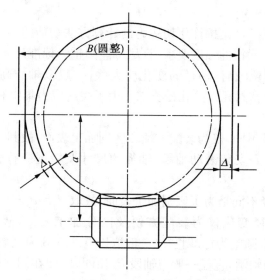

图 4 – 4　蜗杆减速器装配草图的初始示例

3. 轴系结构的初步设计

（1）轴的结构设计

轴的结构设计在初估轴径的基础上进行，目的是确定轴的结构形式和全部尺寸。轴结构设计的影响因素包括：轴上零件的类型、尺寸与位置、定位和固定方式、载荷情况以及轴的强度、刚度、加工和装配工艺性等。

设计阶梯轴时，其径向尺寸（即各轴段直径）的确定是由轴上零件的受力、装拆、定位与固定以及轴表面的加工精度要求决定的；其轴向尺寸（即各轴段长度）是由轴上零件的位置、配合长度及支承结构决定的。下面主要以图 4 – 5 给出的两种结构形式为例进行讨论。

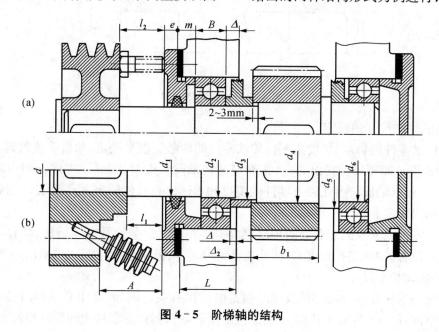

图 4 – 5　阶梯轴的结构

① 轴的径向尺寸的确定

图 4-5 中左轴头直径 d 是按许用切应力的计算方法初估的,应与外接零件(如联轴器)的孔径一致,并能保证键联接的强度要求,且尽可能圆整为标准尺寸值(见附表 3-1)。

轴段 d 与 d_1 形成定位轴肩,轴径的变化应大些,一般取轴肩高度 $h \geqslant (0.07 \sim 0.1)d$, $d_1 = d + 2h$,且 d_1 应符合密封元件的孔径要求。为了缓解应力集中和便于装配,轴肩处圆角应符合附表 3-7 的规定。

轴段 d_1 与 d_2 的直径不同,仅为装配方便和区别加工表面,故其差值可小些,一般取 $d_2 = d_1 + (1 \sim 5)$mm。轴段 d_2 安装滚动轴承,轴径的尺寸及精度应符合轴承内径的尺寸配合要求。

轴段 d_2 与 d_3 的直径不同是为了区别加工表面,故取 $d_3 = d_2 + (1 \sim 5)$mm。

轴段 d_3 与 d_4 的直径变化仅为装配方便及区分加工表面,故同样取 $d_4 = d_3 + (1 \sim 5)$mm;d_4 与齿轮相配,应圆整为标准直径(一般取以 0、2、5、8 为尾数的值)。

轴段 d_6 也安装滚动轴承,直径一般与轴段 d_2 相同,以便在同一轴上选用型号相同的滚动轴承,且便于轴承座孔的加工。

轴环 d_5 左侧与 d_4 构成齿轮的定位轴肩,一般取轴肩高度 $h = (0.07 \sim 0.1)d_4$,$d_5 = d_4 + 2h$;右侧与轴段 d_6 形成轴承的定位轴肩,为了便于轴承的拆卸,轴肩高度 h 应小于轴承内环厚度,其数值可查轴承的标准。图 4-6(a)、(b)是轴承定位轴肩设计正误对比。轴环 d_5 应尽量同时满足左、右两侧定位轴肩的要求,若圆柱形轴段不能胜任,可设计成阶梯形或锥形轴段。

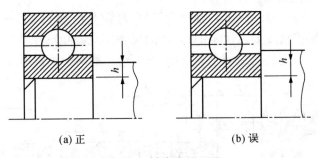

(a) 正　　　　　　　　　　　　(b) 误

图 4-6　轴肩定位正误

② 轴的轴向尺寸的确定

安装传动零件的轴段,长度主要由传动零件的轮毂宽度来决定,如齿轮轮毂宽度决定了轴段 d_4 的长度。需要特别指出的是,在确定这些轴段长度时,应保证零件轴向固定的可靠性。为此,一般取轴段长度比轴上零件的宽度短 2~3 mm,使轴上零件确实以端面接触的方式实现轴向固定。

不安装零件或安装固定套筒的轴段(如轴段 d_1),应根据轴系整体结构,综合考虑轴上零件的相对位置、轴承座孔长度 L、轴承盖凸缘厚度 e、齿轮端面与箱体内壁的距离 Δ_2 等因素后,再决定其长度尺寸。

外伸轴段的长度与外接零件及轴承端盖的结构有关。例如,使用联轴器时必须留有足够的装配空间,图 4-5(b)中长度 A 就是为了保证联轴器弹性套柱销的拆卸而留出的,这时尺寸 l_1 应根据 A 决定。采用凸缘式轴承端盖时应考虑拆卸端盖螺钉的装配空间,l_2 要取足够长(一般为$l_2＝15～20$ mm),以便能在不卸带轮或联轴器的情况下拆卸端盖螺钉,打开减速器箱盖;如果采用嵌入式轴承端盖,则l_2可取得较短些(一般为$l_2＝5～10$ mm),满足相对运动表面间的距离要求即可(见图4-7)。

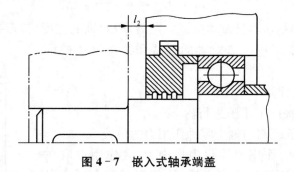

图 4-7　嵌入式轴承端盖

(2) 确定轴承的位置和相关结构尺寸

① 在选定轴承类型、润滑方式及轴承内径的基础上,可按工作要求进一步确定轴承型号及其具体尺寸。同一根轴上的轴承一般取相同的型号。

② 轴承的安装位置与其润滑方式有关。采用脂润滑时,由于要设封油环以防止箱体内润滑油流入轴承将润滑脂带走,因此轴承端面与箱体内壁的距离 Δ 应大些,如图4-5(a)所示,一般取 $\Delta＝10～15$ mm;采用油润滑时,轴承端面与箱体内壁的距离应小些,可取 $\Delta＝5～10$ mm,如图4-5(b)所示。

③ 轴承座孔长度 L 的确定方法视箱体或轴承端盖的结构而定。采用剖分式箱体时,L主要由轴承旁联接螺栓的大小确定,考虑到螺栓装配的扳手空间(见图4-8),应取 $L \geqslant \delta ＋ c_1 ＋ c_2 ＋(5～10)$mm;其中,箱座壁厚 δ 可查表3-2,c_1、c_2 可查表3-3。采用嵌入式轴承端盖或轴承宽度较大时(一般为低速级轴承),可能会出现 $\Delta＋B＋m＞\delta＋c_1＋c_2＋(5～10)$mm 的情况(见图4-5和图4-8)。此时 L 可由轴承座孔内零件的轴向尺寸 $\Delta＋B＋m$ 来决定。

顺便指出,初步设计时应先画出低速级的轴和轴承部件,以便能确定该轴承座的外端面,然后将其他轴承座的外端面布置在同一平面上。

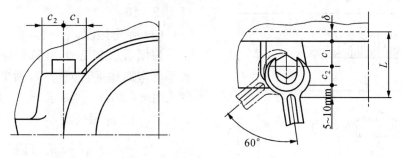

图 4-8　轴承座孔长度的确定

(3) 确定轴承端盖的尺寸

轴承端盖用来固定轴承及调整轴承间隙并承受轴向力,常用结构形式有嵌入式和凸缘式两种。嵌入式轴承端盖结构简单,但密封性能差,调整轴承间隙比较麻烦,需打开机盖,且加工嵌槽较困难;凸缘式轴承端盖调整轴承间隙比较方便,密封性能也好,应用较多。凸缘式端盖多用铸铁铸造,所以要考虑铸造工艺性。各种轴承端盖的结构尺寸可参考图2-20、图2-21选取。凸缘式轴承端盖的尺寸 m 由轴承座孔长度 L 及轴承位置而定,一般取 $m>e(e$ 为凸缘式轴承端盖的凸缘厚度),但不宜太长或太短,以免拧紧联接螺钉时使轴承端盖歪斜。

至此,轴系结构的初步设计基本完成。随后,应对轴的强度、键联接的强度和轴承寿命进行校核计算,如需要可进一步对轴的形状和结构尺寸进行修改。

4. 轴的强度校核计算

轴的强度校核可按以下步骤进行。

(1) 定出轴的支承距离与轴上零件作用力的位置

通常将轴上零件的作用力简化为集中力,其作用点取在轮缘宽度的中间。轴的结构确定之后,从装配草图上可定出轴承支反力作用点及其间距(即跨距)。当采用角接触球轴承或圆锥滚子轴承时,轴承支点应取在离轴承端面为 a 处(见图4-9), a 值可查轴承标准。

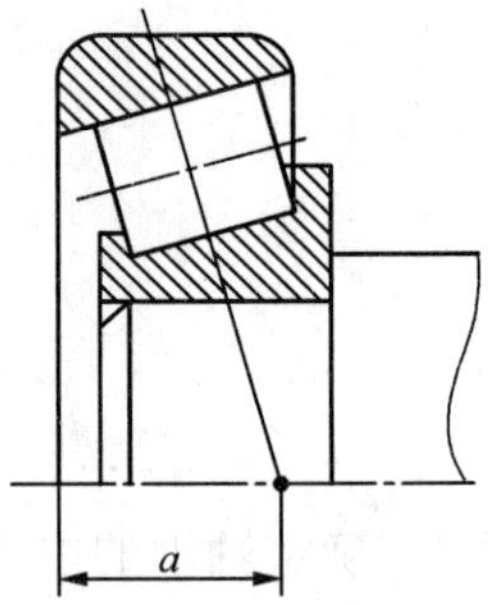

图4-9　轴承支反力作用点

(2) 建立轴的简化力学模型

以图4-10所示的结构(轴端装有联轴器)为例。首先将轴简化成一端为活动铰链、另一端为固定铰链的简支梁,然后计算出轴上零件(齿轮、带轮等)作用在轴上的力,包括切向力 F_t、径向力 F_r、轴向力 F_a 等,并画在轴的简图上[图4-10(a)];继而根据作用平面将这些力分为水平面的力与垂直面的力,把它们以及相应的支反力再分别画出图4-10(b)、(c);最后根据静力平衡条件,求出两支点的水平反力 F_{H1}、F_{H2} 和垂直反力 F_{V1}、F_{V2}。

(3) 作弯矩图

根据所求支反力,计算相应轴截面上的水平面弯矩和垂直面弯矩,画出垂直面弯矩图[图4-10(b)]和水平面弯矩图[图4-10(c)]。应用公式:

$$M = \sqrt{M_H^2 + M_V^2}$$

计算合成弯矩,并画出合成弯矩图[图4-10(d)]。

(4) 作扭矩图

根据截面法,该轴的扭矩就等于该轴传递的转矩。

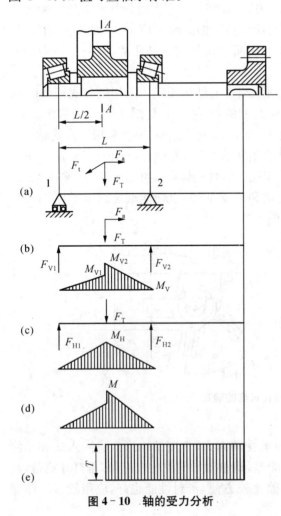

图4-10　轴的受力分析

画出如图 4-10(e)所示的扭矩图。

（5）轴的校核计算

轴的强度校核计算应在危险截面处进行。轴的危险截面是指合成弯矩和扭矩较大、轴径较小且应力集中严重的截面，一般应在轴的结构图上标出其位置。例如图 4-10 中，截面 A-A 由于合成弯矩和扭矩较大、开有键槽且存在应力集中而成危险截面，因此应对此截面进行强度校核计算。具体内容见教材。

如果计算结果表明轴的强度富余较多，可适当减小轴的直径。但在此阶段一般不宜急于修改轴的结构尺寸，应待键与轴承校核完成后，再综合考虑轴的结构尺寸修改。

5. 轴承寿命校核

校核计算轴承寿命可按以下步骤进行。

（1）由式 $F_R = \sqrt{F_V^2 + F_H^2}$，将已计算出的水平支反力和垂直支反力合成，作为轴承的径向载荷。

（2）对于角接触球轴承和圆锥滚子轴承，应综合考虑分析轴上作用的全部外载荷以及轴承内部轴向力 F_s，来确定其轴向载荷。具体方法见教材。

（3）根据轴承类型，计算轴承的当量动载荷 P。

（4）计算轴承寿命。一般以减速器的寿命作为轴承的使用寿命。当轴承寿命低于减速器寿命时，也可取减速器的检修期为轴承寿命，但应说明在检修减速器时应更换轴承。通用齿轮减速器的工作寿命一般为 36 000 h，轴承寿命最低为 6 000 h；蜗杆减速器的工作寿命一般为 20 000 h，轴承寿命最低为 5 000 h。

若计算出的轴承寿命不够，一般不要轻易改变轴承内径，可通过改变轴承类型或直径系列来改变轴承的基本额定动载荷，使其符合要求。

6. 键联接的强度校核

键联接的类型是根据设计要求选用的。常用的普通平键规格可根据轴径 d 从国家标准（附表 5-1）中选取。键长比轮毂宽度短 5~10 mm，并圆整为标准值。键端距轮毂装入侧轴端的距离不宜过大，以便装配时轮毂键槽容易对准键。

普通平键联接的主要失效形式是工作面的压溃，因此应主要验算挤压强度。若键联接的强度不够，在结构允许的情况下可适当增加轮毂宽与键长，也可采用双键。

4.2.2　装配草图的第二阶段

1. 传动零件的结构设计

（1）齿轮的结构设计

齿轮的结构与所用材料、毛坯大小及制造方法有关。制造方法可分为锻造、铸造及焊接几种。

锻造毛坯适用于齿顶圆直径 $d_a \leqslant 500$ mm 的齿轮，一般制成腹板式（图 4-11）。自由锻毛坯[图 4-11(a)]适用于单件小批量生产；模锻毛坯[图 4-11(b)]经常在大批量生产时采用。

当齿顶圆直径 $d_a < 200$ mm 时，用轧制圆钢做毛坯，可制成实心结构，图 4-12(a)、(b)分别给出了两种齿轮结构形式。

在图 4-11、4-12 中，$d_1 = 1.6d$，$l = (1.2 \sim 1.8)d \geqslant b$，$c = 0.3b$，$c_1 = (0.2 \sim 0.3)b$，$\delta_0 =$

$(2.5\sim4)m_n > 8$ mm, $n = 0.5m_n$, $d_0 = 0.25(D_1 - d_1)$ (d_0较小时不钻孔), $D_0 = 0.5(D_1 + d_1)$, $D_1 = d_a - 10m_n$(实心结构齿轮), n_1根据轴的过渡圆角确定(附表 3 - 7)。

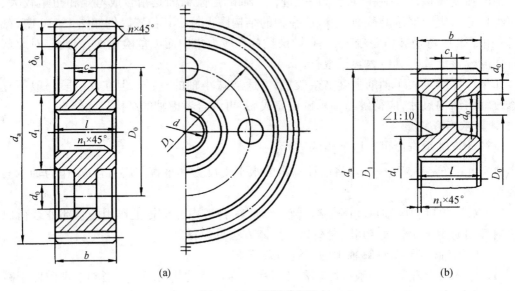

图 4 - 11　腹板式齿轮

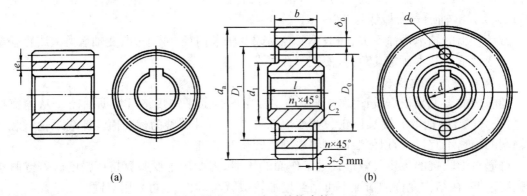

图 4 - 12　实心结构齿轮

当齿顶圆直径很小、齿根圆与轮毂键槽顶面距离 $e \leqslant 2.5m_n$时,应将齿轮与轴制成一体,称为齿轮轴。图 4 - 13 显示了齿轮轴的三种形式。

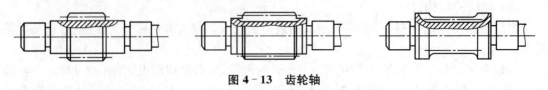

图 4 - 13　齿轮轴

铸造毛坯适用于直径较大的齿轮(齿顶圆直径 $d_a > 400$ mm),制成轮辐式结构常用材料为铸钢或铸铁,结构尺寸可查阅有关资料。

(2)V 带轮的结构设计

带轮材料通常采用灰铸铁,转速较高时采用铸钢或钢的焊接结构,功率较小时可采用铝合金和工程塑料等。普通 V 带轮的结构形式见图 4 - 14。普通 V 带轮的轮辐部分有实心式、辐板式、孔板式和椭圆轮辐式四种，其结构形式和辐板的厚度可根据带轮的基准直径 d_d 及孔径 d 查表 4 - 2 确定。

在图 4 - 14(a)、(b)、(c)中，$d_0 = (0.2 \sim 0.3)(d_2 - d_1)$，$d_1 = (1.8 \sim 2)d$，$S = (0.2 \sim 0.3)B$，$S_1 \geqslant 1.5$，$S_2 \geqslant 0.55$，$D_0 = 0.5(d_1 + d_2)$，$L = (1.5 \sim 2)d$，当 $B < 1.5d$ 时，取 $L = B$。椭圆轮辐结构尺寸、普通 V 带轮轮槽截面及其有关尺寸可查阅有关资料。

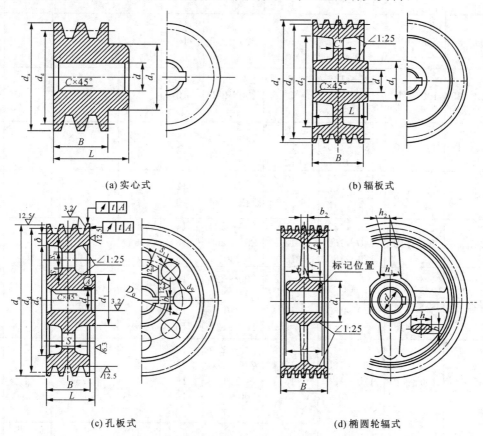

(a) 实心式　　　　　　　　　　(b) 辐板式

(c) 孔板式　　　　　　　　　　(d) 椭圆轮辐式

图 4 - 14　V 带轮的结构

表 4 - 2　普通 V 带轮的形式及尺寸分类系列

槽型	孔径 d_d/mm	实心轮适用的带轮基准直径 d_d/mm	辐板轮		孔板轮			椭圆辐轮		槽数 Z
			适用的带轮基准直径 d_d/mm	辐板厚度 S/mm	适用的带轮基准直径 d_d/mm	辐板厚度 S/mm	辐板孔数 n	适用的带轮基准直径 d_d/mm	辐条数 Z_0	
Z	12　14	63～75	80～106	6						1～2
			112～150	7						
	16　18	63～80	90～106	7	180	10	4			1～3
			112～132	8						
			140～170	9						
	20　22	71～95	100～106	7	180～224	10	4			1～4
			112～132	8						
			140～170	9						

槽型	孔径 d/mm	实心轮适用的带轮基准直径 d_d/mm	辐板轮 适用的带轮基准直径 d_d/mm	辐板厚度 S/mm	孔板轮 适用的带轮基准直径 d_d/mm	辐板厚度 S/mm	辐板孔数 n	椭圆辐轮 适用的带轮基准直径 d_d/mm	辐条数 Z_0	槽数 Z
Z	24　25	75~106	112~132 140~170	8 9	180~250	10	4			1~4
	28　30	90~106	112~132 140~170 180	8 9 10	200~250	10	4			1~4
	32　35	100~118	125~132 140~170 180	8 9 10	200~250	10	4			2~4
A	16　18	90~100	106~125 132~160 170	10 11 12	180~200 212~224	12 13	4 4			1~3
	20　22	90~112	118~125 132~160 170~180	10 11 12	200 212~224	12 13	4 4			1~4
	24　25	90~118	125~132 140~160 170~180	11 12 13	200~224 236~265 280	14 15 16	4 4 4			1~5
	28　30	90~132	140~160 170~180	12 13	200~224 236~265 280 300~315	14 15 16 16	4 4 4 6			1~6
	32　35	100~140	150~160 170~180 200	12 13 14	212~224 236~265 280 300~315 355	14 15 16 16 18	4 4 4 6 6	375	4	2~6
	38　40	106~150	160 170~180 200~212	12 13 14	224 236~265 280~315 355	14 15 16 18	4 4 6 6	375~425	4	2~6
	42　45	112~170	180 200~224	13 14	236~250 265~315 355~400	15 16 18	4 6 6	425~500	4	2~6
B	32　35	118~150	160~180 200~212	14 16	224 236~280 300 315~375	16 18 18 20	4 4 6 6			2~6
	38　40	118~160	170~180 200~224	14 16	236~280 300 315~400	18 18 20	4 6 6			2~6

续表

槽型	孔径 d/mm	实心轮适用的带轮基准直径 d_d/mm	辐板轮		孔板轮			椭圆辐轮		槽数 Z
			适用的带轮基准直径 d_d/mm	辐板厚度 S/mm	适用的带轮基准直径 d_d/mm	辐板厚度 S/mm	辐板孔数 n	适用的带轮基准直径 d_d/mm	辐条数 Z_0	
B	42　45	125～180	200～212 224	16 18	236～265 280 300～355 375～400 425～450	18 18 20 22 24	4 6 6 6 6	475～500	6	3～8
	50　55	132～200	212 224～250	16 18	265～280 300～355 375～400 425～450	18 20 22 24	6 6 6 6	475～710	6	3～8
	60　65	150～224	236～265	18	280 300～355 375～400 425～450	18 20 22 24	6 6 6 6	475～710	6	3～8

（3）滚子链轮的结构设计

链轮常用材料有碳素钢、灰铸铁，重要链轮可采用合金钢。链轮的结构如图 4-15 所示。小直径链轮制成实心式[图 4-15(a)]；中等直径的链轮多采用孔板式结构 [图 4-15(b)]；对大直径链轮，为了提高轮齿的耐磨性，常将齿圈和齿心用不同材料制造，然后用焊接或螺栓联接成一体[图 4-15(c)、(d)]。链轮的直径及齿高、齿槽形状、轴向齿廓、链轮的结构尺寸、荐用的链轮轮毂壁厚等可查阅有关资料，荐用的链轮轮毂长度 L 见表 4-3。

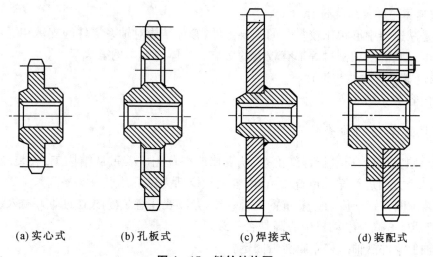

(a) 实心式　　　(b) 孔板式　　　(c) 焊接式　　　(d) 装配式

图 4-15　链轮结构图

表 4－3　荐用的链轮轮毂长度 L　　　　　　　　　　　　　　(mm)

简图	d_k	L	d_k	L	d_k	L	d_k	L	d_k	L	d_k	L	d_k	L	d_k	L	d_k	L
	6	20	14	40	22	50	32		42		55	110	75	140	95	170	130	
	8	25	16		25		35	80	45	110	60		80		100		140	250
	10	30	18		28	60	38		48		65	140	85	170	110	210	150	
	12		20	50	30		40	110	50		70		90		120			

2. 固定装置的结构

(1) 滚动轴承内圈(或外圈)的周向固定由轴承内圈与轴颈(或外圈与轴承座孔)之间的尺寸配合来保证。轴承内圈(或外圈)的轴向固定可根据具体情况,采用定位轴肩、轴套、轴端挡圈、弹性挡圈、螺母、轴承端盖等(见图 4－5)。

(2) 传动零件的周向固定主要采用平键联接或其他轴毂联接型式来实现,有时也采用过盈配合的方式,可根据生产条件、轴与孔的对中性、联接的可靠性以及装拆方便等要求选定。传动零件的轴向固定可采用轴肩、轴环、轴套、螺母、轴端挡圈或弹性挡圈等。对于轴端零件,也可采用圆锥面来实现单方向的轴向固定。

(3) 滚动轴承的组合结构设计

为了保证轴承在机器中的正常工作,除了选择合适的轴承类型和尺寸外,还必须合理地设计轴承的组合结构。轴承组合设计在结构上应保证轴系的轴向固定与游隙的调整。具体内容参见第 2 章。

3. 密封装置的结构设计

减速器的密封装置通常针对轴外伸处、轴承内侧及箱座和箱盖结合面等三个主要部位。具体内容参见第 3 章。

4. 减速器箱体的结构设计

箱体是减速器中形状比较复杂的重要零件,箱体结构对轴系零件的支承和固定、传动件的啮合精度以及润滑和密封等都有较大的影响。具体内容参见第 3 章。

5. 减速器附件的结构设计

具体内容参见第 3 章。

4.2.3　装配草图的检查修改阶段

装配草图完成后,应进行仔细检查、认真修改。草图应着重从结构工艺、装配要求和制图标准等几个方面进行详细审查,检查内容大致概括为以下几点。

(1) 装配图布置与传动方案布置是否一致,尤其要注意装配图上的动力输入、输出端的位置,减速器中心高与电动机中心高是否一致。

(2) 轴上零件沿轴向和周向能否固定。

(3) 轴上零件沿轴向能否顺利装配和拆卸。

(4) 轴承间隙和游隙、轴的轴向位置(圆锥齿轮轴、蜗轮轴)能否调整及调整方式。

（5）润滑和密封能否保证。

（6）箱体结构的合理性及工艺性。

（7）减速器中所有零件的基本外形及相互位置关系是否表达清楚。

（8）各零件的投影关系是否正确，其中要特别注意零件的配合和曲线相关投影关系。

（9）啮合齿轮、螺纹联接、键联接以及其他零件的画法是否符合机械制图标准。

4.3　减速器装配工作图设计

减速器装配工作图应包括结构的各个视图、重要尺寸和配合、技术特性、技术要求、零件编号、明细表和标题栏等，各有关内容分述如下。

4.3.1　对视图的要求

减速器装配工作图应选择两个或三个视图为主，附以必要的剖视图和局部视图，要求全面、正确地反映出各零件的结构形状及相互装配关系，各视图间的投影应正确、完整。线条粗细应符合制图标准，图面要达到清晰、整洁、美观。

绘图时应注意以下几点：

（1）完成装配图时，应尽量把减速器的工作原理和主要装配关系集中表达在一个基本视图上。对于齿轮减速器，尽量集中在俯视图上；对蜗杆减速器，则可在主视图上表示。必须表达的内部结构可采用局部剖视或局部视图。

（2）画剖视图时，对于相邻的不同零件，其剖面线的方向应不同，以示区别，但一个零件在各剖视图中剖面线方向和间距应一致。对于很薄的零件（如垫片）其剖面尺寸较小，可不打剖面线，而用涂黑代替。

（3）螺栓、螺钉、滚动轴承等可以按机械制图中的规定投影关系绘制，也可用标准中规定的简化画法。

（4）齿轮轴和斜齿轮的螺旋线方向应表达清楚，螺旋角应与计算相符。装配图先不要加深，因设计零件工作图时可能还要修改装配图中的某些局部细小结构或尺寸，待画完零件工作图且经检查并修改后再加深。

4.3.2　标注尺寸

（1）特性尺寸：传动零件的中心距及其偏差。

（2）配合尺寸：主要零件的配合处都应标出尺寸、配合性质和精度等级。配合性质和精度等级的选择对减速器的工作性能、加工工艺、制造成本及装配方法等有很大影响，应根据手册有关资料认真确定。附表 11-5 给出了减速器主要零件的荐用配合，供设计时参考。

（3）安装尺寸：箱体底面尺寸（包括长、宽、厚），地脚螺栓孔中心的定位尺寸，地脚螺栓孔之间的中心距和直径，减速器中心高，输入轴与输出轴外伸端的配合长度和直径，以及轴外伸端面定位尺寸等。

（4）外形尺寸：减速器总长、总宽、总高等。它是表示减速器大小的尺寸，以便考虑所需空间大小及工作范围等，供车间布置及装箱运输时参考。

标注尺寸时,应使尺寸的布置整齐清晰,多数尺寸应布置在视图外面,并尽量集中在反映主要结构的视图上。

4.3.3　标出技术特性

在装配图工作图的适当位置上,通常以列表的形式标出减速器的技术特性,包括:输入功率和转速、传动效率、总传动比、各级传动比和传动特性(各级传动的主要参数、精度等级)等。如表 4-4 所示。

表 4-4　二级圆柱齿轮减速器技术特性

输入功率 /kW	输入转速 /(r/min)	效率 η	总传动比 i	传动特性							
				第一级				第二级			
				m_n	z_2/z_1	β	精度等级	m_n	z_2/z_1	β	精度等级

4.3.4　编写技术要求

在装配图上无法反映出有关装配、调整、检验及维修等方面的内容和要求时,可用技术要求表达在图纸上。技术要求的内容与设计要求有关,通常包含下述几个方面。

1. 对装配前零件表面的要求

所有零件表面均应清除铁屑并用煤油或汽油清洗干净,滚动轴承用汽油清洗。其他零件用煤油清洗,箱体内表面和齿轮(或蜗轮)等未加工表面先后涂两次不会被机油侵蚀的耐油漆,箱体外表面应先后涂底漆和颜色油漆(按主机要求配色),零件配合面洗净后应涂以润滑油。

2. 对安装与调整的要求

安装滚动轴承时内圈应紧贴轴肩,要求缝隙不得通过 0.05 mm 的塞尺;对于不可调间隙的轴承(如深沟球轴承),一般留有 0.25~0.4 mm 的轴向间隙;对于可调间隙的轴承(如角接触轴承),轴向游隙可以从标准中查取;对于齿轮传动和蜗杆传动,要根据传动件精度提出对齿侧间隙和接触斑点的具体数值要求(见附录12),以供安装后检验使用。检查侧隙的方法是将塞尺或铅丝放进相互啮合的两齿间,然后测量塞尺或铅丝变形后的厚度。检查接触斑点的方法是在主动轮齿面涂色,并将其转动 2~3 周后,观察从动轮齿面上的着色情况,由此分析接触区及接触面积大小。当侧隙和接触斑点不符合要求时,可对齿面进行刮研、跑合或调整传动件的啮合位置。对于多级传动,当各级传动的侧隙和接触斑点要求不同时,应分别在技术要求中写明。

3. 对润滑的要求

注明所用润滑剂的牌号、用量、补充和更换时间。当传动件与轴承采用同一润滑剂而两者对润滑剂要求又不同时,应以满足传动件的要求为主。对于多级传动,由于高速级和低速级对润滑油粘度的要求不同,选用时可取平均值;润滑油更换时间按以下情况掌握,新减速器第一次使用时,运转 7~14 天换油,以后可根据情况每隔 3~6 个月换一次油。

4．对密封的要求

在箱体剖分面、各接触面及轴伸密封处均不允许漏油;剖分面上允许涂密封胶或水玻璃,不允许塞入任何垫片或填料;轴伸处密封应涂上润滑脂。

5．对试验的要求

机器装配好后,应先做空载试验,在额定转速下正反转各 1 h,要求运转平稳、噪声小、联接固定处不松动、不漏油;做载荷试验时,在额定转速及额定载荷下试验至油温平衡为止。对于齿轮减速器,油池温升不得超过 35 ℃,轴承温升不得超过 40 ℃;对于蜗杆减速器,油池温升不得超过 60 ℃,轴承温升不得超过 65 ℃。

6．对外观包装和运输的要求

机器的外伸轴及零件需涂油漆并包装严密,运输和装卸时不可倒置,整体搬动应用底座上的吊钩,不得用箱盖上的吊环或吊耳。

4.3.5　零件编号

装配工作图上所有零件都应标出序号,但对于结构、尺寸、材料均相同的零件只能有一个编号,独立部件(如滚动轴承、游标、通气器等)可作为一个零件编号;编号引线不能相交,并尽量不与剖面线平行,装配关系清楚的零件组(如螺栓、螺母及垫片)可利用公共引线编号;零件编号应按顺时针顺序编排,不得重复和遗漏,排列要整齐,编号字体应比图中尺寸数字字体大一号;标准件和非标准件可统一编号,也可分别编号,标准件还可不编号而直接在序号位置上标明规格代号。

4.3.6　绘制明细表和标题栏

明细表是减速器装配图中全部零件的详细目录。对每一个编号的零件,在明细表上都要按序号列出其名称、材料及规格等。装配图的明细表和标题栏的格式分别如图 4‐16 和图 4‐17 所示。

03	螺栓	6	4.8级	GB/T5780—2000	外购
02	箱盖	1	HT200		
01	箱座	1	HT200		∞
序号	名　称	数量	材　料	标　准	备　注	∞
15	50	15	30	45	

180

图 4‐16　明细表的参考格式

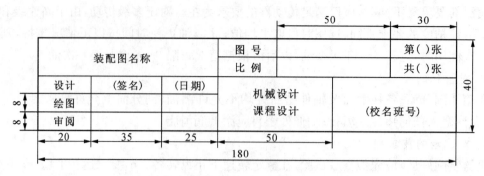

图4-17　标题栏的参考格式

4.4　零件工作图的设计

4.4.1　概述

由于机器或部件中每个零件的结构尺寸和加工要求在装配工作图中没有完全反映出来,因此要把装配图中的每个零件制造出来(除标准件外),还必须绘制出每个零件的工作图。零件工作图既要反映设计者意图,又要考虑到制造、装拆的可能性和合理性。它应包括制造和检验零件所需的全部详细内容,现对零件工作图的设计简述如下。

1. 视图的选择

每个零件必须单独绘制在一张标准图幅中。应合理地选用一组视图,将零件的结构形状和尺寸都完整、准确而又清晰地表达出来,视图与剖视图等数量应力求最少。

零件的基本结构与主要尺寸均应根据装配工作图来绘制,不得随意改动,如果必须改动,则应对装配工作图作相应的修改。

2. 尺寸及偏差的标注

标注尺寸要符合机械制图的规定,尺寸既要足够又不能多余,同时标注尺寸应考虑设计要求,并便于零件的加工和检验,因此在设计中要注意以下几点。

(1) 从保证设计要求及便于加工制造出发,正确选择尺寸基准。

(2) 图面上应有供加工测量用的足够尺寸,尽量避免加工时作任何计算。

(3) 大部分尺寸应尽量集中标注在最能反映零件特征的视图上。

(4) 对配合尺寸及要求精确的几何尺寸(如轴孔配合尺寸、键配合尺寸、箱体孔中心孔距等)均应注出尺寸的极限偏差。

(5) 零件工作图上的尺寸必须与装配工作图中的尺寸一致。

3. 零件表面粗糙度的标注

零件的所有表面都应注明表面粗糙度的数值,如较多平面具有同样的粗糙度,可在图纸右上角统一标注,并加"其余"字样,但只允许对其中使用最多的一种粗糙度如此标注。

表面粗糙度的选择一般可根据对各表面的工作要求和尺寸精度等级来决定,在满足工作要求的条件下,应尽量放宽对零件表面粗糙度的要求。

4. 形位公差的标注

零件工作图上应标注必要的形位公差,这也是评定零件加工质量的重要指标之一。不同零件的工作性能要求不同,所需标注的形位公差项目与等级也不相同,其具体数值与标注方法可参看附录 11 和附录 12。

5. 技术要求

技术要求是指一些不便在图上用图形或符号表示,但在制造或检验时又必须保证的要求。它的内容随不同零件、不同要求及不同加工方法而异。书写技术要求时,文字应简练、明确、完整,以免引起误会,而且所述内容和表达方法均应符合机械制图标准的规定。

6. 零件图标题栏

在图幅的右下角应画出零件图标题栏,标题栏格式如图 4-18 所示。

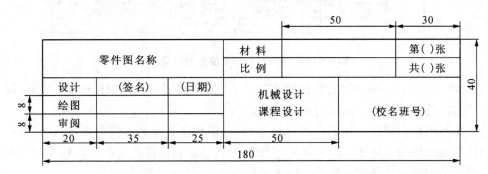

图 4-18　零件图标题栏格式

4.4.2　轴类零件工作图的设计

1. 视图

轴类零件的工作图一般只需一个主视图,即将轴线水平横置且使键槽朝上,以便表达轴类零件的外形和尺寸。在键槽、圆孔等处绘制必要的局部剖面图;对于零件的细小结构,如退刀槽、中心孔等,必要时应绘制局部放大图,以便确切地表达出形状和标注尺寸。

2. 标注尺寸

轴的零件图主要是标注各段直径尺寸和轴向长度尺寸。标注直径尺寸时,应特别注意有配合关系的部位;当各轴段直径有几段相同时,都应逐一标注不得省略;过渡圆角或倒角等结构的尺寸也应标出(或在技术要求中加以说明)。标注轴向长度尺寸时,为了保证轴上所装零件的轴向定位,应根据设计和工艺要求确定主要基准和辅助基准,并选择合理的标注形式。标注的尺寸应反映加工工艺及测量的要求,还应注意避免出现封闭的尺寸链。通常用轴中最不重要的一段轴向尺寸作为尺寸的封闭环而不标注。此外在标注键槽尺寸时,除标注键槽长度尺寸外,还应注意标注键槽的定位尺寸。

图 4-19 为齿轮减速器输出轴的直径和长度尺寸的标注示例。图中 I 基准面为主要基准。图中 L_2、L_3、L_4、L_5 和 L_7 等尺寸都以 I 基准作为基准注出,以减少加工误差。标注 L_2 和 L_4 是考虑到齿轮固定及轴承定位的可靠性;而 L_3 则和控制轴承支点的跨距有关;L_6 涉及链轮(或开式齿轮)的固定;L_8 为次要尺寸。封闭段和左轴承的轴段长度误差不影响装配及使用,故作为封闭环不标注尺寸,使加工误差积累在该轴段上,避免了封闭的尺寸链。

3. 公差及表面粗糙度的标注

轴的重要尺寸(如安装齿轮、带轮、链轮、联轴器以及滚动或滑动轴承等零件的直径)均

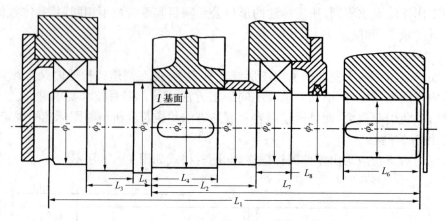

图 4‑19　轴的直径和长度尺寸的标注

应依据装配工作图上已选定的配合性质查出上、下偏差数值,标注在相应的尺寸上;键槽尺寸及公差也应符合键槽的剖面尺寸规定进行标注。

　　轴类零件图除需标注上述各项尺寸公差外,还需标注必要的形位公差,以保证轴的加工精度和轴的装配质量。附表 11‑6 给出了轴的形状公差和位置公差的推荐标注项目和精度等级。形位公差的具体数值查附表 11‑8、11‑9、11‑10 和 11‑11。

　　由于轴的各部分精度不同,加工方法不同,表面粗糙度也不相同。表面粗糙度高度参数值的选择见附表 11‑13。

　　4. 技术要求

　　轴类零件图上的技术要求包括以下内容。

　　(1)对材料和表面性能的要求,如所选材料牌号及热处理方法,热处理后应达到的硬度值等。

　　(2)中心孔的类型尺寸应写明。如果零件图上未画中心孔,应在技术条件中注明中心孔的类型及国家代号,或在图上作指引线标出。

　　(3)对图中未注明的圆角、倒角尺寸及其他特殊要求的说明等。

　　轴的零件工作图示例见附图 2‑8。

4.4.3　齿轮类零件工作图的设计

　　1. 视图

　　齿(蜗)轮类零件工作图一般需要两个主要视图,可视具体情况根据机械制图的规定画法对视图作些基本简化。有轮辐的齿轮应画出轮辐结构的横剖面图。

　　对组装的蜗轮,应分别绘出组装前的零件图(齿圈和轮芯)和组装后的蜗轮图。切齿加工是在组装后进行的,因此组装前的零件相关的尺寸应留有余量,待组装后再加工到最后需要的尺寸。

　　齿轮轴和蜗杆轴可参照附图 2‑9、2‑10 轴类零件工作图的方法绘制。

　　2. 标注尺寸

　　齿轮零件图中应标注径向尺寸和轴向尺寸。各径向尺寸以轮毂孔中心线为基准标注,轴向尺寸以端面为基准标注。

齿轮类零件的分度圆直径虽然不能直接测出,但它是设计的基本尺寸,应该标注。齿根圆直径在齿轮加工时无需测量,在图样上不标注。

径向尺寸还应标注轮毂外径和内孔直径、轮缘内侧直径以及腹板孔的位置和尺寸等。

轴向尺寸应标注轮毂长、齿宽及腹板厚度等,锥齿轮还应标注安装距 I(分度圆锥顶至基准端面的距离)以及腹板距基准端面的距离 a 和锥距 R 等,见图 4-20。

当绘制装配式蜗轮的组件图时,还应注出齿圈与轮芯的配合尺寸与配合代号,见附图 2-16。

齿轮上轮毂孔的键槽尺寸及其极限偏差的标注可查附表 5-1。

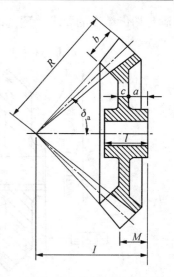

图 4-20　锥齿轮轴向尺寸的标注

3. 标注尺寸公差与形位公差

(1) 以轮毂孔为基准标注的公差

轮毂孔不仅是装配的基准,也是切齿和检测加工精度的基准,孔的加工质量直接影响零件的旋转精度。齿轮孔的尺寸精度按圆柱齿轮的精度查附表 12-9。以孔为基准标注的尺寸偏差和形位公差见图 4-22～图 4-24,形位公差有基准端面跳动、顶圆或顶锥面跳动公差,数值查齿坯公差。对蜗轮还应标注蜗轮孔中心线至滚刀中心的尺寸偏差(加工中心距偏差),见图 4-23 中的 $a\pm f_{a0}$,f_{a0} 值参阅附表 12-40 下面的"注"查表确定。

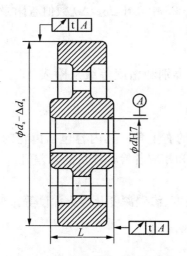

图 4-21　圆柱齿轮毛坯尺寸及公差

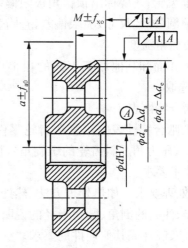

图 4-22　蜗轮毛坯尺寸及公差

(2) 以端面为基准标注的公差

轮毂孔的端面是装配定位基准,也是切齿时定位基准,它将影响安装质量和切齿精度。所以,应标出基准端面对孔中心线的垂直度或端面圆跳动公差。

以端面为基准标注的毛坯尺寸偏差。对锥齿轮为基准端面至锥体大端的距离(轮冠距) $M+\Delta M$(见图 4-23),ΔM 数值查附表 12-35;对蜗轮为基准端面至蜗轮中间平面的距离 $M\pm f_{x0}$(见图 4-22),规定这个尺寸偏差是为了保证在切齿时滚刀能获得正确的位置,以满足切齿精度的要求。F_{x0} 参阅附表 12-40 下面的注查表。

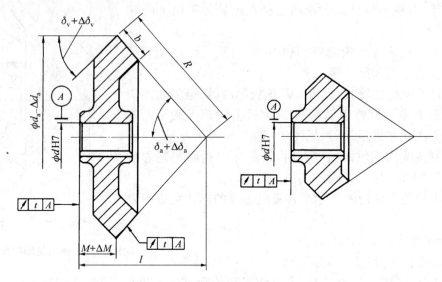

图 4-23 锥齿轮毛坯尺寸及公差

（3）齿顶圆柱面的公差

齿轮的齿顶圆作为测量基准时有两种情况：一是加工时用齿顶圆定位或找正，此时需要控制齿顶圆的径向跳动；另一种情况是用齿顶圆定位检验齿厚偏差，因此应标注出尺寸偏差和形位公差，如图 4-21 和 4-22 所示。

对于锥齿轮，还要标出顶锥角极限偏差如图 4-23 中 $\delta_a + \Delta\delta_a$，$\Delta\delta_a$ 数值查附录表 12-35以及大端顶圆（外径尺寸）极限偏差，查附表 12-34。

（4）表面粗糙度

轮齿工作面和其他加工表面的粗糙度按齿轮类别和精度等级从附表 11-17 或附表12-21 中选取。

（5）啮合特性表

齿轮的啮合特性表应布置在齿轮零件工作图的右上角。其内容包括齿轮的基本参数（模数、齿数、压力角及斜齿轮的螺旋角），精度等级和相应各检验项目的公差值。

（6）技术要求

① 热处理要求。如热处理方法、热处理后的硬度、渗碳深度及淬火深度等。

② 对未注明的倒角、圆角半径的说明。

③ 铸件、锻件或其他坯件的要求。

④ 对大型高速齿轮的平衡试验的要求。

（7）齿轮、蜗轮零件工作图示例（附图 2-12、附图 2-13、附图 2-16、附图 2-17）。

4.4.4 箱体零件工作图的设计

1. 视图的安排

铸造箱体通常设计成剖分式，由箱座和箱盖组成。因此箱体工作图应按箱体和箱座两个零件分别绘制。

为了正确、完整、清晰地表达出箱座和箱盖的结构形式和尺寸,其工作图通常需绘三个视图,并加以必要的剖视图、局部视图。当两孔不在一条轴线上时,可采用阶梯剖表示。对于油标尺孔、放油孔、窥视孔、螺钉孔等细节结构,可用局部视图表示。

2. 标注尺寸

箱体的尺寸标注比轴、齿轮等零件要复杂得多,标注尺寸时应注意以下各点。

(1) 选好基准。最好采用加工基准作为标注尺寸的基准,这样便于加工和测量。如箱座和箱盖的高度方向尺寸最好以剖分面(加工基准面)为基准;箱体长度方向尺寸可取轴承孔中心线作为基准。

(2) 机体尺寸可分为形状尺寸和定位尺寸,形状尺寸是箱体各部分形状大小的尺寸,如壁厚、圆角半径、槽的深度、箱体的长宽高、各种孔的直径和深度及螺纹孔的尺寸等,这类孔的尺寸应直接标出,而不应有任何运算。定位尺寸是确定箱体各部位相对于基准的位置尺寸,如孔的中心线、曲线的中心位置及其他有关部位的平面及基准的距离等,对这类尺寸都应从基准(或辅助基准)直接标注。

(3) 对于影响机械工作性能的尺寸(如箱体轴承座孔的中心距及其偏差)应直接标出,以保证加工准确性。

(4) 配合尺寸都应标出其偏差。标注尺寸时应避免出现封闭尺寸链。

(5) 所有圆角、倒角、拔模斜度等都必须标注,或在技术条件中加以说明。

(6) 各基本形体部分的尺寸,在基本形体的定位尺寸标出后,都应从自己的基准出发进行标注。

3. 形位公差

箱体形位公差推荐标注项目见附表 11 - 7。

4. 表面粗糙度

箱体加工表面粗糙度的荐用值见附表 11 - 19。

5. 技术要求

技术要求应包括下列一些内容。

(1) 清砂及失效处理。

(2) 箱盖与箱座的轴承孔应在连接并装入定位销后镗孔。

(3) 箱盖与箱座合箱后边缘的平齐性及错量允许值。

(4) 剖分面上的定位销孔加工应将箱盖和箱座固定配钻、配铰。

(5) 铸件斜度及圆角半径。

(6) 箱体内表面需用煤油清洗,并涂防腐漆。

铸造箱体工作图示例见附图 2 - 14 和附图 2 - 15。

第 5 章　设计计算说明书与设计实例

设计计算说明书是整个设计计算过程的整理和总结，是图样设计的理论根据，是审核设计是否可靠、合理和经济的重要文件。因此，编写设计计算说明书是设计工作的一个重要组成部分。

5.1　设计计算说明书的编写

5.1.1　设计计算说明书的内容

设计计算说明书的内容视具体设计任务而定，对于以减速器为主的传动装置设计，主要包括以下内容。

1. 封面。
2. 目录（标题及页次）。
3. 机械设计课程设计任务书（设计题目）。
4. 前言（题目分析及传动方案拟定）。
5. 电动机的选择和传动装置运动及动力参数计算（计算电动机所需的功率，选择电动机，分配各级传动比，计算各轴的转速、功率和转矩）。
6. 传动零件的设计计算（确定齿轮传动、带传动或链传动的主要参数）。
7. 轴的设计计算与校核。
8. 键联接的选择与校核。
9. 滚动轴承的选择和计算。
10. 联轴器的选择与校核。
11. 箱体的设计（主要结构尺寸的设计计算及必要的说明）。
12. 润滑方式、密封装置的选择。
13. 减速器的附件及说明。
14. 参考资料（资料编号、作者、书名、出版单位、出版年月）。
15. 设计小结（设计体会、设计方案的优缺点及改进意见）。

5.1.2　设计计算说明书的要求与注意事项

1. 计算正确，论述清楚，文字精练，插图简明，书写整洁。计算内容应先写出计算公式，再代入有关数据，然后得出最终结果，不必写出中间的演算过程。为了清楚地说明计算内容，说明书中应附有必要的插图（如传动方案简图、轴结构图、受力图和弯矩图等）及列表。

参量符号、数值单位必须前后统一。

2. 说明书中的重要公式和数据应注明来源,或在该公式和数据的右上角注出参考文献的编号[ ]。对所得计算结果,应有简要的结论(如"满足强度要求"),并将其写入右侧长框内。

3. 说明书须用设计专用纸按上述推荐的顺序及规定格式用蓝色或黑色钢笔(圆珠笔)书写,并标出页次,编号目录,最后装订成册。

5.1.3 设计计算说明书书写格式示例

1. 设计计算说明书封面如图 5-1 所示。

```
┌─────────────────────────────────────────┐
│             （校  名）                    │
│   ○      机械设计课程设计设计说明书        │
│   ·      设计课题_____       │
│   装              _____系(院)  │
│   ·              _____专业班级  │
│   订      设计者_____         │
│           指导教师_____         │
│   线                                       │
│   ○              ___年 ___月___日          │
└─────────────────────────────────────────┘
```

图 5-1　设计说明书封面格式

2. 设计计算说明书书写格式

计算项目	计算及说明	计算结果
五、齿轮传动设计 … 4. 按齿面接触疲劳强度设计计算	… (1) 计算转矩 T_1 $$T_1 = 9.55 \times 10^6 \times P/n_1 = 50\,021.8\,\text{N·mm}$$ (2) 载荷系数 k 由表 6-8 查得 $k=1.2$ (3) 计算主动轮分度圆直径 d_1 $$d_1 \geqslant 76.43(kT_1(u+1)/\varphi_d u[\sigma_H]^2)^{1/3} = 48.97\,\text{mm}$$	$d_1=48.97\,\text{mm}$
六、轴的设计计算与校核 …	(1) 绘制轴的受力图(如图 5-2(a)) ① 求圆周力 Ft $$Ft = 2T_2/d_2 = 1\,000.436\,\text{N}$$ ② 求径向力 Fr $$Fr = Ft \cdot \tan\alpha = 1\,000.436 \times \tan20° = 364.1\,\text{N}$$ ③ 因为该轴两轴承对称,得 $L_A = L_B = 50\,\text{mm}$	

计算项目	计算及说明	计算结果
4. 按扭转与弯曲组合强度校核	(2) 绘制垂直面弯矩图(图 5 − 2(b)) 　　轴承支座反力： $$F_{AY} = F_{BY} = Fr/2 = 182.05\text{ N}$$ $$F_{AZ} = F_{BZ} = Ft/2 = 500.2\text{ N}$$ 由于两边对称，截面 C 的弯矩也对称。截面 C 在垂直面弯矩为 $M_{C1} = F_{Ay}L/2 = 9.1\text{ N}\cdot\text{m}$ (3) 绘制水平面弯矩图(图 5 − 2(c)) 　　截面 C 在水平面上弯矩为： $$M_{C2} = F_{AZ}L/2 = 25\text{ N}\cdot\text{m}$$ (4) 绘制合成弯矩图(图 5 − 2(d)) $$M_C = (M_{C1}{}^2 + M_{C2}{}^2)^{1/2} = 26.6\text{ N}\cdot\text{m}$$ (5) 绘制扭矩图(如图 5 − 2(e)) $$T = 9.55\times(P_2/n_2)\times10^6 = 48\text{ N}\cdot\text{m}$$ (6) 绘制当量弯矩图(图 5 − 2(f)) 　　转矩产生的扭转剪应力按脉动循环变化,取 $\alpha=1$,截面 C 处的当量弯矩： $$Mec = [M_C{}^2 + (\alpha T)^2]^{1/2} = 54.88\text{ N}\cdot\text{m}$$ (7) 校核危险截面 C 的强度 $$\sigma_e = Mec/0.1d_3{}^3 = 14.5\text{ MPa} < [\sigma_{-1}]_b = 60\text{ MPa}$$ 故该轴强度足够。 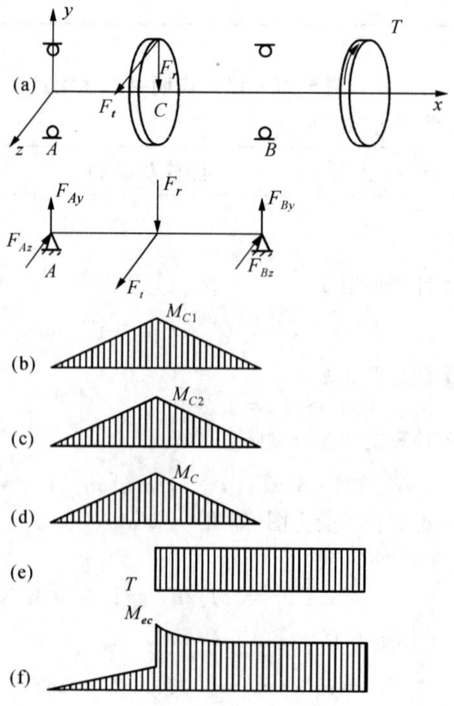 图 5 − 2	

3. 参考资料书写格式

设计计算说明书的最后应列出所引用的各种书籍和资料,按照 GB7714—87《文后参考文献著录规则》规定的格式书写。参考文献按类别分为:著作图书文献、译著图书文献、学术刊物文献、学术会议文献、学位论文类参考文献、西文文献、网络文献和专利文献。现将常用的形式举例如下。

(1) 著作图书文献

序号 作者.书名.版次(第一版省略).出版者,出版年份:引用部分起止页码.

示例:

[1] 金潇明主编.机械设计基础[M].长沙:中南大学出版社,2006:81 - 84.

[2] 西北工业大学编.理论力学[M].北京:人民教育出版社,1980:21 - 22.

[3] 杨可桢,程光蕴主编.机械设计基础[M].第四版.北京:高等教育出版社,2000:26 - 28.

[4] 吴宗泽,罗圣国主编.机械设计课程设计手册[M].北京:高等教育出版社,1998.

(2) 学术刊物文献:

序号 作者.文章名.学术刊物名.年,卷(期):引用部分起止页码

示例:

[5] 楼梦麟.变参数土层的动力特性和地震反应分析.同济大学学报,1997,25(2):155 -160.

(3) 学位论文类参考文献:

序号 作者.学位论文题目.学校和学位论文级别.答辩年份:引用部分起止页码

示例:

[6] 谭建松.高强化柴油机活塞的热负荷及结构改进.浙江大学硕士学位论文,2000:15 - 19.

(4) 译著图书文献:

序号 作者.书名.译者.版次(第一版省略).出版者,出版年份:引用部分起止页码

示例:

[7] Clough R W,Penzien J. 结构动力学. 王光远等译. 北京:科学出版社,1981:23 - 35.

4. 指导教师评语表格格式

图 5 - 3 指导教师评语表格格式

5.2　设计实例

　　为了更好地指导学生进行课程设计,特别是指导学生如何合理设计零件结构、合理采用经验数据和正确编写设计计算说明书,现以某高职院校《机械设计基础课程设计》实训中某一课题为例,以说明书的格式来说明整个设计过程。

5.2.1　课程设计任务书

机械设计基础课程设计任务书

一、设计任务

　　1. 设计题目名称

　　自动送料带式输送机传动装置中的一级圆柱齿轮减速器。

　　2. 运动简图

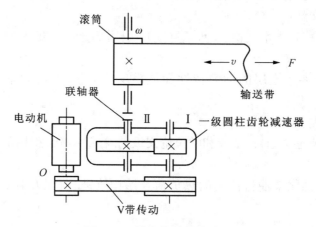

图 5‑4　带式输送机传动图

　　3. 工作条件

　　输送机连续单向运转,稍有振动,两班制工作,使用期限 10 年,小批量生产,输送带速度容许误差为±5%。三相交流电压 380V,小批量生产。

　　4. 原始数据

输送带拉力　　　　　$F=1\,000(\mathrm{N})$

输送带速度　　　　　$V=2.0(\mathrm{m/s})$

滚筒直径　　　　　　$D=500(\mathrm{mm})$

滚筒效率　　　　　　$\eta_w=0.96$(包括滚筒与轴承的效率损失)

　　5. 设计工作量:

　　　减速器装配图 1 张(A0 或 A1)

　　　零件工作图 1~3 张

　　　设计说明书 1 份

　　　……

5.2.2　设计计算说明

计算项目	计算及说明	计算结果
一、拟定传动方案	传动方案分析:高速级采用带传动可以缓和冲击、吸收震动,并且有过载保护的作用;低速级采用齿轮传动,传动平稳可靠,有利于延长齿轮使用寿命。 　确定带式输送机中的减速器为水平剖分,封闭卧式结构,其传动系统选择一级圆柱齿轮传动,如图 5-4 所示。	
二、电动机选择 　1.电动机类型的选择	按照工作要求和条件,选用 Y 系列一般用途的全封闭自扇冷笼型三相异步电动机。	
2.电动机功率计算	（1）工作机的功率 P_w 　　　$P_w = FV/1\,000 = 2\ \text{kW}$ （2）传动装置的总功率 $\eta_{总}$,查表 2-2 得: 　　$\eta_{总} = \eta_{带} \times \eta_{轴承}^2 \times \eta_{齿轮} \times \eta_{联轴器} \times \eta_{滚筒}$ 　　　$= 0.96 \times 0.99^2 \times 0.97 \times 0.98 \times 0.96$ 　　　$= 0.86$ （3）电动机所需的工作功率 P_d 　　　$P_d = P_w/\eta_{总} = 2.3\ \text{kW}$ （4）根据 P_d 选取电动机的额定功率 P_m 　　一般电动机额定功率 　　$P_m \geqslant (1.1 \sim 1.3)P_d = 2.3 \sim 2.99\ \text{kW}$ 　　由附录 9 查得电动机的额定功率为 $P_m = 3\ \text{kW}$	$P_m = 3\ \text{kW}$
3.确定电动机转速	（1）计算滚筒工作转速 $n_{筒}$ 　　$n_{筒} = 60 \times 1\,000 V/\pi D = 76.43\ \text{r/min}$ （2）查表 2-1 得传动比合理范围:一级圆柱齿轮传动减速器传动比范围 $i_{齿} = 3 \sim 5$,V 带传动比 $i_{带} = 2 \sim 4$,则总传动比为 $i_{总} = 6 \sim 20$。故电动机转速的可选范围为 　　$n'_d = i_{总} \times n_{滚筒} = (6 \sim 20) \times 76.43$ 　　　$= 459 \sim 1\,528\ \text{r/min},$ 符合这一范围的同步转速有 750、1\,000 和 1\,500 r/min。 　根据容量和转速,由附表 9-3 查出有三种适用的电动机型号。综合考虑电动机和传动装置尺寸、重量、价格和带传动、减速器的传动比,第二方案比较适合,即 $n = 1\,000$ r/min。	
4.选择电动机型号	根据以上选用的电动机类型,所需的额定功率及同步转速,选定电动机的型号为 Y132S—6。 　其主要性能:额定功率 3 kW,满载转速 960 r/min,额定转矩 2.0,质量 63 kg,轴伸直径为 38 mm,轴伸长度为 80 mm。	电动机型号 Y132S—6 $P_{电} = 3\ \text{kW}$ $n_{电} = 960\ \text{r/min}$

计算项目	计算及说明	计算结果
三、传动装置运动及 　　动力参数计算 1. 总传动比 2. 分配各级传动比 3. 计算各轴转速 　　(r/min) 4. 计算各轴的功率 　　(kW) 5. 计算各轴扭矩 　　(N・mm)	$i_总 = n_电/n_滚筒 = 12.56$ (1) 取 $i_齿 = 4.5$(单级减速器 $i = 3 \sim 5$ 合理) (2) $\because i_总 = i_齿 \times i_带$ 　　　$\therefore i_带 = i_总/i_齿 = 2.79$($i_带 = 2 \sim 4$ 合理) 　　求转速 n 　　$n_0 = n_电 = 960$ r/min 　　$n_I = n_0/i_带 = 344$ r/min 　　$n_{II} = n_I/i_齿 = 76.4$ r/min 　　$n_w = 76.4$ r/min 求功率 P 　　$P_0 = P_电 = 2.3$ kW 　　$P_I = P_0 \times \eta_带 = 2.208$ kW 　　$P_{II} = P_I \times \eta_{轴承} \times \eta_齿 = 2.12$ kW 　　$P_w = P_{III} \times \eta_{轴承} \times \eta_{联轴器} = 2.06$ kW 求扭矩 T 　　$T_0 = 9.55 \times 10^6 P_0/n_0 = 22\,880$ N・mm 　　$T_I = 9.55 \times 10^6 P_I/n_I = 61\,298$ N・mm 　　$T_{II} = 9.55 \times 10^6 P_{II}/n_{II} = 265\,000$ N・mm 　　$T_w = 9.55 \times 10^6 P_w/n_w = 257\,500$ N・mm	$i_总 = 12.56$ $i_齿 = 4.5$ $i_带 = 2.79$ $n_0 = 960$ r/min $n_I = 344$ r/min $n_{II} = 76.4$ r/min $n_w = 76.4$ r/min $P_0 = 2.3$ kW $P_I = 2.208$ kW $P_{II} = 2.12$ kW $P_w = 2.06$ kW $T_0 = 22\,880$ N・mm $T_I = 61\,298$ N・mm $T_{II} = 265\,000$ N・mm $T_w = 257\,500$ N・mm

将以上数据列表如下：

轴号	功率 P/kW	n/(r・min⁻¹)	T/(N・mm)	i	η
0	2.3	960	22880	2.79	0.96
I	2.208	344	61298		
II	2.12	76.4	265000	4.5	0.96
W	2.06	76.4	257500	1	0.97

计算项目	计算及说明	计算结果
四、V 带传动设计 1. 确定计算功率 P_c 2. 选 V 带型号 3. 选择带轮基准直 　　径 d_{d_1} 和 d_{d_2} 4. 验算 V 带的速度 5. 确定带长 L_d 和中 　　心距 a	(1) 电动机的功率 $P_电 = 2.3$ kW (2) 根据机器的工作条件查教材,确定工作机工况系数 　　$k_A = 1.2$ (3) $P_c = k_A P_电 = 1.2 \times 2.3 = 2.76$ kW (1) 根据计算功率 P_c、小带轮转速 n_1,查教材 V 带选型图。 (2) 选用 A 型 V 带 (1) 选小带轮基准直径 $d_{d_1} = 100$ mm$> d_{min} = 75$ mm (2) 大带轮基准直径 $d_{d_2} = n_1/n_2 \times 100 = 279$ mm 查教材 V 带轮基准直径系列表 取 $d_{d_2} = 280$ mm (1) 实际从动轮转速 $n'_2 = (n_1 d_{d_1})/d_{d_2} = 343$ r/min (2) 转速误差为: $(n_2 - n'_2)/n_2 = (344 - 343)/344 =$ 　　　$-0.0033 < 0.05$(允许) (3) 计算带速 $v = \pi d_{d_1} n_1/(60 \times 1\,000) = 5.024$ m/s 可见 v 在 $5 \sim 25$ m/s 范围内,带速合适。 (1) 初定中心距 a_0 　　　$0.7(d_{d_1} + d_{d_2}) \leqslant a_0 \leqslant 2(d_{d_1} + d_{d_2})$ 　　266 mm$\leqslant a_0 \leqslant$760 mm　　　取 $a_0 = 500$ mm	A 型 V 带 $d_{d_1} = 100$ mm $d_{d_2} = 280$ mm 带速 $v = 5.024$ m/s

计算项目	计算及说明	计算结果
	(2) 计算带长 L_0 $L_0 = 2a_0 + \pi(d_{d_1} + d_{d_2})/2 + (d_{d_2} - d_{d_1})^2/4a_0 = 1\,612.8\ \text{mm}$ 查教材 V 带的基准长度表,取 $L_d = 1\,600\ \text{mm}$ (3) 计算实际中心距 a $a \approx a_0 + (L_d - L_0)/2 = 494\ \text{mm}$ 中心距的变动范围为：$-0.015\,L_d \sim +0.03\,L_d$	$L_d = 1\,600\ \text{mm}$ $a \approx 494\ \text{mm}$
6. 验算小带轮包角	$a = 470 \sim 542\ \text{mm}$ $\alpha_1 = 180° - (d_{d_2} - d_{d_1})/a \times 57.3°$ 　　$= 159° > 120°$ 小带轮包角合适。	$\alpha_1 = 159°$
7. 确定 V 带根数 Z	(1) 确定系数：查教材 V 带的额定功率表、小带轮包角系数表、带长系数表得： $P_1 = 0.95\ \text{kW}, \Delta P_1 = 0.11\ \text{kW}, K_\alpha = 0.95, K_L = 0.99$ (2) 计算 V 带根数 $Z = P_C/P' = P_C/(P_1 + \Delta P_1)K_\alpha K_L = 2.77$ 取 $Z = 3$ 根	$Z = 3$ 根
8. 计算轴上压力 F_Q	(1) 确定系数：由 GB/T11544—1997 查得 $q = 0.1\ \text{kg/m}$ (2) 计算单根 V 带的初拉力： $F_0 = 500\,P_C(2.5/K_\alpha - 1)/Zv + qv^2 = 151.9\ \text{N}$ (3) 计算作用在轴上的压力 F_Q： $F_Q = 2ZF_0\sin\alpha_1/2 = 2 \times 3 \times 151.9 \times \sin159°/2$ 　　$= 896.2\ \text{N}$	$F_0 = 151.9\ \text{N}$ $F_Q = 896.2\ \text{N}$
9. 结论	选用 A—1600GB/T11544—1997 V 带 3 根,中心距 $a = 494\ \text{mm}$,小带轮直径 $d_{d_1} = 100$,大带轮直径 $d_{d_2} = 280\ \text{mm}$	
10. 绘制带轮零件图	略	
五、齿轮传动设计 　计算	考虑减速器传递功率不大,可采用软齿面钢制齿轮的闭式传动,按齿面接触疲劳强度设计,再按轮齿的弯曲疲劳强度校核。	
1. 选择齿轮材料和 　许用应力	小齿轮选 45 钢,调质处理,齿面硬度为 229—286HBS。 大齿轮选用 45 钢,正火处理,齿面硬度 169~217HBS。 (1) 确定齿轮齿数 Z_1、Z_2	小齿轮选 45 钢,调质 大齿轮选 45 钢,正火
2. 按齿面接触疲劳 　强度设计计算	取小齿轮齿数 $Z_1 = 20$,则大齿轮齿数：$Z_2 = iZ_1 = 90$ 实际传动比 $i_0 = 90/20 = 4.5$ (2) 确定极限应力 $\sigma_{H\lim}$ 由齿面硬度中间值,查教材试验齿轮接触疲劳极限图得 $\sigma_{H\lim 1} = 570\ \text{Mpa}, \sigma_{H\lim 2} = 530\ \text{Mpa}$ (3) 计算应力循环次数 N,确定寿命系数 Z_N $N_1 = 60an_1t = 60 \times 1 \times 344 \times (10 \times 52 \times 5 \times 16) =$ 8.59×10^8 $N_2 = N_1/i = (8.59 \times 10^8)/4.5 = 1.91 \times 10^8$ 查教材接触疲劳寿命系数图得 $Z_{N1} = Z_{N2} = 1$ (4) 计算许用应力 $[\sigma_H]$ 根据通用齿轮和一般工业齿轮,按一般可靠度要求选取安全系数 $S_{H\min} = 1.0$ $[\sigma_{H1}] = \sigma_{H\lim 1}Z_{N1}/S_{H\min} = 570\ \text{Mpa}$ $[\sigma_{H2}] = \sigma_{H\lim 2}Z_{N2}/S_{H\min} = 530\ \text{Mpa}$	$i_{齿} = 4.5$ $Z_1 = 20$ $Z_2 = 90$

计算项目	计算及说明	计算结果
	(5) 计算小齿轮传递的转矩 T_1 $T_1=9.55\times10^6\times P_1/n_1=61\ 298$ N・mm (6) 载荷系数 K　取 $K=1.1$ (7) 材料系数 Z_E 　　选取材料系数 $Z_E=(189.8)^{1/2}$ MPa (8) 齿宽系数 Ψ_d　取 $\Psi_d=1.1$ (9) 计算小齿轮分度圆直径 d_1 $$d_1\geqslant\sqrt[3]{\dfrac{kT_1(u+1)}{\Psi_d u}\left(\dfrac{3.52Z_E}{[\sigma_H]}\right)^2}=49.2\ \text{mm}$$	
3. 确定齿轮参数及主要尺寸	(1) 齿数 Z 　　$Z_1=20,Z_2=90$ (2) 模数 m 　　$m=d_1/Z_1=2.46$ mm,查教材标准模数系列表,取 m $=2.5$ mm (3) 分度圆直径 d 　　$d_1=mZ_1=50$ mm　　　$d_2=mZ_2=225$ mm (4) 齿顶圆直径 d_a 　　$d_{a_1}=d_1+2h_a=55$ mm 　　$d_{a_2}=d_2+2h_a=230$ mm (5) 齿轮根圆 d_f 　　$d_{f_1}=d_1-2h_f=43.75$ mm 　　$d_{f_2}=d_2-2h_f=218.75$ mm (6) 齿顶高 $h_a=2.5$ mm 　　齿根高 $h_f=3.125$ mm 　　齿高 $h=5.625$ mm (7) 齿厚 $s=3.925$ mm 　　齿槽宽 $e=3.925$ mm (8) 齿宽 b 　　$b=\Psi_d d_1=55$ mm　　　取 $b_2=55$ mm 　　$b_1=b_2+(5\sim10)=65$ mm	$Z_1=20$, $Z_2=90$ $m=2.5$ mm $d_1=50$ mm $d_2=225$ mm $b_2=55$ mm $b_1=65$ mm $a=137.5$ mm
4. 校核齿根弯曲疲劳强度	(9) 中心距 a 　　$a=m(Z_1+Z_2)/2=137.5$ mm (1) 确定极限应力 $\sigma_{F\lim}$ 　　查教材试验齿轮弯曲疲劳极限图得 $\sigma_{F\lim1}=200$ MPa、 $\sigma_{F\lim2}=180$ MPa (2) 最小安全系数 $S_{F\min}$ 　　查教材齿轮弯曲疲劳强度安全系数表得 $S_F=1.3$ (3) 计算两齿轮的许用弯曲应力 $[\sigma_F]$ 　　查教材弯曲疲劳寿命系数图得:$Y_{N1}=Y_{N2}=1$ 　　根据 $[\sigma_F]=\sigma_{F\lim}Y_N/S_{F\min}$ 计算两轮的许用弯曲应力 　　$[\sigma_F]_1=\sigma_{F\lim1}Y_{N_1}/S_F=154$ MPa 　　$[\sigma_F]_2=\sigma_{F\lim2}Y_{N2}/S_F=139$ MPa (4) 复合齿形系数 Y_F 　　查教材标准外齿轮的齿形系数表得 $Y_{F1}=2.81,Y_{F2}=2.22$	

计算项目	计算及说明	计算结果
	(5) 应力修正系数 Y_S 　　查教材标准外齿轮的应力修正系数表得 　　$Y_{S_1} = 1.56, Y_{S_2} = 1.79$ (6) 计算两齿轮齿根的弯曲应力 　　根据 $\sigma_F - 2kT_1 Y_F Y_S / bm^2 z_1 \leqslant [\sigma_F]$ 公式 　　$\sigma_{F_1} = 2kT_1 Y_F Y_S / bm^2 z_1 = 86 \text{ MPa} < [\sigma_F]_1 = 154 \text{ MPa}$ 　　$\sigma_{F_2} = \sigma_{F_1} Y_{F_2} Y_{S_2} / Y_{F_1} Y_{S_1}$ 　　　　$= 78 \text{ Mpa} < [\sigma_F]_2 = 139 \text{ Mpa}$ 　　故轮齿弯曲疲劳强度足够	强度足够
5. 确定齿轮精度	(1) 计算齿轮的圆周速度 V 　　$V = \pi d_1 n_1 / (60 \times 1\,000) = 0.9 \text{ m/s}$ (2) 确定齿轮精度 　　减速器为一般齿轮传动,三个公差组选 8 级精度,齿厚上偏差为 H,下偏差为 K。	$V = 0.9 \text{ m/s}$ IT8(级精度)
6. 齿轮的结构设计	小齿轮采用齿轮轴结构,大齿轮采用锻造毛坯的腹板式结构 大齿轮有关尺寸: 轴孔直径 $d = 60 \text{ mm}$ 轮毂直径 $D_1 = 1.6\,d = 96 \text{ mm}$ 轮毂长度 $L = B_2 = 72 \text{ mm}$ 轮缘厚度 $\delta_0 = (3 \sim 4)m = (7.5 \sim 10) \text{mm}$,取 8 mm 轮缘内径 $D_2 = d_{a2} - 2h - 2\delta_0 = 202.75 \text{ mm}$ 腹板厚度 $c = 0.3B_2 = 21.6 \text{ mm}$,取 22 mm 腹板中心孔直径 $D_0 = 0.5(D_2 + D_1) = 149.375 \text{ mm}$ 腹板孔直径 $d_0 = 0.25(D_2 - D_1) = 26.7 \text{ mm}$ 齿轮倒角 $n = 0.5\,m = 1 \text{ mm}$	
7. 绘制齿轮零件图	略	
六、轴的设计计算与 　　校核 1. 输入轴 I 轴的设 　　计计算 1) 选择轴的材料及 　　热处理方法	因为该轴没有特殊要求,故选用 45 钢,调质处理,硬度229~286HBS。$\sigma_b = 647 \text{ MPa}, \sigma_s = 373 \text{ MPa}, [\sigma_{-1}]_b = 55 \text{ MPa}$。 　　由《机械设计课程设计手册》查得:$C = 126 \sim 103$,取 $C = 115, d \geqslant C(P_1/n_1)^{1/3} = 21.4 \text{ mm}$	轴 45 钢
2) 按扭矩强度估算 　　最小直径	考虑轴头上有一键槽,将轴径增大 5%,即 $d = 21.4(1 + 5\%) = 22.44 \text{ mm}$ 　　因该轴头安装大带轮,根据大带轮的基准直径 $d_{d_2} = 280$ mm,查表 4-2,确定大带轮为孔板式结构,为适合其孔径,取 $d = 24 \text{ mm}$	$d = 24 \text{ mm}$
3) 轴的结构设计	根据轴上零件的定位、装拆方便的需要,考虑到轴的强度,将设计成阶梯轴。 (1) 轴上零件的定位,固定和装配(参考图 4-5(a)) 　　单级减速器中,可以将齿轮安排在箱体中央,两轴承对称分布。齿轮左面用套筒(或封油环)轴向固定,右面用轴肩定位与固定,周向定位采用键和过渡配合,两轴承一端	

续表

计算项目	计算及说明	计算结果
	均以封油环(或套筒)进行轴向定位。另一端均用轴承端盖进行轴向固定,周向定位则用过渡配合。将轴设计成阶梯轴。右轴承和右封油环(或套筒)从右面装入,齿轮、左封油环(或套筒)、左轴承和皮带轮依次从左面装入。	
① 轴各段直径的确定 　　　d	(2) 确定轴各段直径和长度[参考图 4-5(a)] 　　Ⅰ段:$d=24$ mm,$d_1=d+2h$,h 为定位轴肩高度,用于轴上零件的定位和固定,故 h 值不能太小,通常取 $h \geqslant (0.07\sim0.1)d \geqslant (1.68\sim2.4)$mm	$d=24$ mm
d_1	d_1 应符合密封元件的孔径要求,参照附表 6-3 选取。 　　Ⅱ段:$d_1=d+2h=24+2\times(1.68\sim2.4)=(27.36\sim28.8)$mm 　　取 $d_1=30$ mm。	$d_1=30$ mm
d_2	Ⅲ段:$d_2=d_1+2h$,h 为图中 d_1 至 d_2 形成的非定位轴肩高度,仅为装配方便和区分加工表面,故其差值可小一些,一般取 $h=1\sim3$ mm,d_2 与滚动轴承相配合,故其大小要符合轴承孔径的大小,参照附表 10-1 选型号为 6207 的深沟球轴承(因为深沟球轴承不仅受到径向力的作用,还受到很小的轴向力的作用,所以选此轴承),根据该段轴的取值范围选取轴承型号为 6207。所以取 $d_2=35$ mm。	$d_2=35$ mm
d_3	Ⅳ段:$d_3=d_2+2h$,h 为图中 d_3 至 d_2 形成的非定位轴肩高度,仅为装配小齿轮方便,故取 $h=1\sim3$ mm,故 $d_3=d_2+(1\sim6)$mm$=(37\sim42)$mm,考虑轴承的定位轴肩高度要求,结合附表 10-1 轴承 6207 的标准,取 $d_3=42$ mm。	$d_3=42$ mm
轴类型的确定 　　　d_4	由于小齿轮齿顶圆直径 $d_{a1}<2d_3$,即 $55<2\times42$,故小齿轮与轴宜做成整体。故该轴的结构修改为如图 5-5 所示的齿轮轴结构。因此,$d_4=d_{a1}=55$ mm。	$d_4=55$ mm
d_5、d_6	因为该轴是齿轮轴,所以 d_5 与 d_4 之间不需要形成定位轴肩,从而使 d_5 与 d_3 相等。而 d_6 又与 d_2 相等,所以取 $d_5=42$ mm,$d_6=35$ mm。	$d_5=42$ mm $d_6=35$ mm
② 各轴段长度的确定	本步骤主要参照本书第 4 章轴的结构设计进行。其余的参照将在下面给予说明。 　　第Ⅰ段长度 l 按轴上旋转零件的轮毂孔宽度和固定方式确定。当采用键连接的时候 l 通常比轮毂宽度短 $(2\sim3)$ mm.	
l	因设计的带轮轮毂长度 $L_1=(1.5\sim2)d_0=(36\sim48)$ mm,取 $L_1=48$ mm,则 $l=46$ mm。	$l=46$ mm
$l_1\cdots\cdots$	第Ⅱ段长度 l_1 应保证轴承端盖固定螺钉的装拆要求。若采用嵌入式轴承端盖,则 l_1 可小一些,$l_1=5\sim10$ mm,一般为:若采用凸缘式轴承端盖,则 $l_1=15\sim20$ mm。参照有关资料,选外六角圆柱头螺钉 M8 型,$L=25$ mm,$K=7$ mm,则螺钉的总长度 $L_{总}=25+7=32$ mm。	

计算项目	计算及说明	计算结果
	因要使螺钉旋入端盖,所以 l_1 的长度要大于或等于螺钉的总长度,但考虑到加工应留有余量的问题,所以取 $l_1=$ 35 mm。	$l_1=35$ mm
e	参照本书表 2-8 凸缘式轴承端盖的结构尺寸,$e=1.2d_3$ $=1.2\times8$ mm$=9.6$ mm。取 $e=10$ mm。d_3 为端盖上螺钉的大径 　它的选取要根据轴承外径查得,参照本书附表 10-1,查得 6207 型深沟球轴承的外径为 72 mm,所以取 d_3 为 8 mm。	$e=10$ mm
m	凸缘式轴承端盖的 m 值不宜太短,以免拧紧固定螺钉时轴承盖歪斜,一般 　　$m=(0.1\sim0.25)D=(0.1\sim0.25)\times72$ 　　　$=0.72\sim18$ mm 　故取 $m=17$ mm	$m=17$ mm
B	参照附表 10-1,查得 6207 型深沟球轴承的宽度 $B=$ 17 mm。	$B=17$ mm
Δ	Δ 为箱体内壁至轴承端面的距离,当轴承为脂润滑时,应设封油环,取 $\Delta=5\sim10$ mm;当轴承为油润滑时,取 $\Delta=$ $3\sim5$ mm。由轴承的 dn 值可知,在本设计中轴承为脂润滑,所以取 $\Delta=10$ mm。	$\Delta=10$ mm
Δ_2	Δ_2 为箱体内壁至齿轮端面的距离。 　$\Delta_2=10\sim15$ mm,对重型减速器应取大值,取 $\Delta_2=15$ mm	$\Delta_2=15$ mm
b_1	$b_1=b_2+(5\sim10)$ mm,b_2 为大齿轮宽度,即齿轮啮合的有效宽度,由齿轮设计计算确定,轴上该段长度应比轮毂短 $2\sim3$ mm,由前述取 $b_2=55$ mm,故 $b_1=b_2+(5\sim10)$ mm$=$ 65 mm。	$b_1=65$ mm
L	轴承座孔长度 L 由轴承座旁连接螺栓的扳手空间位置或座孔内零件安装位置确定,即 　　$L=\delta+C_1+C_2+(5\sim10)$ mm$=8+12+14+(5\sim10)$ mm$=$ 44 mm。 　δ 参照本书表 3-2,δ 为箱体(座)壁厚度,当是齿轮减速器时,$\delta=0.025$ a$+\Delta\geqslant8$,小于 8 时选 8,根据此公式算得的 δ 为 4.6 mm,所以选 8 mm。或 $L=B+M+\Delta=17+15$ $+10=42$ mm。两者之中取较大值。	
轴总长度的确定	根据以上算得的值,可以计算轴的总长度为 $L_总=257$ mm。	$L=44$ mm $L_总=257$ mm

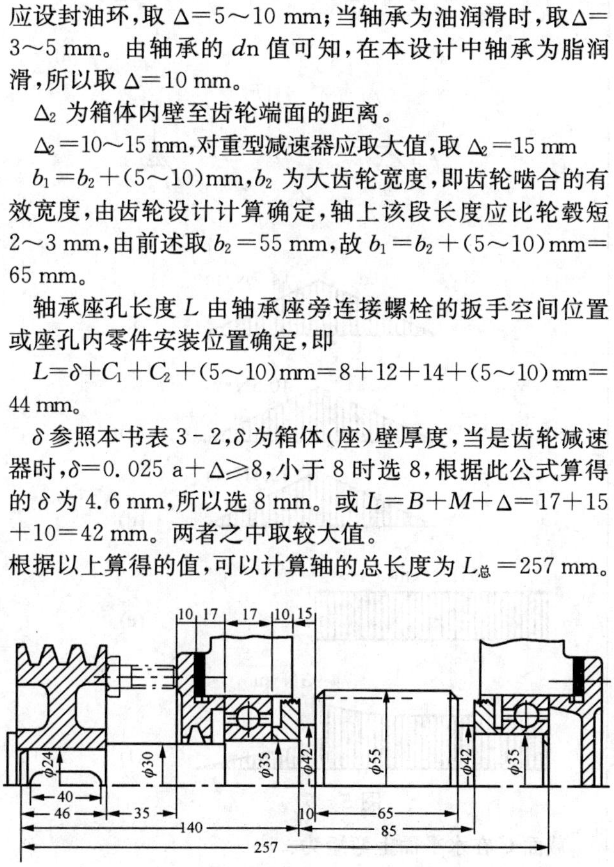

图 5-5

计算项目	计算及说明	计算结果
4) 按扭转弯曲组合 强度校核	(1) 绘制轴的受力图(图 5-6(a)) 　　① 求圆周力 F_t 　　　$F_t = 2T_2/d_2 = 1\,226\,\mathrm{N}$ 　　② 求径向力 F_r 　　　$F_r = F_t \cdot \tan\alpha = 1\,226 \times \tan20° = 446\,\mathrm{N}$ 　　③ 因为该轴两轴承对称,得 $L_A = L_B = 66\,\mathrm{mm}$ (2) 绘制垂直面弯矩图(图 5-6(b)) 　轴承支反力: 　$F_{AY} = F_{BY} = F_r/2 = 223\,\mathrm{N}$　$F_{AZ} = F_{BZ} = F_t/2 = 613\,\mathrm{N}$ 　由于两边对称,截面 C 的弯矩也对称。截面 C 　在垂直面弯矩为 $M_{C1} = F_{Ay}L/2 = 14.7\,\mathrm{N \cdot m}$ (3) 绘制水平面弯矩图(如图 5-6(c)) 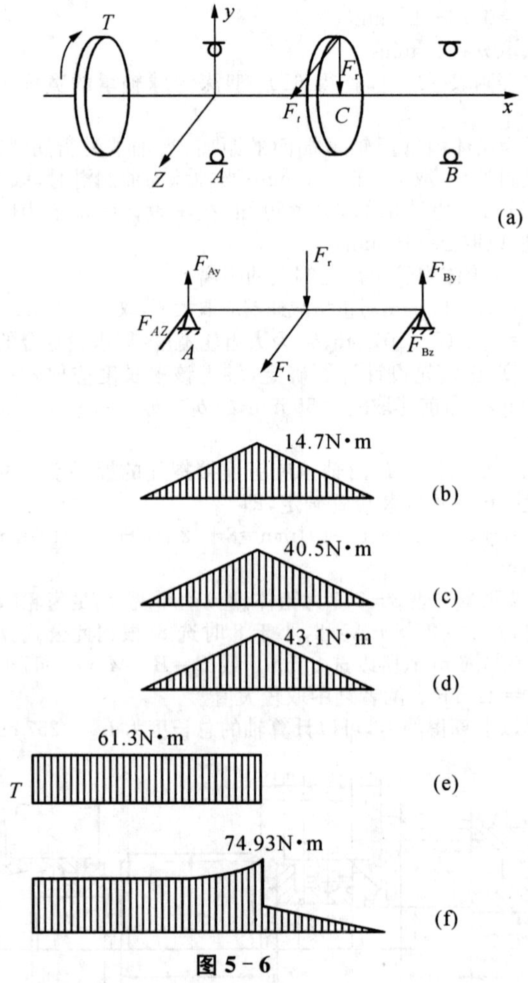 截面 C 在水平面上弯矩为: $M_{C2} = F_{AZ}L/2 = 613 \times 66 = 40.5\,\mathrm{N \cdot m}$	$F_t = 1\,226\,\mathrm{N}$ $F_r = 446\,\mathrm{N}$

图 5-6

续表

计算项目	计算及说明	计算结果
	（4）绘制合弯矩图（图 5-6(d)） $M_C=(M_{C1}^2+M_{C2}^2)^{1/2}=(14.7^2+40.5^2)^{1/2}=43.1\,\text{N}\cdot\text{m}$ （5）绘制扭矩图（如图 5-6(e)） 转矩：$T=9.55\times(P_2/n_2)\times10^6=61.3\text{N}\cdot\text{m}$ （6）绘制当量弯矩图（图 5-6(f)） 对称变化的转矩，取 $\alpha=1$，截面 C 处的当量弯矩： $Mec=[M_C^2+(\alpha T)^2]^{1/2}$ $=[43.1^2+(1\times61.3)^2]^{1/2}=74.93\,\text{N}\cdot\text{m}$ （7）校核危险截面 C 的强度 $\sigma_e=Mec/0.1d_3^3=74.93\times10^3/0.1\times40^3$ $=11.7\,\text{MPa}<[\sigma_{-1}]_b=55\,\text{MPa}$ 所以，该轴强度足够。	
2. 输出轴 Ⅱ 轴的设计计算		强度足够
1）选择轴的材料及热处理方法	因为该轴没有特殊要求，故选用 45 钢，调质处理，硬度229～286HBS。$\sigma_b=647\,\text{MPa}$，$\sigma_s=373\,\text{MPa}$，$[\sigma_{-1}]_b=55\,\text{MPa}$	轴 45 钢
2）按扭矩强度估算最小直径	由教材查得：$C=126\sim103$，取 $C=112$，$d\geqslant C(P_\mathrm{II}/n_\mathrm{II})^{1/3}=34.8\,\text{mm}$ 取 $d=33.9\,\text{mm}$ 考虑有键槽的影响，故将直径增大 3%，则 $d=33.9\times1.03=34.9\,\text{mm}$。 因最小直径应符合相配联轴器的孔径要求，取孔径 $d=38\,\text{mm}$，其大小符合上式要求，所以选择合理.	
3）轴的结构设计	（1）轴的零件定位，固定和装配 单级减速器中，可以将齿轮安排在箱体中央，两轴承对称分布。齿轮左面用轴肩进行轴向定位与固定，右面用套筒（或封油环）轴向固定，周向定位与固定采用键和过渡配合，两轴承分别以轴肩和套筒定位，周向定位则用过渡配合。将轴设计成阶梯轴。左轴承从左面装入，齿轮、套筒、右轴承和联轴器依次从右面装入。 （2）确定轴的各段直径和长度 初选选型号为 6210 的深沟球轴承，其内径为 50 mm，宽度为 20 mm。考虑齿轮端面和箱体内壁，轴承端面与箱体内壁应有一定矩离，则取套筒长为 20 mm，安装齿轮段长度为轮毂宽度短 2 mm。同理得轴各段直径和长度值，见图 5-7。 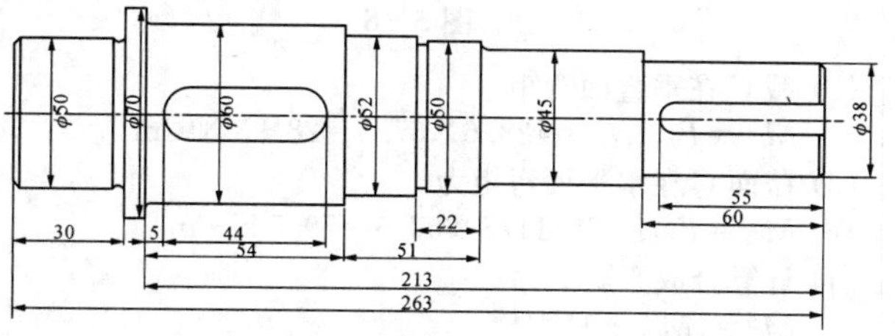	选 WH6 型滑块联轴器 取 $d=38\,\text{mm}$ 轴承 6210

图 5-7

计算项目	计算及说明	计算结果
4) 按扭转和弯曲组合强度校核	(1) 绘制轴的受力图，并求各力大小[图 5-8(a)] 　① 求圆周力 F_t 　$F_t = 2T_3/d_2 = (2 \times 265 \times 10^3)/225 = 2\ 356$ N 　② 求径向力 F_r 　$F_r = F_t \cdot \tan\alpha = 2\ 356 \times 0.363\ 79 = 857$ N 　③ 求支反力 F_{AX}、F_{BY}、F_{AZ}、F_{BZ} 　因为两轴承相对大齿轮对称布置，所以得 $L_A = L_B$ 　$= 67.5$ mm 　$F_{AY} = F_{BY} = F_r/2 = 857/2 = 428.6$ N 　$F_{AZ} = F_{BZ} = F_t/2 = 2\ 356/2 = 1\ 178$ N 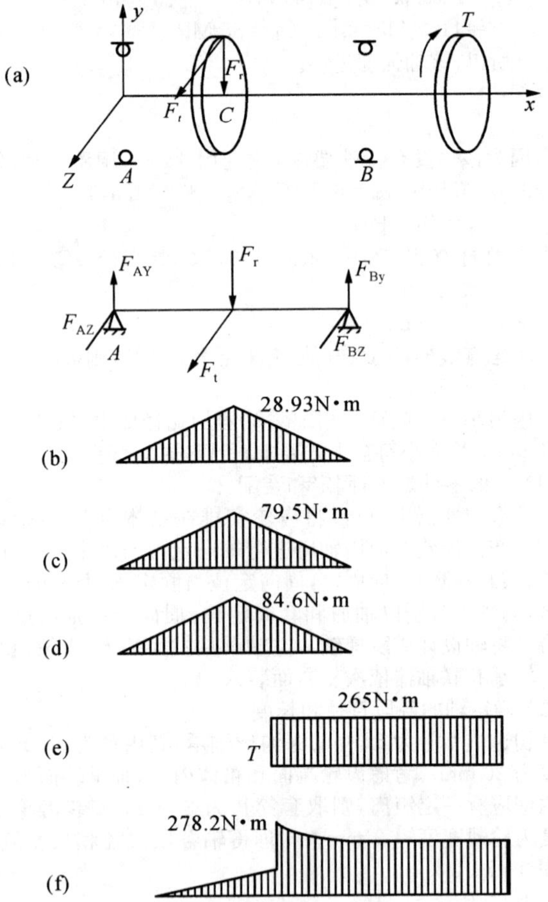 图 5-8 (2) 截 C 在垂直面弯矩 　$M_{C1} = F_{AY}L/2 = 428.6 \times 67.5 = 28.93$ N·m (3) 截面 C 在水平面弯矩为 　$M_{C2} = F_{AZ}L/2 = 1178 \times 67.5 = 79.5$ N·m (4) 计算合成弯矩 　$M_C = (M_{C1}^2 + M_{C2}^2)^{1/2}$ 　　$= (28.93^2 + 79.5^2)^{1/2} = 84.6$ N·m	

计算项目	计算及说明	计算结果
	(5) 计算当量弯矩：取 $\alpha=1$ $Mec=[M_C{}^2+(\alpha_T)^2]^{1/2}=[84.6^2+(1\times265)^2]^{1/2}$ $\qquad=278.2\,\text{N}\cdot\text{m}$ (6) 校核危险截面 C 的强度 $\sigma_e=Mec/(0.1\,d^3)=278.2/(0.1\times60^3)$ $\qquad=12.9\,\text{Mpa}<[\sigma_{-1}]_b=55\,\text{Mpa}$ 故此轴强度足够	轴强度足够
七、轴承的选择和轴承寿命的校核 1. 计算输入轴 Ⅰ 轴轴承	根据条件，试选输入轴 6207 轴承 2 个（GB/T276—1993），输出轴 6210 轴承 2 个（GB/T276—1993）。 　轴承预计寿命 $10\times300\times16=48\,000\,\text{h}$ 　由于小齿轮轴上的轴承转速大于 50 r/mm，所以只要对该轴承的寿命进行计算即可。 　由公式可得 $$L_h=\frac{10^6}{60n}\left(\frac{f_T C}{f_P P}\right)^\varepsilon$$ 　根据前面轴的数据可知，轴的转速为 344 r/mm。 　查附表 10-1 得出 6207 型号轴承的基本额定载荷为 25.5 kN 　由前面轴承的选用可知，深沟球轴承只承受纯径向载荷，据教材公式可得： $$P=F_r$$ 　根据轴的计算可知： $$F_r=\sqrt{F_{AZ}{}^2+F_{AY}{}^2}$$ 　由前面的计算得出 $F_{Az}=613\,\text{N}$，$F_{AY}=223\,\text{N}$。代入上式可得： $$F_r=\sqrt{(613)^2+(223)^2}$$ $$\qquad=652.3\,\text{N}=0.652\,3\,\text{kN}$$ 　球轴承 $\varepsilon=3$ 　　查教材表得：　$f_P=1.1$ 　　　　　　　　　$f_T=1.0$ 　　代入得： $$L_h=\frac{10^6}{60\times344}\left(\frac{25.5}{0.6523\times1.1}\right)^3$$ $$\qquad=2\,174\,829\,\text{h}>48\,000\,\text{h}$$ 故预期寿命足够。 　根据前面的计算数据可知，在大齿轮轴上的轴承转速大于 50r/mm，所以只需对该轴承的寿命进行计算即可。 　由教材公式可得： $$L_h=\frac{10^6}{60n}\left(\frac{f_T C}{f_P P}\right)^\varepsilon$$ 　根据前面轴的数据可知，轴承的转速为 76.4 r/mm。查附表 10-1 得出 6210 型号轴承的基本额定载荷为 35 kN	轴承预计寿命 48 000 h 轴承 6207 $L_h=2\,174\,829\,\text{h}$ 预期寿命足够
2. 计算输出轴 Ⅱ 轴轴承		

计算项目	计算及说明	计算结果
	由前面轴承的选用可知,深沟球球轴承只承受纯径向载荷,据教材公式可得: $$P=F_r$$ 　　根据轴上所受力的大小可知: $$F_r=\sqrt{F_{AZ}{}^2+F_{AY}{}^2}$$ 　　计算得出 $F_{AZ}=1\,178$ N, $F_{AY}=428.6$ N。代入上式可得: $$\begin{aligned}F_r&=\sqrt{(1\,178)^2+(428.6)^2}\\&=1\,254\text{ N}=1.254\text{ kN}\end{aligned}$$ 　　球轴承 $\varepsilon=3$ $$\begin{aligned}L_h&=\frac{10^6}{60\times76.4}\left(\frac{35\times1.0}{1.254\times1.1}\right)^3\\&=3\,610\,780\text{ h}>48\,000\text{ h}\end{aligned}$$ 　　故预期寿命足够。	$L_h=3\,610\,780$ h 预期寿命足够。
八、联轴器的选择与校核 1. 选择联轴器的类型 2. 求计算转矩 T_C 3. 选择联轴器型号	由于减速器功率不大,速度不高,运转较平稳,没有特殊要求,考虑装拆方便及经济问题,选用滑块联轴器。 　　取工作情况系数 $K=1.5$,则参照教材公式 $T_c=KT_1$,计算得: $$T_1=9\,550P_2/n_2=9\,550\times2.12/76.4=265\text{ N}\cdot\text{m}$$ $$T_c=KT_1=265\times1.5\text{ N}\cdot\text{m}=397.5\text{ N}\cdot\text{m}$$ 　　在选择联轴器型号时,应使计算转矩 $T_c\leqslant T_n$。 　　根据 T_C、d 和 n,查附表 8-1 选 WH6 型滑块联轴器. $T_n=500$ N·m,采用 J_1 型轴孔,A 型键,轴孔直径 $d=38$ mm,轴孔长度 $L=60$ mm。 WH6 型滑块联轴器有关参数 <table><tr><td>型号</td><td>WH6</td></tr><tr><td>公称转矩 $T/(\text{N}\cdot\text{m})$</td><td>500</td></tr><tr><td>许用转数 $n/(\text{r}\cdot\text{min}^{-1})$</td><td>3800</td></tr><tr><td>轴孔直径 d/mm</td><td>38</td></tr><tr><td>轴孔长度 L/mm</td><td>60</td></tr><tr><td>外径 D/mm</td><td>120</td></tr><tr><td>材料</td><td>HT200</td></tr><tr><td>轴孔类型</td><td>J_1 型</td></tr><tr><td>键槽类型</td><td>A 型</td></tr></table>	选用 WH6 型滑块联轴器

计算项目	计算及说明	计算结果
九、键联接的选择与校核 1. 输入轴 I 轴外伸端平键 2. 输出轴 II 轴与齿轮联接采用平键联接	输送机传动系统中的轴与轴上零件有多处周向联接采用普通平键联接，减速器中的轴与带轮、齿轮、联轴器联接的键选择如下： 　　输入轴外伸端与带轮联接采用平键联接 （1）选择键联接的类型 　　为了与带轮良好的接触和对中，故选用 A 型普通平键联接。 （2）确定键的主要尺寸 　　轴径 $d_1 = 24$ mm，$L_1 = 46$ mm，$T_2 = 61.2$ N·m 　　选用 A 型平键，查附表 5-1 得： 　　键 A8×7　GB/T1096—2003 　　$L = L_1 - (5 \sim 10)$ mm $= 36 \sim 41$ mm，由键长系列取 $L = 40$ mm 　　$h = 7$ mm　$l = L_1 - b = 40 - 8 = 32$ mm （3）校核键联接强度 　　查教材表得 $[\sigma_p] = 110$ MPa 　　$\sigma_p = 4T_2/dh$　$l = 45.5$ MPa $< [\sigma_p]$ 　　所选键联接强度足够。 （1）选择键联接的类型 　　为了保证齿轮啮合良好，要求轴毂对中性好，故选用 A 型普通平键联接。 （2）确定键的主要尺寸 　　轴径 $d_3 = 60$ mm　$L_3 = 54$ mm　$T = 265$ N·m 　　选 A 型平键. 查附表 5-1 得： 　　键 A18×11　GB/T1096—2003 　　$L = L_1 - (5 \sim 10)$ mm $= 44 \sim 49$ mm，由键长系列取 $L = 45$ mm　$h = 11$ mm　　$l = L_1 - b = 45 - 18 = 27$ mm （3）校核键联接强度 　　查教材表得 $[\sigma_p] = 110$ MPa 　　$\sigma_p = 4T/dh$　$l = 59.5$ MPa $< [\sigma_p]$ 　　所选键联接强度足够。	 A 型平键 8×7 $L = 40$ mm 键联接强度足够 键 A18×11 $L = 45$ mm 键联接强度足够
十、箱体的设计	箱体主要结构尺寸： 箱座壁厚 $\delta = 0.025a + 1 \geqslant 8$ mm　取 8 mm 箱盖厚度 $\delta_1 = 0.025a + 1 \geqslant 8$ mm　取 8 mm 箱座凸缘厚度 $b = 1.5$　$\delta = 12$ mm 箱盖凸缘厚度 $b_1 = 1.5$　$\delta_1 = 12$ mm 箱座底凸缘厚度 $b_2 = 2.5$　$\delta = 20$ mm 箱座肋厚 $m = 0.85$　$\delta = 6.8$ mm 箱盖肋厚 $m_1 = 0.85$　$\delta_1 = 6.8$ mm 轴承旁凸台高度 $h = 45$ mm，凸台半径 $R = 20$ mm 大齿轮齿顶与内机壁距离 $\Delta_1 = 20$ mm 小齿轮端面到内机壁距离 $\Delta_2 = 15$ mm 输入轴轴承端盖外径 $D_1 = 110$ mm 输出轴承轴端盖外径 $D_2 = 130$ mm 地脚螺栓 M12，数量 4 个	

计算项目	计算及说明	计算结果
十一、润滑方式、密封装置的选择 1. 润滑方式 2. 润滑油牌号及用量 3. 密封形式	(1) 齿轮 $v=0.9$ m/s<12 m/s,选用浸油润滑。 (2) 轴承采用润滑脂润滑。 (1) 齿轮润滑选用 L-AN22 润滑油(GB443—1989),最低至最高油面距 $10\sim20$ mm,需油量为 4.5 L 左右。 (2) 轴承润滑需选用 ZL-3 型润滑脂(GB7324—1987),用油量为轴承间隙的 $1/3\sim1/2$ 为宜。 (1) 箱座与箱盖凸缘接合面的密封,选用在结合面涂密封漆或水玻璃的方法。 (2) 观察孔和油孔等处接合面的密封,在观察孔或螺塞与机体之间加石棉胶纸、垫片进行密封。 (3) 轴承孔的密封 闷盖和透盖用作密封与之对应的轴承外部,轴的外伸端与透盖间的间隙,由于 $V<3$ m/s,故选用半粗羊毛粘加以密封。 (4) 轴承靠近机体内壁处用挡油环加以密封,防止润滑油进入轴承内部。	
十二、减速器的附件及简要说明	列表说明:	

名称	功用	数量	材料	规格
螺栓	安装端盖	24	Q235	M6×16 GB/T5782—2000
螺栓	安装视孔盖	4	Q235	M5×12 GB/T5782—2000
螺母	安装	3	A3	M8 GB/T6170—2000
垫片	调整安装	3	65Mn	8 GB/T93—1987
定位销	定位	2	35	A6×30 GB/T117—2000
油标尺	测量油面高度	1	组合体	M12
通气器	透气	1	A3	组件
放油孔及螺塞	排出油污	1	Q235	螺塞 M16×1.5
窥视孔和视孔盖	观察、检查	1	Q235	组件
起盖螺钉	便于拆卸箱盖	1或2	35	M10
起吊装置	便于搬运和装卸	2	Q235	

续表

计算项目	计算及说明	计算结果
十三、参考资料	略	
十四、设计小结	略	
十五、指导老师评语	略	

5.3　答辩

答辩是课程设计的最后一个重要环节,也是检查学生实际设计能力、掌握设计知识情况和设计成果、评定成绩的重要方式。

5.3.1　答辩前的准备

答辩前应将设计图纸和设计计算说明书装袋后交指导教师审阅,未完成设计任务者一般不允许答辩。

答辩的方式采用每位学生单独进行(答辩)。

答辩过程包括学生准备答辩、学生陈述设计内容和回答指导教师(或答辩委员会成员)提问三个环节。答辩准备包括资料整理、设计内容及相关课程知识复习等;学生陈述一般控制在 10 分钟内,首先将自己的主要图纸张贴在规定的地方,然后简要介绍自己姓名、专业、班级等基本信息,接着讲解设计原理、特点、创新等主要内容;最后接受教师提问,要求答题正确,紧扣要点,简明扼要。有些指导教师采取的答辩方式比较机动灵活,不一一枚举。

成绩评定是根据学生的设计图样、设计计算说明书和答辩中回答问题的情况,按照院校教学管理制度规定的比例,并参考学生在设计过程中的表现给出综合评定成绩。成绩分为优、良、及格和不及格四个等级。不及格者须在毕业之前重修,否则不准予毕业。

5.3.2　答辩准备思考题

1. 机械系统的设计主要包括哪些内容? 其设计原则是什么?
2. 实现同一设计任务可选的机械装置有哪些? 各有什么特点?
3. 三级或三级以上的传动如何设计计算? 你注意过相关资料的查阅吗?
4. 你是如何拟定传动方案的? 其依据是什么? 请说明你所设计的传动方案的优缺点。
5. 传动装置总体设计的内容有哪些?
6. 常用的减速器有哪几种主要类型? 其传动比一般为多少? 特点如何?
7. 你了解我国生产减速器的企业吗? 你是通过何种途径了解的?
8. 减速器箱体的底座与地基处为何要挖进去一些,而不做成整个一块平面?
9. 减速器上下分箱面为何要涂以水玻璃或密封胶而不允许用任何材料的垫片?
10. 你所设计的减速器如何起吊? 其结构形式如何?
11. 减速器上吊钩、吊环或吊耳的作用是什么? 其尺寸大小如何确定?
12. 减速器的肋板起什么作用,箱盖要不要设计肋板?
13. 减速器在什么情况下需要开设油沟? 试说明油的走向。
14. 减速器箱体装油塞处及装通气器处为何要凸出一些? 如何加工?

15. 减速器的油塞起什么作用？布置其位置时应考虑哪些问题？

16. 为何要在减速器上开设通气器？通气器有几种形式？

17. 减速器箱体上油标尺的位置如何确定？为什么设计成斜置的？

18. 如何确定减速器的主要尺寸？铸造减速箱的壁厚为什么要大于 8 mm？你校核过其强度吗？

19. 确定减速器的润滑方式时,应考虑哪些主要因素？

20. 减速器装润滑油高度应如何确定？与齿轮速度有关吗？

21. 如何保证箱体的密封性？常用密封元件有哪些？

22. 箱缘宽度根据什么条件确定的？你确定的数值是多少？

23. 你所设计的减速器中心高是如何确定的？

24. 你所设计的减速器中有哪些附件？各有什么作用？

25. 箱体上的沉头座孔有何作用？如何加工？

26. 为减少箱体加工面,在设计中采取哪些措施？

27. 减速器装配后,为什么要进行负载试验？如果负载不了又怎么办？

28. 如何确定电动机的功率和转速？

29. 你是如何选择电动机的类型和结构形式？你了解电动机的标准系列代号吗？

30. 电动机的额定功率与工作功率有何不同？电动机的工作功率如何确定？如何选择电动机的型号？

31. 工作机的实际转速如何确定？

32. 机械中的总传动比如何计算？如何分配各级传动比？取值有何根据？

33. 传动装置中各轴间的功率、转速和转矩是什么关系？

34. 试述带传动或链传动设计的设计步骤。

35. V 带传动设计时要确定哪些主要参数？

36. 什么叫包角？小带轮的包角有何限制？为什么？

37. V 带的根数是如何确定的？

38. 平带的接头形式有几种？分别是什么？

39. 你是如何选择齿轮传动的类型？选择直齿、斜齿、蜗杆传动大致的原则是什么？

40. 齿轮设计中的齿数、模数如何确定？大齿轮齿数有限制吗？

41. 齿轮各部分的尺寸如何确定？

42. 大、小齿轮的宽度如何确定？两者是否相同？为什么？

43. 常用的齿轮材料有哪些,选择材料要考虑哪些因素？有哪些热处理方法？

44. 试述闭式齿轮传动主要失效形式和设计准则？

45. 设计齿轮时如何选择材料及确定两轮齿面间的硬度差？

46. 说明计算载荷中的载荷关系 K 的意义是什么？其值如何取？

47. 为何要分别校核大、小齿轮的弯曲强度？

48. 在齿轮设计中,当接触强度不满足时,应采用哪些措施提高齿轮的接触强度？

49. 齿轮接触应力和弯曲应力的变化规律如何？

50. 齿轮的常用结构形式有几种？在什么情况下设计成齿轮轴？在什么情况下齿轮和轴分开？你是如何确定齿轮结构形式的？

51. 你所设计的齿轮减速器选用的是软齿面还是硬齿面？使用若干年后,该齿轮将首先发生什么失效？如果该齿轮失效后再重新设计齿轮将按什么强度设计？按什么强度校核？

52. 大、小齿轮的硬度为什么有差别？你设计的大、小齿轮齿面硬度是否相同？接触强度计算中用哪一个齿轮的极限应力值？

53. 齿轮的轴向固定有哪些方法？你采用了什么方法？周向固定呢？

54. 齿轮的精度由什么组成？标注 8—7—7 HK,GB/T10095.1—2001 分别表示什么含义？

55. 齿轮加工常用哪两种方法？试谈谈你加工齿轮的体会。

56. 什么叫变位齿轮？通过齿轮范成实验你能比较正变位、负变位齿轮和标准齿轮的不同吗？什么时候选用什么齿轮？请举例说明。

57. 齿轮齿条传动常用于什么场合？有何特点？

58. 请比较直齿圆柱齿轮和斜齿圆柱齿轮啮合的异同点。一般在什么情况下选用直齿圆柱齿轮？在什么情况下选用斜齿圆柱齿轮？

59. 斜齿圆柱齿轮中,齿轮的螺旋角大小和旋向是根据什么确定的？螺旋角的取值与轴向力的大小有关系吗？

60. 设计圆锥-圆柱齿轮传动时,小锥齿轮为何要放在高速级？

61. 直齿圆锥齿轮规定以哪一端的参数为标准值？这类齿轮传动常用于什么角度的两轴间的运动和动力的传递？

62. 安装直齿圆锥齿轮时应注意什么事项？

63. 什么叫中间平面？在中间平面内,蜗杆、蜗轮成什么形状？

64. 蜗杆传动有什么特点？你设计时为什么选（或不选）蜗杆传动？

65. 轮系有何作用？请各举一实例说明。

66. 试述轴的设计步骤和方法。

67. 轴的材料主要有哪些？你是如何选择轴的材料和许用应力的？

68. 轴上零件的轴向固定应考虑哪些问题？以输入轴为例,说明轴上零件是怎样定位和固定的。

69. 以你设计的轴为例,说明每段轴的长度和直径是怎样确定的。

70. 轴为什么要设计成阶梯轴？支点位置怎么确定？

71. 轴的强度计算中修正系数 α 的意义是什么？其值如何确定？

72. 滚动轴承的代号是如何确定的？

73. 你选择轴承类型和型号的依据是什么？

74. 在你设计的轴承中,轴承的内圈与轴、外圈与座孔分别是什么配合？如何标注？

75. 对角接触轴承应如何考虑轴向力方向？

76. 角接触轴承正装和反装布置各有哪些优缺点？你选择的布置有何特点？

77. 滚动轴承的寿命不能满足要求时,应如何解决？

78. 轴承如何装拆？在轴的设计中应如何考虑？

79. 轴承为何留有轴向间隙？其值为多少？如何进行调整？

80. 箱体接合面的轴承座宽度与哪些因素有关？

81. 轴承盖的类型有哪些？各有何优缺点？

82. 为什么有的轴承要设置挡油环？挡油环的尺寸如何确定？

83. 轴承的密封方式有几种？你在设计中是如何选择的？

84. 键的宽度 b、高度 h 和长度 L 应如何确定？键在轴上的安装位置如何确定？

85. 加工键槽有哪几种方法？加工时应注意什么问题？

86. 键的强度验算主要考虑什么强度？

87. 定位销有哪些类型？其作用如何？

88. 减速器上下箱体联接为什么要用定位销？定位销的位置应如何布置？

89. 联轴器有哪些类型？有何特点？联轴器与减速器的功用有何差别？

90. 根据什么条件选择联轴器？联轴器与箱边的距离应如何考虑？分析高速级和低速级常用的联轴器有何不同。

91. 启盖螺钉有何作用？其工作原理如何？

92. 上下箱体连接螺栓的位置和个数是根据什么确定的？

93. 轴承盖的连接螺钉位置应如何考虑？

94. 减速器上下箱体连接螺栓是受拉还是受剪连接螺栓？简述其所受的外力性质，并说明外力的来源。

95. 请绘制教室钢窗的结构示意图。

96. 什么叫急回运动？它在生产中有何意义？

97. 凸轮机构有哪些常用的运动规律？有何特点？

98. 何种类型的回转体需要进行动平衡？动平衡条件是什么？

99. 调整垫片的作用是什么？

100. 画装配草图时应注意哪些事项？

101. 装配图、零件工作图、设计说明书的逻辑关系是什么？完成的先后顺序如何？

102. 在装配图上应标注哪几类尺寸？以你的设计图纸为例进行说明。

103. 在装配图上通常要标注哪些技术要求？请举例说明。

104. 尺寸标注中哪些尺寸需要圆整？哪些尺寸不能圆整？

105. 请说明形位公差有哪些项目？用什么符号？

106. 表面粗糙度评定参数 Ra、Rz 和 Ry 的含义是什么？

107. 孔轴配合有哪几种基准制？一般选用原则是什么？

108. 在轴的零件工作图中，你标注的形位公差有哪些？其含义是什么？

109. $ZCuSn_5Pb_5Zn_5$ 属于什么材料？其符号和数值分别表示什么？

110. $Q235$ 表示什么钢？其符号和数值分别表示什么？

111. $170HBS10/1000/30$ 表示什么意思？

112. 什么叫正火？它与调质有什么区别？

113. 衡量铸造性能的主要指标有哪些？

114. 零件工作图的作用是什么？以你设计的齿轮或轴为例，说明有关尺寸极限偏差、表面粗糙度是如何确定的。

115. 试说明轴零件工作图中标注尺寸时应注意的问题。

116. 试说明齿轮零件工作图中参数表的内容。

117. 编制设计计算说明书有哪些要求？

118. 在课程设计中，你是如何处理团队合作精神与独立创新之间关系的？

119. 在你的设计中，哪些方面还需要改进？你认为如何才能提高课程设计质量？有何建议？

120. 结合课程设计，你认为机械设计基础课程应如何改革？

第6章 创 新 设 计

6.1 概述

6.1.1 创新的概念与创新的作用

1. 创新的概念

何为创新？"创新"的英文为"innovation"，意为"更新、变革、制造新事物"。在《现代汉语词典》中，"创新"的解释是："抛开旧的，创造新的"。目前，对"创新"较为一致的看法是：创新是新设想（新概念）发展到实际和成功应用的阶段。

2. 创新的作用

创新是人类社会发展的原动力。假如没有创新，人类只能仍旧停留在茹毛饮血的野蛮人时代。如果没有层出不穷的新产品、新技术、新工艺、新材料，人们就不可能享受如此丰富多彩的现代生活。创新，不断向人类提供着物质和精神的新成果，正是这些新成果，构成了人类社会的精神文明和物质文明，推动着人类社会向新的高度不断迈进。

创新的作用是带你走向成功。众多科学家、政治家、军事家、文学家、企业家等的成功在于他们立足于创新，得益于创新。若他们因循守旧，囿于旧观念、老框框，就不可能在时代的潮流中有所建树。如被全世界誉为"杂交水稻之父"的科学家袁隆平，若当初没有用远缘的野生稻种与杂交稻种进行杂交的关键性设想，就不能为解决13亿中国人民的吃饭问题立下奇功，创造世界奇迹。

6.1.2 创造的特征与总体过程

1. 创造的特征

创造是人类特有的活动方式，其核心是创新。创造的特征如下。

（1）人为目的性。人类根据需要，合理运用现有条件提出对未来生产、生活的设想，并把它付诸实践。创造就是这样一种有目的的活动，其结果也是人类新生活方式的不断延伸。

（2）新颖独特性。创造是在自己、前人或他人已获得结果基础上的新扩展、新开拓，它所追求的是新奇、新颖和独特，而绝非简单的重复或模仿。

（3）社会价值性。创造必须体现为一定的社会价值，即对社会进步具有某种积极意义。如果说科学领域的创造主要看其学术价值，那么工程领域的创造，如技术发明、技术设计等，则主要看其经济价值以及是否实用、美观、可靠等。

2. 创造的总体过程

（1）准备阶段——包括发现问题、明确目标、初步分析以及收集资料等。

（2）最大努力阶段——集中精力努力寻找、探索满足目标要求的技术原理、设计方案等，这一阶段持续的时间相对较长。

（3）休整阶段——为了有益于问题的解决，有意识地中断努力而休息，在此期间可继续推敲这个问题，也可暂做其他工作。

（4）瞬间突破阶段——经过反复思考、试验、探索之后，从错综复杂的联想中突破性地顿悟解决问题的办法，这一顿悟犹如瞬间灵感。

（5）验证阶段——对解决问题的新想法进行证明和检验，看其是否正确和具有价值。例如经加工整理后撰写成论文或绘制出设计图，进而通过实验或试制来完善该创造性成果。

6.1.3　创新能力的培养与创造性思维的激发

创新能力的开发可以从培养学生的创新意识、提高创造力、加强创造实践等三方面着手。

1. 培养创新意识

破除对创造发明的神秘感，树立创新的信心与姿态。我国著名教育家陶行知先生曾说，"人人是创造之人，天天是创造之时，处处是创造之地。"创新能力是人类普遍具有的素质，除少数智力障碍者外，绝大多数人都具有创新的禀赋，都可以通过学习、训练得到开发、强化和提高。

创新需要经常保持强烈的创造欲望。唐代著名诗人李白、王维，年纪轻轻的就吟唱出传诵千古的名句；而古今多少皓首穷经的老学究，终其一生也未能留下能供后人体味的片言只语。在这里，创新的意识和创造的冲动起了决定性的作用。

2. 提高创造力

创造力是人的心理特质和各种能力在创造活动中体现出来的综合能力。

提高创造力应当从培养良好的创造心理、了解创新思维的特点、掌握创造原理和创造技法等方面起步。美国通用电气公司对有关科技人员进行创造工程课程和实践训练，两年后即取得很好效果，按专利数测算，人的创造力提高了三倍。

3. 加强创造实践

创造能力的培养关键是加强实践训练。通过听课、阅读等学习手段只能帮助学生了解创造的知识和技法，还不能真正形成创造力。只有加强创造实践，让学生综合运用所学的知识去观察分析客观现象、解决实际问题、设计出别出心裁的作品，创造力才能形成，学习创造原理和创造技法才有意义。

创造型思维的激发与发展应注意以下几个问题。

（1）注意克服思维定势的影响。

（2）习惯于提出问题。

（3）组成专家研究团队，用激智法激发创造灵感。

（4）习惯于把头脑中闪现过的有创意的想法记录下来。

（5）保持松弛的心态。

6.1.4 机械产品设计的类型

机械产品的设计视情况不同大体分为三种类型。

1. 开发性设计

在工作原理、结构等完全未知的情况下,针对新任务提出新方案,开发设计出以往没有过的新产品。

2. 变形设计

在工作原理和功能结构不改变的情况下,对已有产品的结构、参数、尺寸等方面进行变形,设计出适用范围更广的系列化产品。

3. 适应性设计

在工作原理、功能结构基本保持不变的前提下,对产品进行局部的变更或新设计少数零部件,以改变产品的某些性能或克服原来的某些缺陷,使产品更能满足使用要求。

开发设计以开创、探索创新;变形设计通过变异创新;适应性设计在吸取中创新。创新是各种类型设计的共同点。

6.2 创新基本原理

创新基本原理是人们长期创造实践活动的理论归纳,由于所有创新方法都是根据基本原理加以实现的,下面列举十种创新原理,为创新设计提供理论指导。

1. 综合原理

综合是在分析各构成要素的基础上加以综合,使综合后的整体作用带来创造性的新成果。它可以是新技术与传统技术的综合、自然科学与技术科学的综合、多学科成果的综合等等。

例如,将啮合传动与摩擦带传动技术综合而产生的同步带传动的技术,具有传动功率大、传动准确等优点,已得到广泛应用。电子计算机是计算数学、大规模集成电路、精密机械元件等的综合创新。

2. 还原原理

它通过研究已有事物的创造起点,把最主要的功能抽象表达出来,即"回到根本,抓住关键",然后集中研究实现该功能的方法和手段,以取得创造性的最佳成果。

例如,洗衣的根本是"洗净"和"去水"。如果抓住"去水"这个根本,一个简单、有效而且安全的"离心脱水"方案便产生了。

3. 对应原理

相似原理、仿形移植、模拟比较、类比联想等都属于对应原理。在创新设计中,对应原理用得很多。

例如,木梳是人手梳头的仿形;机械手是人手取物的模拟;夜视镜是猫头鹰的仿生;用两栖动物类比,设计出水路两用坦克;由蝙蝠探测目标的方式,联想发明了雷达等等。

4. 移植原理

以他山之石,攻己之玉。把一个研究对象的概念、原理和方法等运用于其他研究对象并取得成果的方法就是移植原理。

例如植物在地理位置上的移栽,不同物种枝、芽的嫁接,医疗领域的人体器官的移植等都运用了移植原理。移植原理也是一种应用广泛的创新原理。

5. 分离原理

分离是与综合相对应的、思路相反的一种创新原理。它是把某个创造对象分解或离散为有限个简单的局部,把问题分解,使主要矛盾从复杂现象中分离出来解决的思维方法。

例如在机械行业,组合夹具、组合机床、模块化机床就是分离创新原理的运用。隐形眼镜是镜片与镜架离散后的新产品等等。

6. 逆反原理

逆反原理是打破思维定势,对已有的理论、技术、设计等持怀疑态度,或者说对熟悉的事物持"陌生态度",甚至"反其道而行之",常常可以引出极妙的发明或创新。

例如苏格兰一家图书馆在搬迁新馆之前,发出了与平日相反的取消借书限量的通告,结果短期内大量图书外借而还书时还到了新馆,顺利完成了图书搬运任务且节约了费用。我国宋代司马光砸缸救小孩的故事就是描述了逆向思维方法,他不是将小孩拉出来,而是用砸破水缸让水流走的办法将小孩救出。

7. 组合原理

组合原理亦称排列原理,是将两种或两种以上的技术思想或物质产品的一部分或全部进行适当的组合,以形成新技术、新产品的创新原理。其常用方法有主体添加法、异类组合法、同物组合法、重组法等。

例如美国飞机设计师卡里格·卡图根据空气动力学原理,对螺旋桨飞机进行重组改造,将原来放在机头的螺旋桨改放在机尾,原来装在机尾的稳定翼改装在机头。重组后的飞机具有尖端悬浮系统和更加合理的流线型机身,不仅增加了飞行速度,而且提高了安全性。

8. 换元原理

换元原理即替换、代替的原理。它是用一事物代替另一事物,从而达到创新的目的。

例如亚·贝尔用电流的变化代替、模拟声波的变化,实现了用电传送语言的设想,从而发明了电话。C·达维道夫用树脂代替水泥,发明了耐酸、耐碱的聚合物混凝土。

9. 强化原理

强化原理亦称聚焦原理。它通过强化或"聚焦"来提高质量、改造性能、增加寿命等。

例如增强塑料、钢化玻璃、浓缩洗衣粉以及金属表面喷涂和喷丸处理等均属强化原理的应用。

10. 群体原理

科学技术的发展使创新越来越需要发挥群体的智慧,集思广益,取长补短。

群体原理就是摆脱狭隘专业范围,发挥"群体大脑"作用的协同创新原理。

例如控制论的创立者维纳,常用"午餐会"的形式从众人海阔天空的交谈和设想中捕捉思想上的新闪光点,以激发自己的创造能动性。据美国学者朱克曼统计:1901—1972年间共有286位科学家荣获诺贝尔奖,其中185人是与他人合作研究完成的,占获奖人数的2/3。

6.3　常用创新方法与应用

6.3.1　发现出创新

善于发现问题、提出问题的能力是创新能力首先表现出来的,因为它反映了探索问题的敏锐度。

发现能力对于人的创造力开发非常重要。个人观察到了一种现象,并不代表已经发现了它。例如,天文学家勒莫尼亚从 1750 年到 1769 年曾先后 12 次观察到了天王星,但他只是"看见了而没有发现它",直到 1781 年,天王星才由赫舍尔加以认定。美国画家莫里斯在一次旅途中的轮船上,看见物理学家约克逊向旅客做一个颇有意思的电磁铁表演实验。他通过不断地闭合开关,使电磁铁吸合弹簧片发出"啪"、"啪"的声响。莫里斯想,如果导线很长,那么在很远的地方按开关键,不是也会使弹簧发出"啪"、"啪"的声响吗? 这不就等于传递了信息吗? 约克逊虽然向很多人不止一次地做过这个实验,但他从未发现其中孕育着新思想。由于莫里斯有极强的识别和接受新思想的能力,终于使他在 1844 年发明了电报。

如何去发现? 一是从生活中发现。世界上不存在尽善尽美的事物,人们的衣、食、住、行等方面的物品总有一些不合理、不完善、不方便、不如意、不科学,许多小发明的题材都可从这"五不"中产生。二是到各自的工作领域去发现。长期从事某一工作的人对本专业的现状最熟悉,选题方便,成功的可能性更大。

6.3.2　设问出创新

这是一种用系统提问的方式打破传统思维的束缚,以拓展设计思路提高创新能力的方法,是由美国人奥本斯提出的一种最简捷方便的方法。

例如:对台式电风扇进行改进设计和转产分析。

解:按奥斯本设问法提问:

① 稍加改动后能否转作他用? ——转化。

将电风扇稍加改造后可制成鼓风机、抽风机、吸尘器等新产品。

② 有别的产品在功能上与之相似吗? ——引申。

空调器可调节室内温度,其功能比电风扇更齐全,但通常要在密闭的房间内使用。

③ 能否对其结构、形状等做某些改变? ——改变。

改变结构可设计出落地扇、吊扇、壁扇等;改变造型可设计出除圆形之外的方形风扇、动物外形风扇等。

④ 能否增加某些功能或增大尺寸? ——放大。

如增加夜间照明功能、定时喷洒香水功能、倾倒即停的安全防护功能等。通过增大尺寸,设计出大型工业排风扇。

⑤ 能否减少某些功能或减小尺寸? ——缩小。

通过减少功能和减小尺寸可设计出功能单一、体积小的便携式旅行扇,挂于蚊帐内的小吊扇等。

⑥ 将其运转情况改变一下甚至颠倒过来会如何？——颠倒。

为模仿自然风的效果，普通台扇采用外罩不转、风扇摇头的办法，其摇头机构较复杂且模仿效果不佳；而鸿运扇采用风扇不摇头、外罩上栅页转动的办法，其送风柔和且结构简单。

⑦ 能否对其作某些方面的代替？——代替。

材料代替：如叶片、外罩、扇座等多数零部件均可采用塑料代替金属，以节约成本。

性能代替：如改单速风扇为多速风扇等。

⑧ 在设计、工艺方面有无重组的可能？——重组。

如将钢板冲压成型的扇座组合件改成塑料整体注塑成型。

⑨ 现有技术能否组合成新的风扇产品？——组合。

如带装饰灯的风扇；有强、弱、微三挡风量的组合风扇；用自动开关控制6秒开4秒停的模拟自然风扇等。

6.3.3 列举出创新

列举创新法作为一种发明创造技法，是以列举的方式把问题展开，用强制性的分析寻找创造发明的目标和途径。列举法的主要作用是帮助人们克服感知不足的障碍，迫使人们带着一种新奇感将事物的细节统统列举出来，迫使人们时时处处思考一个熟悉事物的各种缺陷，迫使人们尽量想到所要达到的目的和指标。这样比较容易捕捉到所需要的目标，从而进行发明创造。

列举创新法在创意生成的各种方法中属于较为直接的方法，它按照所列举的对象的不同可以分为特性列举法、缺点列举法、希望点列举法。

例如，一家制笔公司用希望点列举法产生了一批改革钢笔的希望点：

希望钢笔出水顺利；

希望绝对不漏墨水；

希望一支笔可写出两种以上颜色的字；

希望不污染纸面；

希望书写流利；

希望笔画可粗可细；

希望小型化；

希望笔尖不开裂；

希望不用吸墨水；

希望省去笔套；

……

这家制笔公司后来从"希望省去笔套"这一希望出发，研制出一种像伸缩圆珠笔一样可以伸缩的钢笔，省去了笔套，打入了市场。

6.3.4 联想出创新

所谓联想，是由一事物想到另一事物的心理过程。由一事物或现象联想到在形状、结构、功能、性质等方面与之有类似特点的其他事物或现象称之为相似联想；由一事物或现象联想到与之对立的另一事物或现象称之为对比联想；由一事物或现象联想到与之有关的另一事物或现象称之为相关联想。

例如,传统的金属轧制方法如图 6 - 1(a)所示,两轧辊反向同速转动,板材一次成型。这种方法由于一次压挤量过大,钢板在轧制过程中极易产生裂纹。日本一技术人员在看到擀面杖擀面时总是连续渐进,将厚面饼逐渐擀薄,这样擀出的面饼厚薄均匀、光洁,不会产生一次擀面时面饼有折绉的现象。他由此特点产生联想,从而发明了行星轧辊,其工作原理如图 6 - 1(b)所示,金属的延展分多次进行,从而消除了钢材裂纹现象,并取得了转让后经济价值不菲的专利。

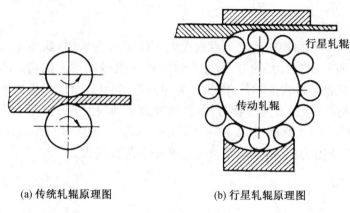

(a) 传统轧辊原理图　　　　　　(b) 行星轧辊原理图

图 6 - 1　新型轧辊的设计

6.4　机械创新设计实例与分析

6.4.1　机构创新设计原则

机构设计虽然具有多样性和复杂性,但也是创新思维大显身手的领域。其中机构的形式设计最富创造性。机构形式的设计应遵循以下原则。

1. 机构尽可能简单

使机构简单,可从下述方面着手。

(1) 简化和缩短机构运动链。

(2) 合理选用运动副。

(3) 适当选择原动机。

(4) 拓宽机构选用的视野。

一般机构大多都是刚性的。实际上,柔性机构及光、电、磁和利用摩擦、重力、惯性等原理的广义机构在许多场合下可使机构更简单、性能更优越,如电子凸轮、电子齿轮等就是常用的广义机构。

2. 设法缩小机构的尺寸

在满足基本工作要求前提下尽可能缩小机械尺寸,将有助于提高机械设计的经济性指标,这是机构设计的基本准则。

3. 使机构具有较好的动力特性

机构在机械系统中承担着传递运动和动力的双重任务,因此设计时应尽量选用具有较好动力特性的机构。

(1) 采用压力角较小的机构

压力角较小的机构有效分力较大,因而能提高机械的传力效率、降低功耗,这在受力大的机构中显得尤其重要。如在获得执行构件为往复摆动的连杆机构中,摆动导杆机构最为理想,因其压力角始终为零(图 6-2)。而从减少运动副摩擦、防止机构出现自锁现象方面考虑,则应尽可能采用回转副的连杆机构,因为回转副制造方便、摩擦小、便于润滑。

(2) 采用增力机构

对于工作行程不大,而短时间要求克服很大工作阻力的机构,如冲压机械中的主机构、起重机械装置等,应采用"增力"的方法,即瞬时有较大机械增益的机构。图 6-3 所示为某压力机的主机构,曲柄 AB 为原动件,滑块 5 为冲头。当冲压工件时,机构所处的位置恰是 α 和 θ 角都很小的位置。通过受力分析可知,虽然冲头受到较大的冲压阻力 F,但曲柄 1 传给连杆 2 的驱动力 F_{12} 很小,当 $\theta=0°$、$\alpha=0°$ 时,$F_{12}\approx0.07F$。由此可知,采用这种增力方法后,瞬时需要克服的工作阻力很大,但电动机的功率并不需要很大。

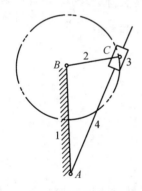

图 6-2 压力角始终为零的摆动导杆机构

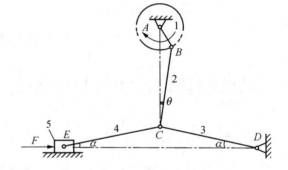

图 6-3 压力机主机构

(3) 采用对称布置的机构

对于高速运转的机构,无论是作往复运动和平面运动的构件还是偏心的回转构件,其惯性力或惯性力矩都较大,在选择机构时应尽量考虑机构的对称性,以减小运转过程中的动载荷和振动。

6.4.2 常见机构分析

在实际的机械设计时,要求所选用的机构能实现某种运动或某些功能,表 6-1 和表 6-2 简要介绍了常见机构的运动、性能、特点等,为我们的设计提供参考。

表 6-1　常见机构运动分析表

具体项目		连杆机构	凸轮机构	齿轮机构	其他机构
执行构件能实现的运动或功能	匀速转动	平行四边形机构		可以实现	摩擦轮 有级、无级变速机构
	非匀速转动	铰链四杆机构 转动导杆机构		非圆齿轮机构	组合机构
	往复移动	曲柄滑块机构	移动从动件凸轮机构	齿轮齿条机构	组合机构 气、液动机构
	往复摆动	曲柄摇杆机构 双摇杆机构	摇动从动件凸轮机构	齿轮式往复运动机构	组合机构 气、液动机构
	间歇运动	可以实现	间歇凸轮机构	不完全齿轮机构	齿轮、槽轮、组合机构等
	差动机构	差动连杆机构		摇动齿轮机构	差动螺旋机构 差动棘轮机构
	增力及夹持	杠杆机构 肘杆机构	可以实现	可以实现	组合机构

表 6-2　常见机构性能、特点表

评价指标	具体项目	评价			
		连杆机构	凸轮机构	齿轮机构	组合机构
A. 运动性能	运动规律轨迹	任意性较差,只能实现有限个精确位置	基本上任意	一般为定比转动或转移	基本上任意
	运动精度 运转速度	较低 较低	较高 较高	高 很高	较高 较高
B. 工作性能	效率 使用范围	一般 较广	一般 较广	高 广	一般 较广
C. 动力性能	承载能力 传力特性 振动、噪音 耐磨性	较大 一般 较大 好	较小 一般 较小 差	大 较好 小 较好	较大 一般 较小 较好
D. 经济性	加工难易 维护方便 能耗	易 方便 一般	难 较麻烦 一般	较难 较方便 一般	较难 较方便 一般
E. 结构紧凑	尺寸 重量 结构复杂性	较大 较轻 复杂	较小 较重 一般	较小 较重 简单	较小 较重 复杂

6.4.3　日常生活中机构创新设计实例

例 6-1　免卸带滤罩旅行茶杯的机构设计

中国人在出行时常喜欢携带有滤罩的旅行杯,但带滤罩的旅行杯使用时也有不便之处,如放茶叶时必须用手去取滤罩,不卫生。因此有人就此进行了创新,设计出了"自旋式滤叶杯"(图6-4)。

如图6-4(b)所示为自旋滤罩的工作原理。设计者巧妙地选用了齿轮-齿条传动来实现滤罩的转动：在设置在杯外的不锈钢环形旋套1上制出一段环形齿条,滤罩轴上固连着一小齿轮2,旋套一旋。滤罩翻转,茶叶就可以方便投入,清洗时也可如法操作。齿轮-齿条机构本身十分简单,但能巧妙地用在此处就需要有创新意识,如果你有了创新的冲动,又萌发了用旋动使滤罩转动的想法,那你选用齿轮-齿条传动的构思就会十分自然地产生。

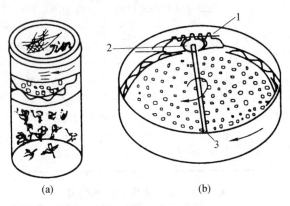

(a)　　　　　　　　　(b)

图6-4　自旋式滤叶杯

例6-2　采用行星齿轮机构的刨铅笔机

设计者采用行星齿轮机构切削铅笔的创意是在传统削铅笔器基础上产生的。传统削铅笔器利用切削刃的刃线与铅笔轴线倾斜一个角度,铅笔一旋转,切削刃就按反方向将铅笔屑削下来。本例的创意在于用行星齿轮作为工作构件。

如图6-5所示,被削铅笔所套环孔为行星架1;削铅笔的摇柄3与行星架固连,为主动件;在行星架上,连接着一行星锥齿轮4,它的位置在被削铅笔位置的另一侧;锥齿圈2固定在机架上。当摇柄3转动,绕固定锥齿圈2公转的行星锥齿轮4上固接着切削铅笔的滚刀5。由于铅笔固连在行星架上,对滚刀5而言是相对不动的,因此,正是行星轮的自转完成了铅笔的切削动作。该机构使切削受力均匀、省力高效,是一个十分成功的创新设计。

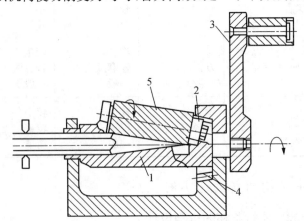

1—行星架　2—固定锥齿圈　3—摇柄　4—行星锥齿轮　5—滚刀

图6-5　刨铅笔机主机构结构图

例 6-3 获得全国大学生创新设计大赛一等奖的作品(图 6-6~图 6-10)

图 6-6 行星轮式登月车

图 6-7 福娃反恐救助车

图 6-8 "神舟"航天员多姿态训练模拟器

图 6-9 城市乌篷

图 6-10 网球拾球器

附　　录

附录 1　结构设计正误对比

1. 链轮不能水平布置

在重力作用下,链条会产生垂度,为了防止链轮与链条啮合时产生干涉、卡链甚至掉链现象,应禁止将链轮水平布置。如附图 1-1 所示,图(a)为缺陷设计,图(b)为合理设计。

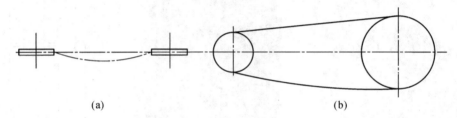

(a)　　　　　　　　　　　　　　　(b)

附图 1-1　链轮布置形式示意图

2. 同步带轮应有不同形式的挡圈结构

同步带在运转过程中,有轻度的侧向推力,为了避免带的滑落,应根据不同的情况考虑在带轮侧面(根据需要在一侧或二侧)安装挡圈。如附图 1-2 所示,图(a)为缺陷设计,图(b)为合理设计。

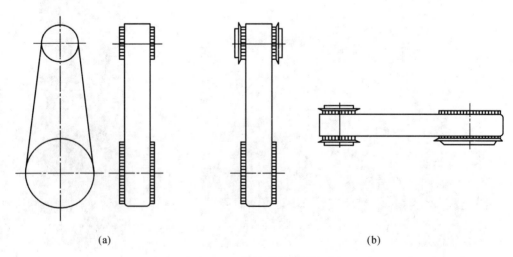

(a)　　　　　　　　　　　　　　　(b)

附图 1-2　同步带轮挡圈结构

3. 中间轴上两斜齿轮的螺旋线方向应相同

在多级减速器的设计中,若一根轴上装有两个斜齿轮,要使轴的两端轴承受力合理,两齿轮的轴向力必须相反,因此两斜齿轮的螺旋线方向应相同。如附图 1-3 所示,图(a)为缺陷设计,图(b)为合理设计。

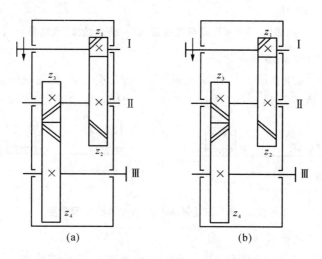

附图 1-3　中间轴上的斜齿轮螺旋线方向确定

4. 冷却用的风扇必须装在蜗杆上

当蜗杆传动靠自然风冷却满足不了热平衡温度要求时,可以用风扇吹风冷却,吹风用的风扇必须装在蜗杆上,而不能装在蜗轮上。如附图 1-4 所示,图(a)为缺陷设计,图(b)为合理设计。

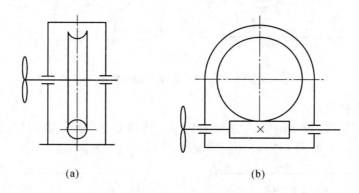

附图 1-4　蜗杆传动冷却用风扇安装示意图

5. 轴上零件设置

一般情况下,轴上零件采用等距离设置,因为非对称设置的驱动结构中驱动力到两边的力流路程不同,所以轴的两端将会引起扭转变形差。如附图 1-5 所示,图(a)为缺陷设计,图(b)为合理设计。

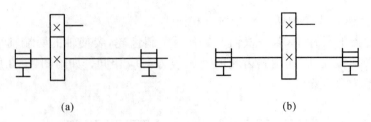

(a)   (b)

附图 1-5　等距离与非等距离中央驱动的轴示意图

6. 滚动轴承不宜和滑动轴承组合使用

滑动轴承的径向间隙和磨损均比滚动轴承大许多,会导致滚动轴承歪斜,承受过大的附加载荷,而滑动轴承负载不足。如附图 1-6 所示,图(a)为缺陷设计,图(b)为合理设计。

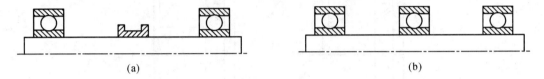

(a)   (b)

附图 1-6　滚动轴承和滑动轴承组合示意图

7. 轴承座应满足刚度要求

箱体轴承座应考虑一定的厚度,才能满足轴承支座具有足够的刚度,为此,轴承座应附加支撑肋。如附图 1-7 所示,图(a)为缺陷设计,图(b)为合理设计。

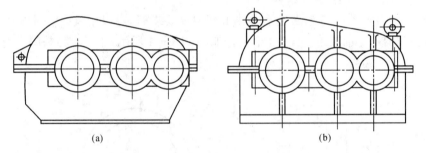

(a)   (b)

附图 1-7　箱体轴承支座示意图

8. 螺栓组合理的受力

螺栓联接承受弯矩或转矩时,应使螺栓的位置适当靠近联接接合面的边缘,以减少螺栓的受力。如附图 1-8 所示,图(a)为缺陷设计,图(b)为合理设计。

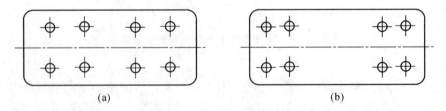

(a)   (b)

附图 1-8　螺栓布置

9. 不应在断面转折处布置焊缝

在断面转折处布置焊缝,容易断裂。如确实需要,则焊缝在断面转折处不应中断,否则易产生裂纹。如附图 1-9 所示,图(a)为缺陷设计,图(b)为合理设计。

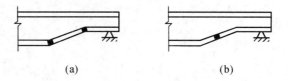

附图 1-9　在断面转折处布置焊缝

10. 箱体结构设计

箱体设计应尽量避免出现狭缝,否则砂型强度不够,在取模和浇铸时极易形成废品。如附图 1-10 所示,图(a)为缺陷设计,图(b)为合理设计。

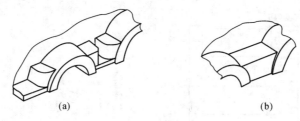

附图 1-10　箱体结构设计

11. 箱壁或肋的设计

箱体各部分壁厚要均匀,转角过渡要平缓,以避免冷却不均造成内应力和金属局部积聚容易形成缩孔,所以不宜采用锐角的壁或肋的结构。如附图 1-11 所示,图(a)为缺陷设计,图(b)为合理设计。

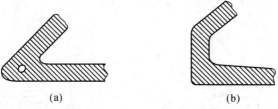

附图 1-11　箱壁结构设计示意图

12. 螺栓扳手空间的设计

为了使螺栓便于装拆,必须考虑螺栓扳手操作空间。如附图 1-12 所示,图(a)为缺陷设计,图(b)为合理设计。

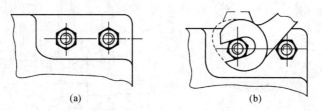

附图 1-12　活动扳手空间设计示意图

13. 一级圆柱齿轮减速器装配图常见错误示例

具体内容参见附图 1-13。

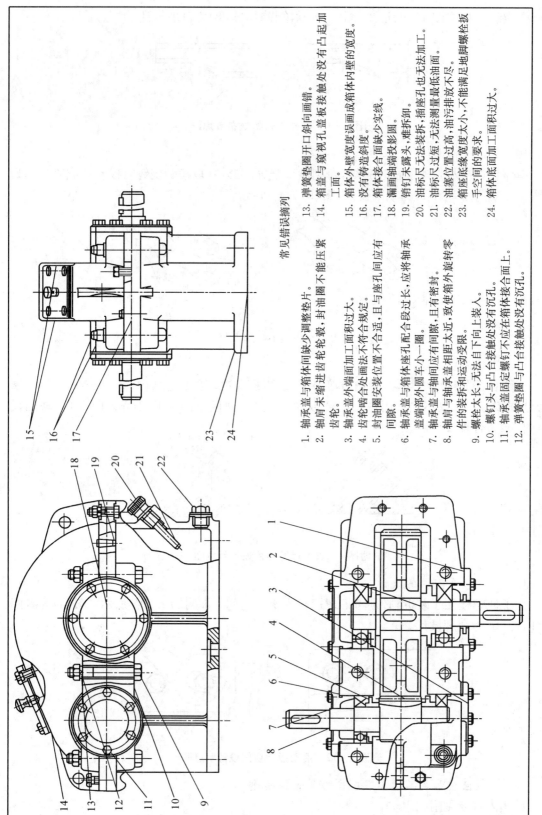

常见错误摘列

1. 轴承盖与箱体间缺少调整垫片。
2. 轴肩未缩进齿轮轮毂,封油圈不能压紧齿轮。
3. 轴承盖外端面加工面积过大。
4. 齿轮啮合处画法不符合规定。
5. 封油圈安装处装位置不合适,且与轴座孔间应有间隙。
6. 轴承盖与箱体座孔配合段过长,应将轴承盖端部外圆车小一圈。
7. 轴承盖与轴承座间应有间隙,且有密封。
8. 轴肩与轴承座相距太近,致使箱外旋转零件的装拆和运动受限。
9. 螺栓太长,无法自下向上装入。
10. 螺钉头与凸台接触处没有沉孔。
11. 轴承盖固定螺钉不应在箱体接合面上。
12. 弹簧垫圈与凸台接触处没有沉孔。
13. 弹簧垫圈开口斜向画错。
14. 箱盖与窥视孔接触板成凸面画错。
15. 箱体外壁宽度误画成箱体内壁的宽度。
16. 没有铸造斜度。
17. 箱体接合面缺少实线。
18. 漏画轴端投影圆。
19. 销钉未露头,难拆卸。
20. 油标尺无法装拆,插座孔无法加工。
21. 油标尺过短,无法测量最低油面。
22. 油塞位置过高,油污排放不尽。
23. 箱座底缘宽度太小,不能满足地脚螺栓板手空间加工面积过大。
24. 箱体底面加工面积过大。

附图 1 - 13　圆柱齿轮减速器的常见错误

14. 栓联接(附图 1-14)

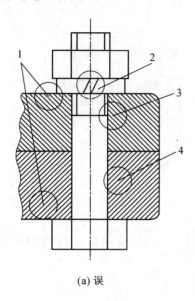 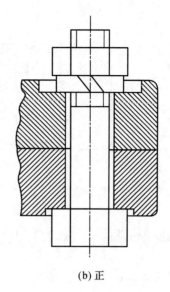

(a) 误　　　　　　　　　(b) 正

附图 1-14

错误原因分析：1 处联接螺栓支承面未加工,应有沉头座孔;2 处弹簧垫圈开口方向画反了;3 处螺纹牙底应为细实线;4 处没有表示间隙,应画两条粗实线。

15. 轴承座凸台及螺栓联接(附图 1-15)

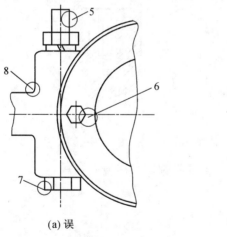 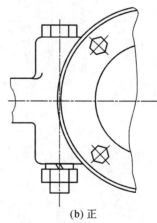

(a) 误　　　　　　　　　(b) 正

附图 1-15

错误原因分析：5 处螺栓太长,既不美观又不便于工作;6 处螺栓不能设置在剖分面上,加工工艺也不允许;7 处螺栓不能从上往下装,应将螺栓调头装配;8 处没画凸台过渡线。

16. 定位销(附图 1-16)

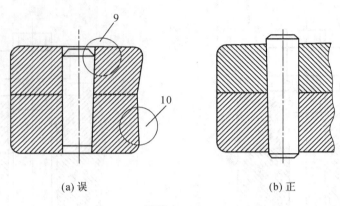

(a) 误　　　　　　　　(b) 正

附图 1-16

错误原因分析：9 处销钉应出头，才能安装和拆卸；10 处相邻零件剖面线方向不能一致。

17. 吊环螺钉(附图 1-17)

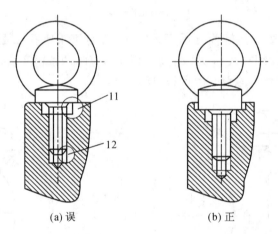

(a) 误　　　　　　　　(b) 正

附图 1-17

错误原因分析：11 处无螺钉沉头座孔；12 处螺纹孔深应有余量。

18. 油塞(附图 1-18)

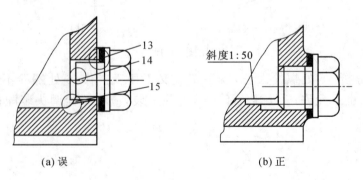

(a) 误　　　　　　　　(b) 正

附图 1-18

　　错误原因分析：13 处螺纹大径大于垫圈内径，油塞无法拧入；14 处油塞的位置偏高，箱内油污放不干净，底部应有 1：50 的斜度；15 处少画螺纹线。

19. 窥视孔盖（附图 1-19）

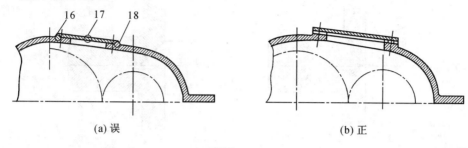

(a) 误　　　　　　　　　(b) 正

附图 1-19

　　错误原因分析：16 处箱盖在窥视孔处无凸起，不便加工；17 处窥视孔的位置距齿轮啮合处太远，不便观察；18 处窥视孔盖下无垫片，易漏油。

20. 油标尺（附图 1-20）

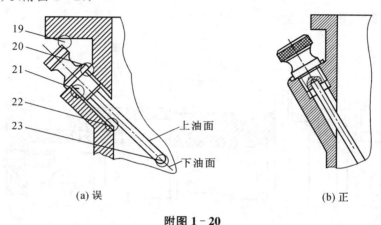

上油面

下油面

(a) 误　　　　　　　　　(b) 正

附图 1-20

　　错误原因分析：19 处油标尺与吊耳的相对位置太近，无法装拆；20 处油标尺螺纹部分缺退刀槽，孔座也难以加工；21 处少画螺纹线；22 处漏画箱壁投影线，内螺纹太长；23 处油标尺太短，检测不到较低的油面。

21. 吊环螺钉孔（附图 1-21）

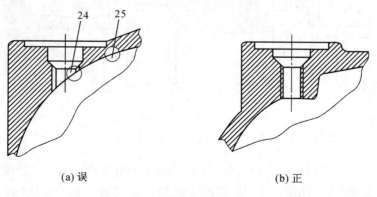

(a) 误　　　　　　　　　(b) 正

附图 1-21

错误原因分析：24 处工艺性较差,很容易使刀具折断;25 处厚度不够,强度不足。

22. 油沟(附图 1－22)

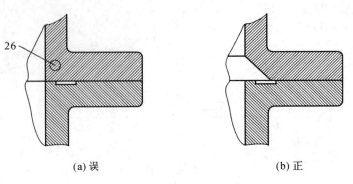

(a) 误　　　　　　　　　　(b) 正

附图 1－22

错误原因分析：26 处箱盖内壁应为一斜面,使溅起的油能顺利地沿箱盖内壁经斜面流入输油沟内。

23. 轴系零件(附图 1－23)

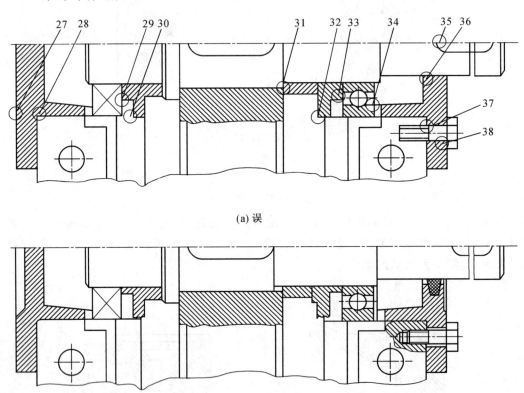

(a) 误

(b) 正

附图 1－23

错误原因分析：27 处从工艺角度分析,应尽量减小加工面积;28 处相配合的两零件的拆角处不应加工成尖角或相同的圆角,以减少拆角处应力集中和干涉接触;29 处挡油环与轴承接触部分太高,不利于轴承转动;30 处漏画轴承座孔的投影线;31 处三面接触套筒厚度不够,同时轴头应比齿轮宽度短 2 mm 左右;32 处挡油环与轴承孔间要留间隙,环的外端面应伸出箱体内壁 1～2 mm,以保证将油甩出;33 处挡油环与轴承接触部分太高,不利于轴承转动;34 处为适应轴受热伸长的需要,应留一定间隙,根据滚动轴承支承结构的不同形式,预留间隙不一样,表达也不一样;35 处键太长,不应伸到轴承盖里面去;36 处轴与轴承盖之间要留间隙,装密封件;37 处漏画局部剖面线,螺纹孔应深些;38 处漏画螺孔与螺钉间隙。

24. 输油沟的形状与加工画法(附图 1-24)

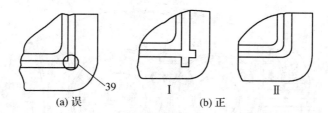

附图 1-24

　　错误原因分析:39 处输油沟画为直角是错误的。输油沟若是由铣刀加工而成,应画为图(b)Ⅰ形状,若是铸造而成,应画为图(b)Ⅱ形状。

25. 轴承配合处的结构(附图 1-25)

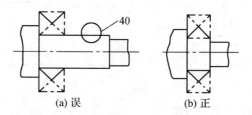

附图 1-25

错误原因分析:40 处安装轴承的轴头太长不便于轴承的装拆,应将轴头缩短。

26. 圆柱齿轮啮合的画法(附图 1-26)

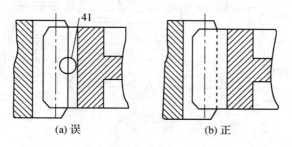

附图 1-26

错误原因分析:41 大齿轮在啮合时齿顶圆是看不见的,应画为虚线。

附录 2　减速器装配图与零件图示例

1. 一级直齿圆柱齿轮减速器

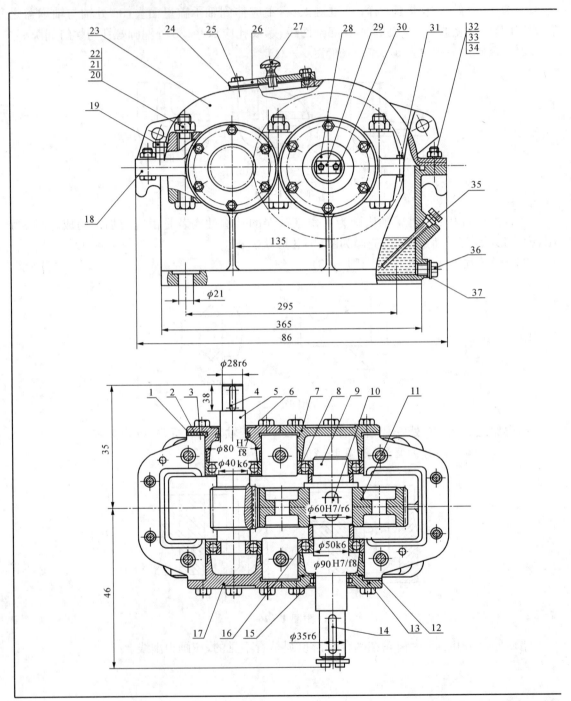

附图 2 - 1　一级直齿圆柱

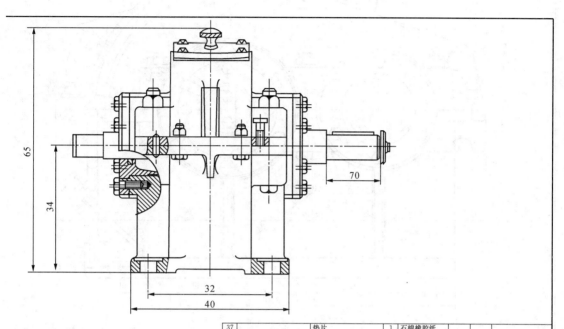

技术特性

功率：2.85 kW。

高速轴转速：411.6 r/min。

传动比：3.5。

技术要求

1. 装配前，所有零件用煤油清洗，滚动轴承用汽油清洗，机体内不许有任何杂物存在。内壁涂上不被机油浸蚀的涂料两次；

2. 啮合侧隙用铅丝检验不小于 0.16 mm，铅丝不得大于最小侧隙的 4 倍；

3. 用涂色法检验斑点，按齿高接触斑点不小于 40%，按齿长接触斑点不小于 50%，必要时可用研磨或刮后研磨以便改善接触情况；

4. 应调整轴承轴向间隙：$\phi 40$ 为 $0.05\sim 0.1$ mm，$\phi 55$ 为 $0.08\sim 0.15$ mm；

5. 检查减速器部分面、各接触面及密封处均不许漏油。部分面允许涂以密封油漆或水玻璃，不允许使用任何填料；

6. 机座内装 HJ-50 润滑油至规定高度；

7. 表面涂灰色油漆。

齿轮减速器装配图

序号	图　号	名　称	数量	材料	单位　总计 重量	备　注
37		垫片	1	石棉橡胶纸		
36		螺塞	1	A₃		
35		油标尺	1			组合件
34	GB/T 93—1987	垫圈 M12	4	A₃		
33	GB/T 41—2000	螺母 M12	4	A₃		
32	GB/T 5780—2000	螺栓 M12×40	4	A₃		
31	GB/T 117—2000	销 8×30	2			
30	GB/T 838—1988	螺钉 M6×16	2			
29		止动垫片	1	A₃		
28		轴端挡圈	1	A₃		
27		通气器	1	A₃		
26		窥视板	1	A₃		
25	GB/T 838—1988	螺钉 M8×16	4			
24		窥视板密封垫	1	石棉橡胶纸		
23		机盖	1	HT200		
22	GB/T 93—1987	垫圈 M16	6	A₃		
21	GB/T 41—2000	螺母 M16	6	A₃		
20	GB/T 5780—2000	螺栓 M16×130	6	A₃		
19	GB/T 838—1988	螺钉 M10×30	2			
18		机座	1	HT200		
17		轴承端盖（小）	1	HT200		
16	GB/T 276—1994	轴承 6210	2			
15		粘封油圈	1	半粗羊毛毡		
14	GB/T 1095—2003	键 10×55	1			
13		轴承透盖（大）	1	HT200		
12		调整垫片（大轴端）	2 组	08F		
11		齿轮	1	ZG35SiMn		$m=2.5, z=84$
10	GB/T 1095—2003	键 18×45	1			
9		轴	1	45		
8	GB/T 276—1994	轴承 6208	2			
7		轴承端盖（大）	1	HT200		
6		粘封油圈	1	半粗羊毛毡		
5		齿轮轴	1	400MnB		$m=2.5, z=24$
4	GB/T 1095—2003	键 8×35	1			
3	GB/T 838—1988	螺钉 M10×30	24			
2		轴承透盖（小）	1	HT200		
1		调整垫片（小轴端）	2 组	08F		

标记	处数	分区	更改文件号	签名	年月日				一级圆柱齿轮减速器			（单位名称）
设计			标准化									第　张
校对							阶段标记	重量	比例		共　张
审核											
工艺			批准									（图样代号）

2. 一级斜齿圆柱齿轮减速器

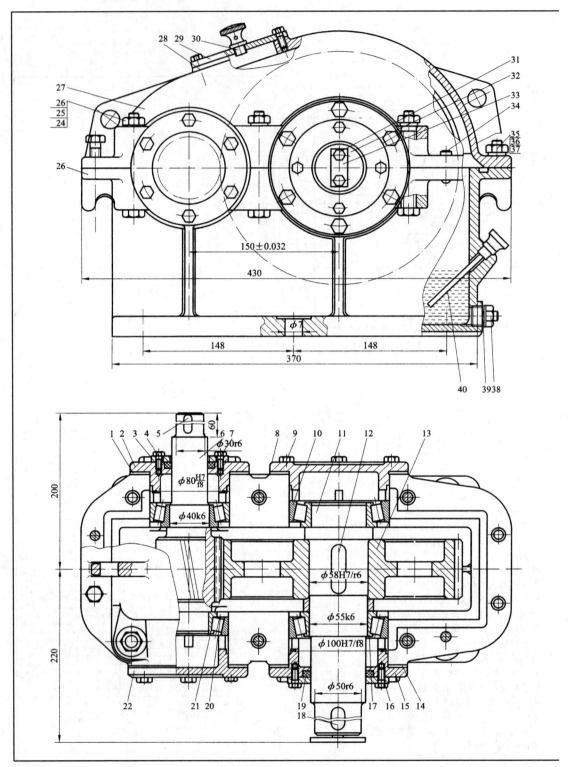

附图 2-2 一级斜齿圆柱

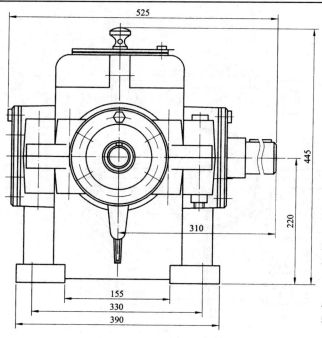

技术特性

功率/kW	高速轴转速/(r/min)	传动比
7.5	970	4.25

技术要求

1. 装配前,清洗所有零件,机体内壁涂防锈油漆;
2. 装配后,检查齿轮齿侧间隙 $j_{min}=0.16$ mm;
3. 用涂色法检验齿面接触斑点,在齿高和齿长方向接触斑点不小于50%,必要时可研磨或刮后研磨,以改善接触情况;
4. 轴承轴向间隙 0.2~0.3 mm;
5. 减速器的机体、密封处及剖分面不得漏油,剖分面可以涂密封漆或水玻璃,但不得使用垫片;
6. 机座内装 L-AN68 润滑油至规定高度,轴承用 ZN-3 钠基脂润滑;
7. 机体表面涂灰色油漆。

44	轴承 7206C	2			21	垫片	1	半粗羊毛毡	
43	毡封油圈	1	半粗羊毛毡	GB/T292—1994	20	油标尺 M12	1	Q235	
42	键 8×56	1	45	FZ/T92010—1991	19	垫圈 10	2	65Mn	GB/T93—1987
41	轴	1	45	GB/T1096—2003	18	螺母 M10	2	Q235	GB/T6170—2000
40	套筒	1	Q235		17	螺栓 M10×35	2	Q235	GB/T5782—2000
39	挡油板	2	Q235		16	螺栓 M8×25	12	Q235	GB/T5782—2000
38	小圆锥齿轮	1	45		15	通气器及孔盖	1	Q235	组件
37	键 6×20	1	45	$m_n=2.5, z=22$	14	毡封油圈	1	半粗羊毛毡	FZ/T92010—1991
36	挡圈 B30	1	Q235	GB/T1096—2003	13	螺栓 M5×16	4	Q235	GB/T5782—2000
35	垫圈 10	2	65Mn	GB891—1986	12	螺栓 M12×100	6	Q235	BG5/T5782—2000
34	螺栓 M10×25	1	Q235	GB/T93—1987	11	螺母 M12	6	Q235	GB/T6170—2000
33	键 10×56	1	45	GB/T5782—2000	10	垫圈 12	6	65Mn	GB/T93—1987
32	轴	1	45	GB/T1096—2003	9	销 6×30	2	35	GB/T117—2000
31	套筒	1	Q235		8	螺栓 M10×35	1	Q235	GB/T5782—2000
30	毡封油圈	1	半粗羊毛毡	FZ/T92010—1991	7	调整垫圈	1组	08F	成组
29	轴承端盖	1	HT200		6	调整垫圈	1组	08F	成组
28	调整垫圈	2组	08F	成组	5	螺栓 M8×35	6	Q235	GB/T5782—2000
27	轴承 7207C	2		GB/T276—1994	4	套杯	1	HT200	
26	挡油板	2	Q235		3	轴承端盖	1	HT200	
25	大圆锥齿轮	1	45	$m_n=2.5, z=71$	2	机盖	1	HT200	
24	键 10×32	1	45	GB/T1096—2003	1	机座	1	HT200	
23	轴承端盖	1	HT200		序号	名称	数量	材料	备注
22	螺塞 M14×1.5	1	Q235	JB/T5782—1990					
序号	名称	数量	材料	备注					

（标题栏）

齿轮减速器

3. 一级圆锥齿轮减速器

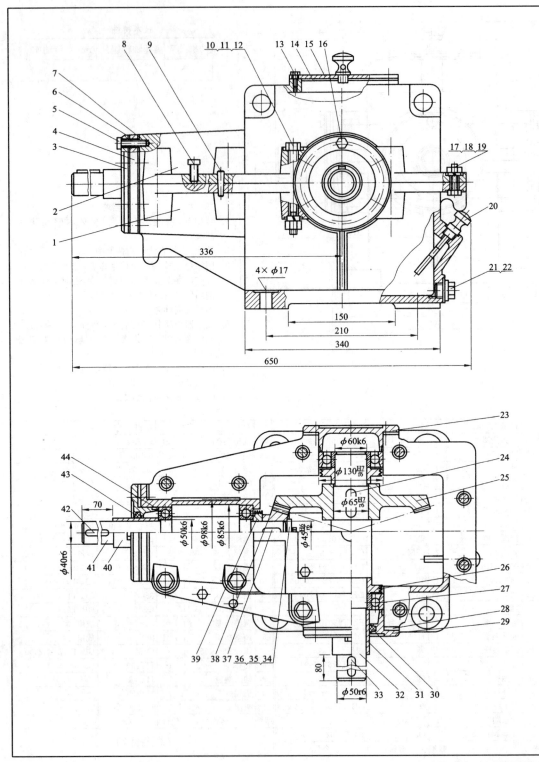

附图 2-3　一级圆锥齿轮

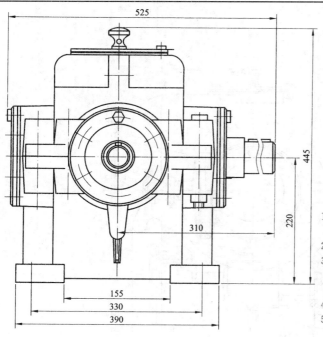

技术特性

功率/kW	高速轴转速/(r/min)	传动比
7.5	970	4.25

技术要求

1. 装配前,清洗所有零件,机体内壁涂防锈油漆;
2. 装配后,检查齿轮齿侧间隙 $j_{min}=0.16$ mm;
3. 用涂色法检验齿面接触斑点,在齿高和齿长方向接触斑点不小于50%,必要时可研磨或刮后研磨,以改善接触情况;
4. 轴承轴向间隙 $0.2\sim0.3$ mm;
5. 减速器的机体、密封处及剖分面不得漏油,剖分面可以涂密封漆或水玻璃,但不得使用垫片;
6. 机座内装 L-AN68 润滑油至规定高度,轴承用 ZN-3 钠基脂润滑;
7. 机体表面涂灰色油漆。

序号	名称	数量	材料	备注		序号	名称	数量	材料	备注
44	轴承 7206C	2				21	垫片	1	半粗羊毛毡	
43	毡封油圈	1	半粗羊毛毡	GB/T292—1994		20	油标尺 M12	1	Q235	
42	键 8×56	1	45	FZ/T92010—1991		19	垫圈 10	2	65Mn	GB/T93—1987
41	轴	1	45	GB/T1096—2003		18	螺母 M10	2	Q235	GB/T6170—2000
40	套筒	1	Q235			17	螺栓 M10×35	2	Q235	GB/T5782—2000
39	挡油板	2	Q235			16	螺栓 M8×25	12	Q235	GB/T5782—2000
38	小圆锥齿轮	1	45			15	通气器及孔盖	1	Q235	组件
37	键 6×20	1	45	$m_n=2.5, z=22$		14	毡封油圈	1	半粗羊毛毡	FZ/T92010—1991
36	挡圈 B30	1	Q235	GB/T1096—2003		13	螺栓 M5×16	4	Q235	GB/T5782—2000
35	垫圈 10	2	65Mn	GB891—1986		12	螺栓 M12×100	6	Q235	BG5/T5782—2000
34	螺栓 M10×25	1	Q235	GB/T93—1987		11	螺母 M12	6	Q235	GB/T6170—2000
33	键 10×56	1	45	GB/T5782—2000		10	垫圈 12	6	65Mn	GB/T93—1987
32	轴	1	45	GB/T1096—2003		9	销 6×30	2	35	GB/T117—2000
31	套筒	1	Q235			8	螺栓 M10×35	1	Q235	GB/T5782—2000
30	毡封油圈	1	半粗羊毛毡	FZ/T92010—1991		7	调整垫圈	1组	08F	成组
29	轴承端盖	1	HT200			6	调整垫圈	1组	08F	成组
28	调整垫圈	2组	08F	成组		5	螺栓 M8×35	6	Q235	GB/T5782—2000
27	轴承 7207C	2		GB/T276—1994		4	套杯	1	HT200	
26	挡油板	2	Q235			3	轴承端盖	1	HT200	
25	大圆锥齿轮	1	45	$m_n=2.5, z=71$		2	机盖	1	HT200	
24	键 10×32	1	45	GB/T1096—2003		1	机座	1	HT200	
23	轴承端盖	1	HT200			序号	名称	数量	材料	备注
22	螺塞 M14×1.5	1	Q235	JB/T5782—1990						
序号	名称	数量	材料	备注						

（标题栏）

减速器装配图

4. 一级蜗杆减速器

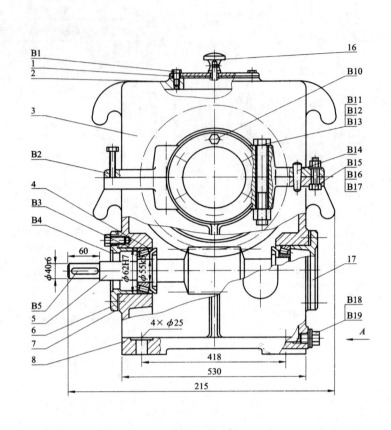

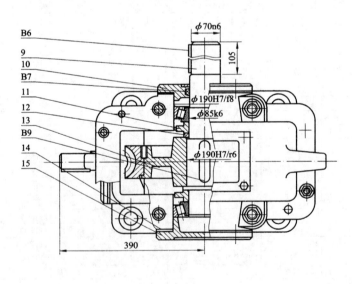

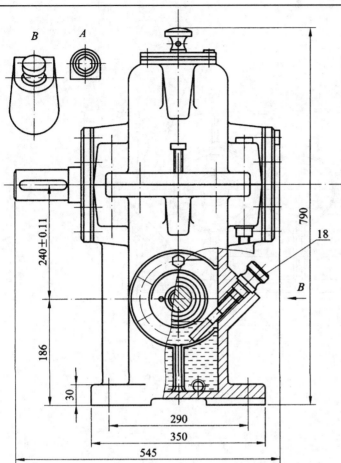

技术特性

功率/kW	高速轴转速/(r/min)	传动比
3.9	970	18.5

技术要求

1. 装配前,清洗所有零件,机体内壁涂防锈油漆;
2. 装配后,检查齿轮齿侧间隙 $j_{min}=0.14$ mm;
3. 用涂色法检验齿面接触斑点,齿高接触斑点不小于 55%,齿长接触斑点不小于 50%,必要时可研磨或刮后研磨,以改善接触情况;
4. 蜗杆轴承的轴向间隙 $0.04\sim0.07$ mm,蜗轮轴承的轴向间隙 $0.05\sim0.07$ mm;
5. 减速器的机体、密封处及剖分面不得漏油。剖分面可以涂密封漆或水玻璃,但不得使用垫片;
6. 机座内装 L-AN100 润滑油至规定高度,轴承用 ZN-3 钠基脂润滑;
7. 机体表面涂灰色油漆。

序号	名称	数量	材料	备注
18	油标尺 M12	1	Q235	
17	轴承端盖	1	HT200	
16	通气器	1	HT200	
15	轴承端盖	1	Q235	
14	调整垫圈	2组	08F	成组
13	蜗轮	1	ZcuSn10Pb1	$M=5, z=37$
12	套筒	1	Q235	
11	挡油环	2	Q235	
10	轴承端盖	1	HT200	
9	轴	1	45	
8	机座	8	HT200	
7	调整垫圈	1组	08F	成组
6	轴承端盖	1	HT200	
5	蜗杆轴	1	45	$M=5, z=1$
4	挡油环	2	Q235	
3	机盖	1	HT200	
2	窥视孔盖	1	Q235 组件	
1	毡封油圈	1	半粗羊毛毡	
序号	名称	数量	材料	备注

序号	名称	数量	材料	备注
B19	螺塞 M18×1.5	1	Q235	JB/T5782—1990
B18	油封 25×16	1	石棉橡胶纸	
B17	垫圈 10	2	65Mn	GB/T93—1987
B16	螺母 M10	2	Q235	GB/T6170—2000
B15	螺栓 M10×35	2	Q235	GB/T5782—2000
B14	销 6×30 2	35		GB/T117—2000
B13	螺栓 M12×100	6	Q235	GB/T5782—2000
B12	螺母 M12	6	Q235	GB/T6170—2000
B11	垫圈 12	6	65Mn	GB/T93—1987
B10	螺栓 M8×20	24	Q235	GB/T5782—2000
B9	键 14×70	1	45	GB/T1096—2003
B8	轴承 30209	2		GB/T276—1994
B7	毡封油圈	1	半粗羊毛毡	FZ/T92010—1991
B6	键 8×50	1	45	GB/T1096—2003
B5	键 6×36	1	45	GB/T1096—2003
B4	毡封油圈	1	半粗羊毛毡	FZ/T92010—1991
B3	轴承 30207	2		GB/T276—1994
B2	螺栓 M10×35	1	Q235	GB/T5782—2000
B1	螺栓 M5×16	4	Q235	GB/T5782—2000
序号	名称	数量	材料	备注

（标题栏）

减速器装配图

5. 二级圆柱齿轮减速器

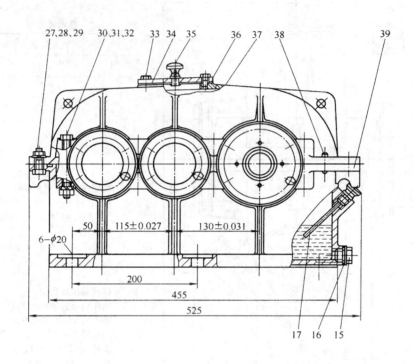

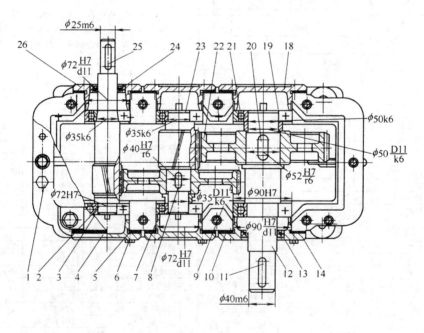

附图 2-5　二级圆柱齿轮

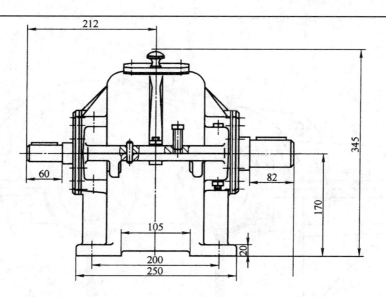

技术特性

输入功率 /kW	输入轴转速 /(r·min⁻¹)	效率 η	总传动比 i	传动特性 第一级				传动特性 第二级			
				m_n	β	齿数	精度等级	m_n	β	齿数	精度等级
1.856	1430	0.931	16.68	2	10°42′05″	Z_1 23	8GH	2.5	15°56′33″	Z_3 19	8GH
						Z_2 90	8HJ			Z_4 81	8HJ

注:精度等级参见 GB 10095—1988.

技术条件

1. 装配前,箱体与其他铸件不加工面应清理干净,除去毛边毛刺,并浸涂防锈漆;
2. 零件在装配前用煤油清洗,轴承用汽油清洗干净,晾干后配合表面应涂油;
3. 减速器剖分面、各接触面及密封处均不允许漏油、渗油,箱体剖分面允许涂以密封油漆或水玻璃,不允许使用其他任何填料;
4. 齿轮装配后应用涂色法检查接触斑点,圆柱齿轮沿齿高不小于30%,沿齿长不小于50%;齿侧间隙为:第一级 $j_{min}=0.14$ mm,第二级 $j_{min}=0.160$ mm;
5. 调整、固定轴承时应留有轴向游隙 0.2～0.5 mm;
6. 减速器内装220工业齿轮油,油量达到规定的深度;
7. 箱体内壁涂耐油油漆,减速器外表面涂灰色油漆;
8. 按试验规程进行试验。

序号	图号	名称	数量	材料	单件总计重量	备注
30	GB/T 5782—2000	螺栓 M12×10	8			
29	GB 6170—1986	螺母 M10	2			
28	GB 93—1987	垫圈 10	2	65Mn		
27	GB/T 5782—2000	螺栓 M10×35	2			
26		轴承盖	1	HT150		
25	GB/T 1096—2003	键 8×45	1	45		
24	GB 9877.1—1988	密封圈 B32×52×8	1			外购
23		轴	1	45		
22		齿轮	1	45		
21	GB/T 276—1994	深沟球轴承 6210	2			外购
20	GB/T 1096—2003	键 16×36	1	45		
19		轴套	1	Q235A		
18		闷盖	1	HT150		
17		油尺 M16	1	Q235A		
16		油封垫	1	石棉橡胶板		
15		螺塞 M20×1.5	1	Q235A		
14		通盖	1	HT150		
13	GB 9877.1—1988	密封圈 B45×6.5×8	1			外购
12		轴	1	45		
11	GB/T 1096—2003	键 12×50	1	45		
10		垫片		08F		成组
9		齿轮	1	45		
8	GB/T 1096—2003	键 12×28	1	45		
7		轴套	1			
6	GB/T 5782—2000	螺栓 M8×20	36			
5		垫片	4	08F		
4		闷盖	3	HT150		
3	GB/T 276—1994	深沟球轴承 6207	4			
2		齿轮轴	1	45		外购
1	GB/T5782—2000	螺栓 M10×30	1			

序号	图号	名称	数量	材料	单件总计重量	备注
39		箱座	1	HT150		
38	GB H7—2000	销 8×35	2	35		
37		箱盖	1	HT150		
36		视孔盖	1	Q235A		
35		通气器	1			组合件
34	QB 365—1981	垫片	1	软钢纸板		
33	GB/T 5783—2000	螺栓 M6×20	6			
32	GB/T 6170—2000	螺母 M12	8			
31	GB/T 93—1987	垫圈 12	8	65Mn		

(单位名称)

二级斜齿圆柱齿轮减速

(图样代号)

标记	处数	分区	更改文件号	签名	年月日			
设计				标准化				
校对								
审核				阶段标记		重量比例		
工艺				批准		共 张 第 张		

减速器装配图

6. 圆锥-圆柱齿轮减速器

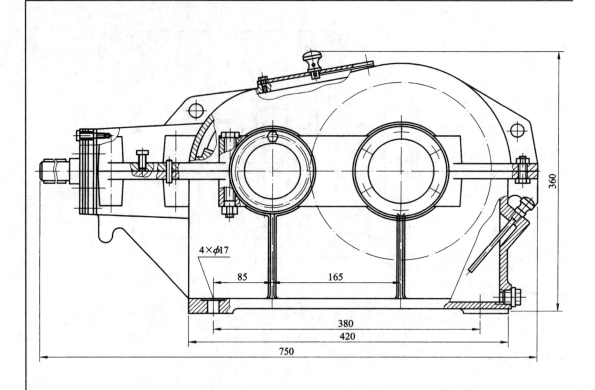

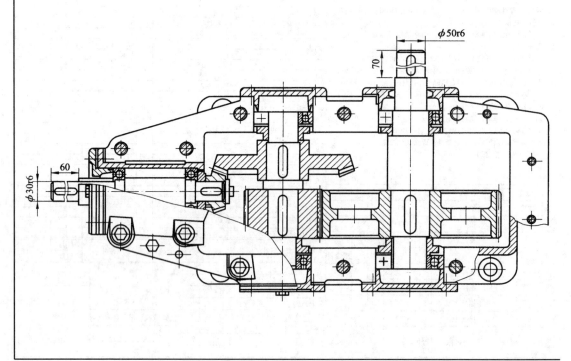

附图 2 - 6　圆锥-圆柱齿轮

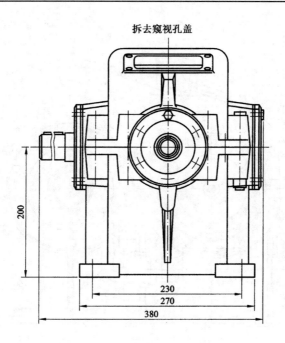

拆去窥视孔盖

技术特性

功率/kW	高速轴转速/(r/min)	传动比
3.8	940	7.21

减速器装配图

7. 蜗杆-圆柱齿轮减速器

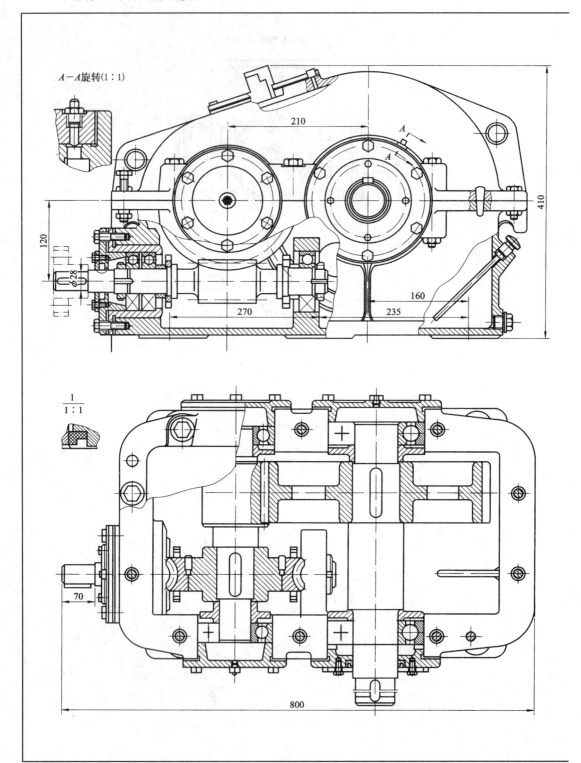

附图 2-7　蜗杆-圆柱齿轮

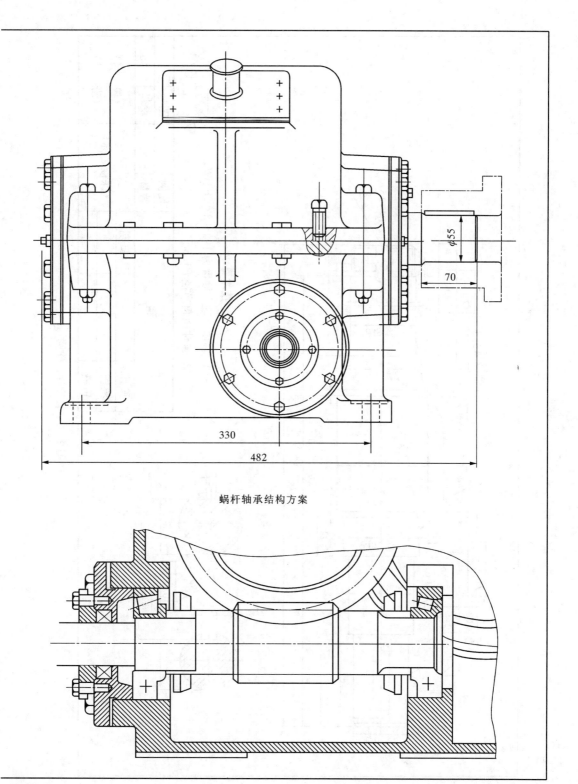

蜗杆轴承结构方案

减速器装配图

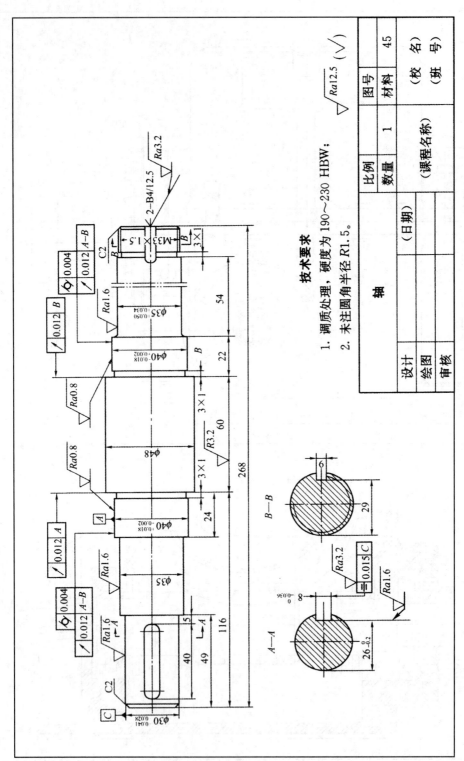

技术要求

1. 调质处理, 硬度为 190~230 HBW;
2. 未注圆角半径 R1.5。

附图 2 – 8　轴零件工作图

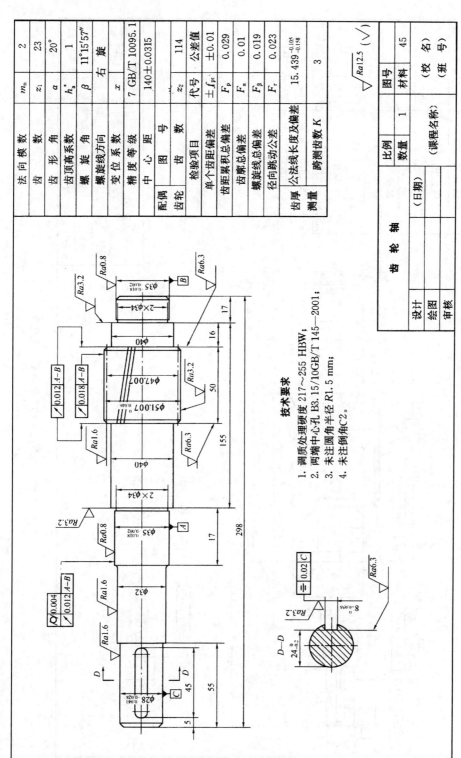

9. 斜齿圆柱齿轮轴

法向模数	m_n	2
齿 数	z_1	23
齿 形 角	α	20°
齿顶高系数	h_a^*	1
螺 旋 角	β	11°15′57″
螺旋线方向		右 旋
变 位 系 数	x	
精度等级		7 GB/T 10095.1
中 心 距		140±0.0315
配偶齿轮	图 号	
	齿 数	z_2	114
检验项目	代号	公差值
单个齿距偏差	$\pm f_{pt}$	±0.01
齿距累积总偏差	F_p	0.029
齿廓总偏差	F_α	0.01
螺旋线总偏差	F_β	0.019
径向跳动公差	F_r	0.023
齿厚 公法线长度偏差及偏差		15.439$_{-0.158}^{-0.105}$
测量 跨测齿数 K		3

$\sqrt{Ra12.5}$ ($\sqrt{}$)

图号	
材料	45
比例	
数量	1
齿 轮 轴	(课程名称)	(校 名)
		(班 号)
设计	(日期)	
绘图		
审核		

技术要求

1. 调质处理硬度 217~255 HBW;
2. 两端中心孔 B3.15/10GB/T 145—2001;
3. 未注圆角半径 R1.5 mm;
4. 未注倒角C2。

附图 2-9 齿轮轴零件工作图

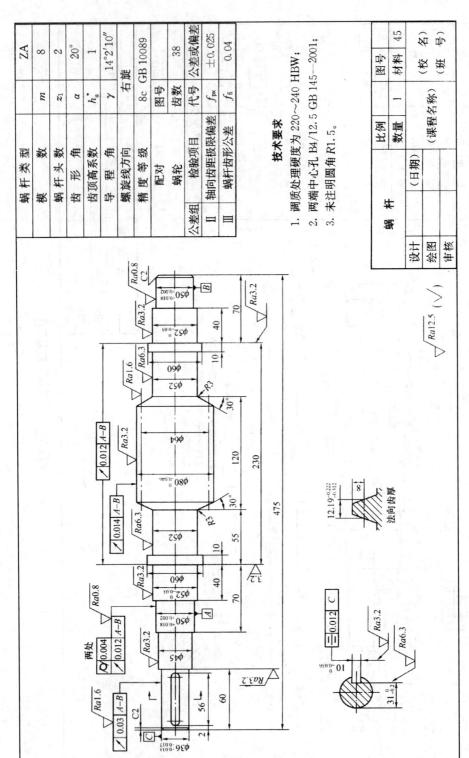

蜗杆类型		ZA
模 数	m	8
蜗杆头数	z_1	2
齿 形 角	α	20°
齿顶高系数	h_a^*	1
导 程 角	γ	14°2′10″
螺旋线方向		右旋
精 度 等 级		8c GB 10089
配对蜗轮	图号	
	齿数	38
检验项目	代号	公差或偏差
公差组 Ⅱ	轴向齿距极限偏差	f_{px}	±0.025
公差组 Ⅲ	蜗杆齿形公差	f_f	0.04

技术要求

1. 调质处理硬度为 220~240 HBW;
2. 两端中心孔 B4/12.5 GB 145—2001;
3. 未注明圆角 R1.5。

蜗 杆		比例	1	图号	
		数量	1	材料	45
设计		(日期)		(校 名)	
绘图				(班 号)	
审核		(课程名称)			

$\sqrt{Ra12.5}$ ($\sqrt{}$)

10. 蜗杆

附图 2-10　蜗杆零件工作图

11. 带轮

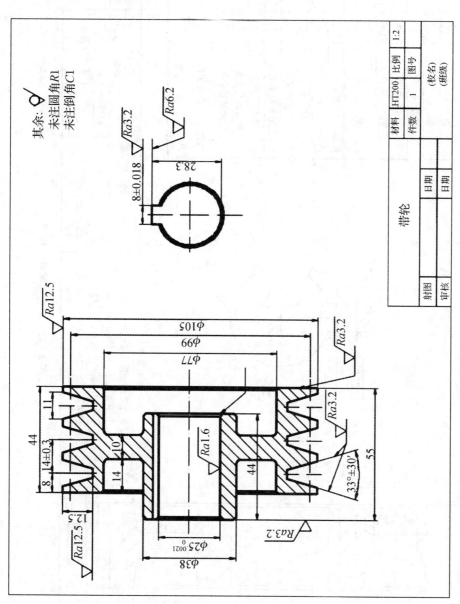

附图 2 - 11　带轮零件工作图

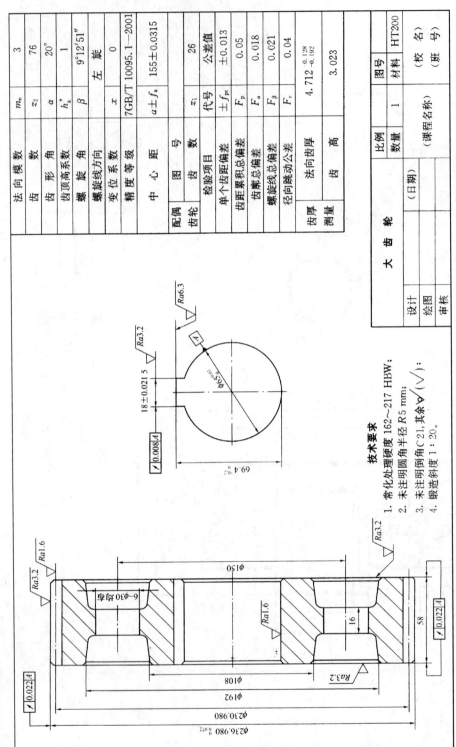

12. 斜齿圆柱齿轮

法向模数	m_n	3
齿数	z_2	76
齿形角	α	20°
齿顶高系数	h_a^*	1
螺旋角	β	9°12′51″
螺旋线方向		左旋
变位系数	x	0
精度等级		7GB/T 10095.1—2001
中心距	$a \pm f_a$	155±0.0315
配偶齿轮	图号	
配偶齿轮	齿数 z_1	26
检验项目	代号	公差值
单个齿距偏差	$\pm f_{pt}$	±0.013
齿距累积总偏差	F_p	0.05
齿廓总偏差	F_a	0.018
螺旋线总偏差	F_β	0.021
径向跳动公差	F_r	0.04
齿厚测量	法向齿厚	$4.712_{-0.192}^{-0.128}$
齿厚测量	齿高	3.023

大齿轮			图号		
			材料	HT200	(校 名)
					(班 号)
		比例			
		数量	1		
		(课程名称)			
设计		(日期)			
绘图					
审核					

技术要求
1. 常化处理硬度 162~217 HBW；
2. 未注明圆角半径 R5 mm；
3. 未注明倒角 C21，其余▽(√)；
4. 锻造斜度 1 : 20。

附图 2 - 12　大齿轮零件工作图

13. 直齿圆锥齿轮

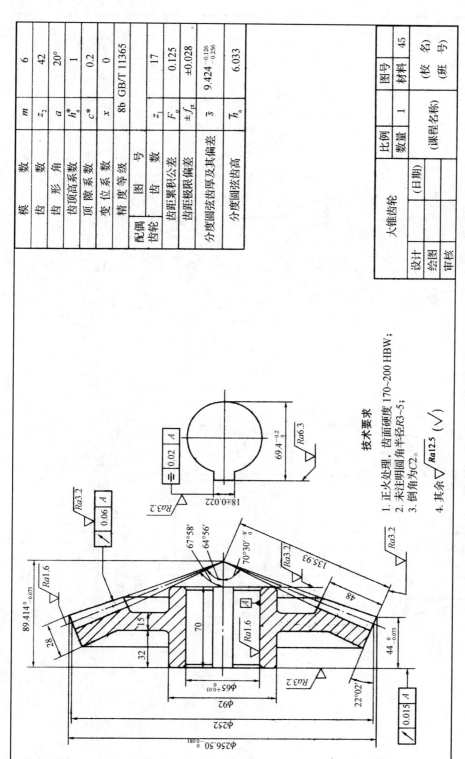

模 数	m	6
齿 数	z_2	42
齿 形 角	a	20°
齿顶高系数	h_a^*	1
顶隙系数	c^*	0.2
变位系数	x	0
精 度 等 级	8b GB/T 11365	
配偶 图 号		
齿轮 齿 数	z_1	17
齿距累积公差	F_p	0.125
齿距极限偏差	$\pm f_{pt}$	±0.028
分度圆弦齿厚及其偏差	$\bar{s}$	$9.424_{-0.256}^{-0.126}$
分度圆弦齿高	$\bar{h}_a$	6.033

大锥齿轮		图号			
		材料	45	名	
				号	
	比例	1	(校 名)		
	数量	1	(班 号)		
	(课程名称)				
设计			(日期)		
绘图					
审核					

技术要求

1. 正火处理, 齿面硬度 170~200 HBW;
2. 未注明圆角半径R3~5;
3. 倒角为C2。
4. 其余 $\sqrt{Ra12.5}$ ($\sqrt{}$)

附图 2 – 13 大锥齿轮零件工作图

14. 箱盖

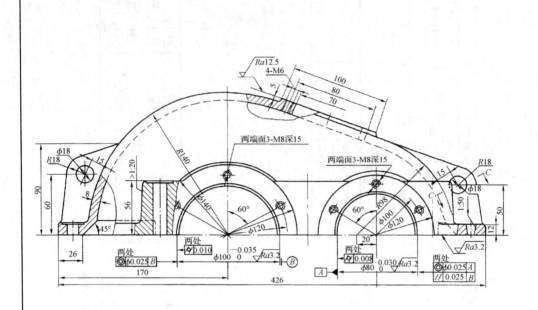

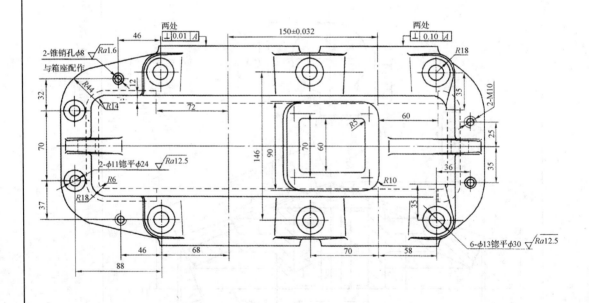

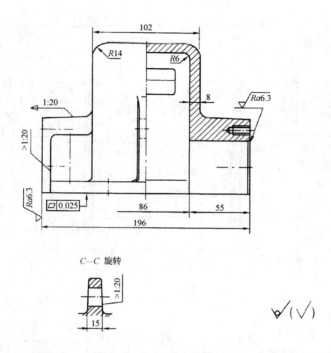

C—C 旋转

$\sqrt{}$ ($\sqrt{}$)

技术要求

1. 箱盖铸成后，应清理铸件并进行时效处理。
2. 箱盖和箱座合箱后，边缘应平齐，但互错位每
   边不大于2 mm。
3. 应仔细检查箱盖与箱座剖分面接触的密合性，
   用0.05 mm塞尺塞入深度不得大于剖分面宽度
   的1/3。用涂色检查接触面积达到每平方厘米
   面积内不少于一个斑点。
4. 与箱座连接后，打上定位销进行镗孔，结合面
   处禁放任何衬垫。
5. 宽度196组合后加工。
6. 未注的铸造圆角为R3~5。
7. 未注的倒角为C2，其粗糙度 Ra=12.5 μm。

（标题栏）

减速器箱盖零件工作图

15. 箱座

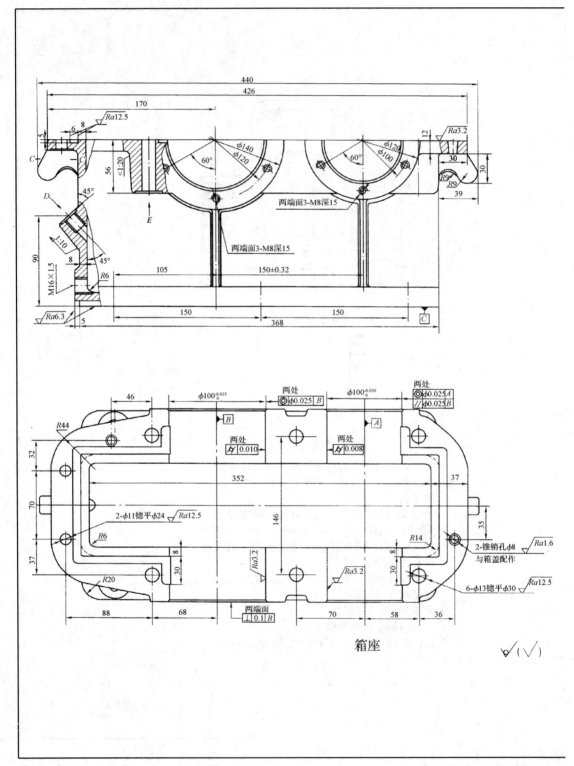

附图 2‑15   一级圆柱齿轮

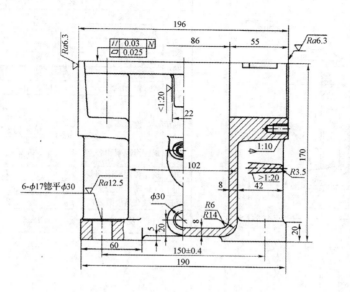

技术要求

1. 箱座铸成后，应清理铸件，并进行时效处理。
2. 箱盖和箱座合箱后，边缘应平齐，相互错位每边不大于2 mm。
3. 检查与箱盖结合面间的密封性，用0.05 mm塞尺塞入深度不得大于剖分面宽度的1/3，用涂色检查接触面积达到每平方厘米面积内不少于一个斑点。
4. 与箱盖连接后，打上定位销进行镗孔，结合面处禁放任何衬垫。
5. 宽度196组合后加工。
6. 未注明的铸造圆角为$R3\sim5$。
7. 未注倒角为$C2$，其粗糙度为$Ra=12.5\ \mu m$。
8. 箱座不得漏油。

（标题栏）

减速器箱座零件工作图

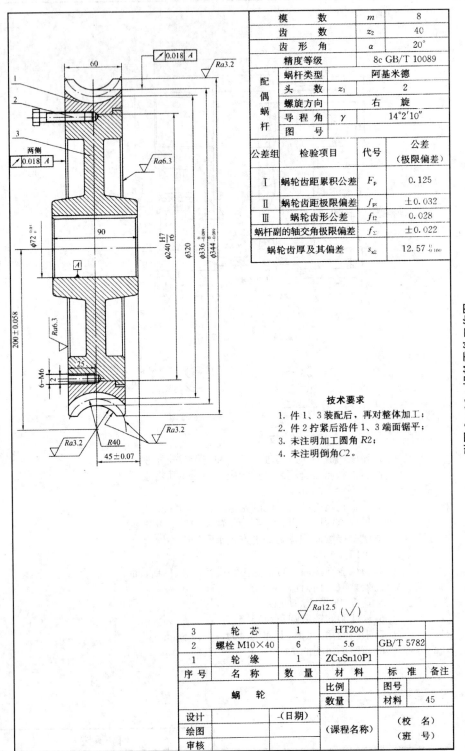

模　　　数	m	8
齿　　　数	z_2	40
齿　形　角	α	20°
精度等级		8c GB/T 10089

配偶蜗杆	蜗杆类型		阿基米德
	头　　数	z_1	2
	螺旋方向		右　旋
	导　程　角	γ	14°2′10″
	图　　号		

公差组	检验项目	代号	公差（极限偏差）
Ⅰ	蜗轮齿距累积公差	F_p	0.125
Ⅱ	蜗轮齿距极限偏差	f_{pt}	±0.032
Ⅲ	蜗轮齿形公差	f_{f2}	0.028
	蜗杆副的轴交角极限偏差	f_{Σ}	±0.022
	蜗轮齿厚及其偏差	s_{x2}	$12.57^{0}_{-0.160}$

技术要求

1. 件 1、3 装配后，再对整体加工；
2. 件 2 拧紧后沿件 1、3 端面锯平；
3. 未注明加工圆角 $R2$；
4. 未注明倒角 $C2$。

$\sqrt{Ra12.5}$ ($\sqrt{}$)

3	轮　芯	1	HT200		
2	螺栓 M10×40	6	5.6	GB/T 5782	
1	轮　缘	1	ZCuSn10P1		
序号	名　称	数量	材　料	标准	备注
蜗　轮			比例	图号	
			数量	材料	45
设计		(日期)		(校　名)	
绘图			(课程名称)		
审核				(班　号)	

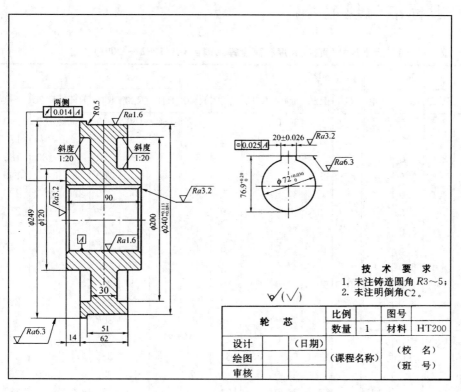

技　术　要　求
1. 未注铸造圆角 R3～5；
2. 未注明倒角C2。

轮　芯		比例		图号	
		数量	1	材料	HT200
设计	（日期）	（课程名称）		（校　名）	
绘图					
审核				（班　号）	

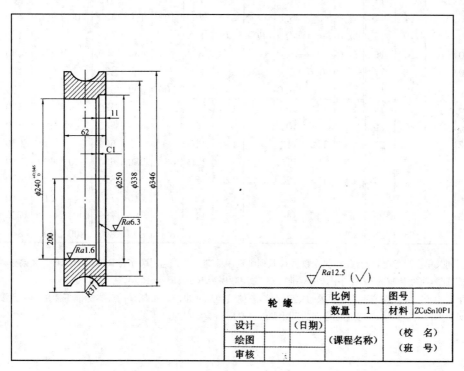

轮　缘		比例		图号	
		数量	1	材料	ZCuSn10P1
设计	（日期）	（课程名称）		（校　名）	
绘图					
审核				（班　号）	

附图 2－17　轮芯和轮缘零件工作图

附录 3　一般标准与规范

附表 3-1　标准尺寸(直径、长度和高度等)(摘自 GB/T2822—2005)　　　　　　(mm)

R			R'			R			R'			R			R'		
R10	R20	R40	R'10	R'20	R'40	R10	R20	R40	R'10	R'20	R'40	R10	R20	R40	R'10	R'20	R'40
2.50	2.50		2.5	2.5				30.0			30	160	160	160	160	160	160
	2.80			2.8		31.5	31.5	31.5	32	32	32			170			170
3.15	3.15		3.0	3.0				33.5			34		180	180		180	180
	3.55			3.5			35.5	35.5			36			190			190
4.00	4.00		4.0	4.0				37.5			38	200	200	200	200	200	200
	4.50			4.5		40.0	40.0	40.0	40	40	40			212			210
5.00	5.00		5.0	5.0				42.5			42		224	224		220	220
	5.60			5.5			45.0	45.0			45			236			240
6.30	6.30		6.0	6.0				47.5			48	250	250	250	250	250	250
	7.10			7.0		50.0	50.0	50.0	50	50	50			265			260
8.00	8.00		8.0	8.0				53.0			53		280	280		280	280
	9.00				9.0		56.0	56.0			56			300			300
10.0	10.0		10.0	10.0				60.0			60	315	315	315	320	320	320
	11.2			11		63.0	63.0	63.0	63	63	63			335			340
12.5	12.5	12.5	12	12	12			67.0			67		355	355		360	360
		13.2			13		71.0	71.0			71			375			380
	14.0	14.0		14	14			75.0			75	400	400	400	400	400	400
		15.0			15	80.0	80.0	80.0	80	80	80			425			420
16.0	16.0	16.0	16	16	16			85.0			85		450	450		450	450
		17.0			17		90.0	90.0			90			475			480
	18.0	18.0		18	18			95.0			95	500	500	500	500	500	500
		19.0			19	100	100	100	100	100	100			530			530
20.0	20.0	20.0	20	20	20			106			105		560	560		560	560
		21.2			21		112	112			110			600			600
	22.4	22.4		22	22			118			120	630	630	630	630	630	630
		23.6			24	125	125	125	125	125	125			670			670
25.0	25.0	25.0	25	25	25			132			130		710	710		710	710
		26.5			26		140	140			140			750			750
	28.0	28.0		28	28			150			150	800	800	800	800	800	800

注：1. 选择系列及单个尺寸时,应首先在优先数系 R 系列中选用标准尺寸。选用顺序为 R10、R20、R40。如果必须将数值圆整,可在相应的 R'系列中选用标准尺寸,选用顺序为 R'10、R'20、R'40。

2. 本标准适用于有互换性或系列化要求的主要尺寸,其他结构尺寸也应尽可能采用。本标准不适用于由主要尺寸导出的因变量尺寸、工艺上工序间的尺寸和已有专用标准规定的尺寸。

附表 3-2　国内部分标准代号

名　称	代号	名　称	代号	名　称	代号
国家标准	GB	机械工业部标准	JB	煤炭工业部标准	MT
国家内部标准	GB$_n$	重型机械局企业标准	JB/ZQ	化学工业部标准	HG
国家工程建设标准	GBJ	金属切削机床	GC	地质矿产部标准	DZ
国家军用标准	GJB	仪器、仪表	Y、ZBY	水力部标准	SD
国家专业标准	ZB	农业机械	NJ	原石油工业部标准	SY
中国科学院标准	KY	工程机械	GJ	原纺织工业部标准	FJ
国家计量局标准	JJC	电子工业部标准	SJ	原轻工业部标准	QB、SG
国家建材局标准	JC	冶金工业部标准	YB		

注：在代号后加"/Z"为指导性技术文件，如"YB/Z"为冶金部指导性技术文件；加"/T"为推荐性技术文件。

附表 3-3　国外部分标准代号

名　称	代号	名　称	代号
国际标准化组织标准	ISO[①]	美国国家标准	ANSI
国际标准化协会标准	ISA	美国汽车协会标准	SAE
国际电工委员会标准	IEC	美国国家标准局标准	NBS
联合国工业发展组织标准	IDO	美国标准协会标准	ASA
法国标准协会标准	AENOR	美国钢钛学会标准	AISI
法国国家标准	NF	美国齿轮制造者协会标准	AGMA
日本工业标准	JIS	美国机械工程师学会标准	ASME
日本工业产品标准统一调查会标准	JES	美国材料试验标准	ASTM
日本机械学会标准	JSME	航空材料的技术规格	AMS
日本齿轮工业协会标准	JGMA	俄罗斯国家标准	POCT
英国标准	BS	前捷克斯洛伐克国家标准	GNS
德国工业标准	DIN	意大利标准	UNI
德国工程师协会标准	VDI	瑞典标准	SIS
加拿大标准协会标准	CSA		

注：① ISO 的前身为 ISA。

附表 3-4　图纸幅面与图框格式（摘自 GB/T14689—1993）　　　　（mm）

			基本幅画（第一选择）					加长幅画					
图纸幅面								第二选择		第三选择			
	幅画代号		A0	A1	A2	A3	A4	幅面代号	$B×L$	幅画代号	$B×L$	幅画代号	$B×L$
	宽度×长度（$B×L$）		841×1 189	594×841	420×594	297×420	210×297						
	留装订边	装订边宽 a	25					A3×3	420×891	A0×2	1 189×1 682	A3×5	420×1 486
								A3×4	420×1 189	A0×3	1 189×2 523	A3×6	420×1 783
		其他周边宽 c	10			5		A4×3	297×630	A1×3	841×1 783	A3×7	420×2 080
								A4×4	297×841	A1×4	841×2 378	A4×6	297×1 261
	不留装订边	周边宽 e	20		10			A4×5	297×1 061	A2×3	594×1 261	A4×7	297×1 471
										A2×4	594×1 682	A4×8	297×1 682
										A2×5	594×2 102	A4×9	297×1 892

续表

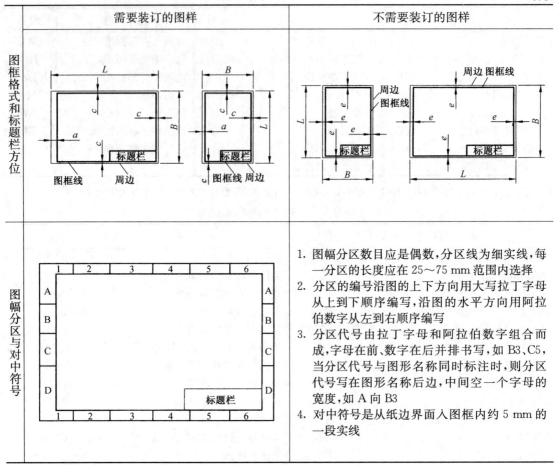

图框格式和标题栏方位	需要装订的图样	不需要装订的图样

| 图幅分区与对中符号 | | 1. 图幅分区数目应是偶数,分区线为细实线,每一分区的长度应在 25～75 mm 范围内选择
2. 分区的编号沿图的上下方向用大写拉丁字母从上到下顺序编写,沿图的水平方向用阿拉伯数字从左到右顺序编写
3. 分区代号由拉丁字母和阿拉伯数字组合而成,字母在前、数字在后并排书写,如 B3、C5,当分区代号与图形名称同时标注时,则分区代号写在图形名称后边,中间空一个字母的宽度,如 A 向 B3
4. 对中符号是从纸边界面入图框内约 5 mm 的一段实线 |

注:1. 加长幅面是由基本幅面的短边成整数倍增加后得出的。

　　2. 加长幅面的图框尺寸按所选用的幅面大一号的图框尺寸确定。例如 A2×3 的图框尺寸,按 A1 的图框尺寸确定,即 e 为 20 mm(或 10 mm)。

附表 3－5　比例(摘自 GB/T14689—1993)

原值比例	$1:1$
放大的比例	$2:1$　$(2.5:1)$　$(4:1)$　$5:1$ $1\times10^{n}:1$　$2\times10^{n}:1$　$(2.5\times10^{n}:1)$　$(4\times10^{n}:1)$　$(5\times10^{n}:1)$
缩小的比例	$1:2$　$(1:15)$　$(1:25)$　$(1:3)$　$(1:4)$　$(1:5)$　$(1:6)$　$(1:1\times10^{n})$ $(1:2\times10^{n})$　$(1:2.5\times10^{n})$　$(1:3\times10^{n})$　$(1:4\times10^{n})$　$(1:5\times10^{n})$　$(1:6\times10^{n})$

注:1. 表中 n 为正整数。

　　2. 括弧内为必要时也允许选用的比例。

　　3. 绘制同一机件的各个视图应采用相同的比例,当某个视图需要采用不同的比例时,必须另行标注。

　　4. 当图形中孔的直径或薄片的厚度等于或小于 2 mm 以及斜度或锥度较小时,可不按比例而夸大画出。

附表 3-6　圆柱形自由表面过渡圆角半径（摘自 Q/ZB138—1973）　（mm）

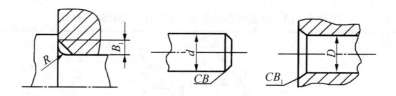

$D-d$	2	5	8	10	15	20	25	30	35	40	50	55	65	70
R	1	2	3	4	5	8	10	12	12	16	16	20	20	25

附表 3-7　配合表面处的圆角半径和倒角尺寸（摘自 GB/T6403.4—1986）　（mm）

轴(孔)直径 $d(D)$	>10~18	>18~30	>30~50	>50~80	>80~120	>120~180
R 及 B	0.8	1.0	1.6	2.0	2.5	3.0
B_1	1.2	1.6	2.0	2.5	3	4.0

注：1. 与滚动轴承相配合的轴及轴承座孔处的圆角半径参见轴承的安装尺寸 r。

　　2. 图中 C 表示倒角为 $45°$，如采用 $30°$ 或 $60°$ 倒角，则标注为 $B×30°(60°)$。

　　3. B_1 的数值不属于 GB/T6403.4—1986，仅供参考。

附表 3-8　铸造斜度（摘自 JB/ZQ4257—1997）

斜度 $b:h$	角度 β	使用范围
1:5	11°30′	$h<25$ mm 时的钢和铁铸件
1:10 1:20	5°30′ 3°	$h=25~500$ mm 时的钢和铁铸件
1:50	1°	$h>500$ mm 时的钢和铁铸件
1:100	30′	有色金属铸件

注：当设计不同壁厚的铸件时，在转折点处的斜角最大还可增大到 $30°~45°$（见表中下图）。

附表 3-9　铸造过渡尺寸(摘自 JB/ZQ4254—1986)　　　　(mm)

适用于减速机、联接管、气缸及其他联接法兰

铸铁和铸钢件的壁厚 δ	x	y	R_0
>10~15	3	15	5
>15~20	4	20	5
>20~25	5	25	5
>25~30	6	30	8
>30~35	7	35	8
>35~40	8	40	10
>40~45	9	45	10
>45~50	10	50	10

附表 3-10　铸造外圆角半径(摘自 JB/ZQ4256—1986)　　　　(mm)

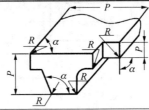

表面的最小边尺寸 P	R 值					
	外圆角 α					
	<50°	51°~75°	76°~105°	106°~135°	136°~165°	>165°
≤25	2	2	2	4	6	8
>25~60	2	4	4	6	10	16
>60~160	4	4	6	8	16	25
>160~250	4	6	8	12	20	30
>250~400	6	8	10	16	25	40
>400~600	6	8	12	20	30	50

附表 3-11　铸造内圆角及过渡尺寸半径(摘自 JB/ZQ4255—1986)　　　　(mm)

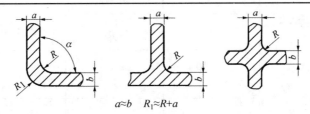

$a \approx b$　$R_1 \approx R+a$

$\dfrac{a+b}{2}$	R 值											
	内圆角 α											
	<50°		51°~75°		76°~105°		106°~135°		136°~165°		>165°	
	钢	铁	钢	铁	钢	铁	钢	铁	钢	铁	钢	铁
≤8	4	4	4	4	6	4	8	6	16	10	20	16
9~12	4	4	4	4	6	6	10	8	16	12	25	20
13~16	4	4	6	4	8	6	12	10	20	16	30	25
17~20	6	4	8	6	10	8	16	12	25	20	40	30
21~27	6	6	10	8	12	10	20	16	30	25	50	40
28~35	8	6	12	10	16	12	25	20	40	30	60	50

附表 3‑12　中心孔表示法（摘自 GB/T4459.5—1999）　　　　　　（mm）

要　求	标注示例	解　释	在图样上的标注
在完工的零件上要求保留中心孔	B3.15/10	要求加工出 B 型中心孔 $D=3.15$，$D_1=10.0$；在完工的零件上要求保留中心孔	若同一轴的两端中心孔相同，只在其一端标注，但应注出数量。中心孔表面粗糙度代号和以中心孔轴线为基准时，基准代号可在引出线上标出
在完工的零件上可以保留中心孔	A4/8.5	用 A 型中心孔 $D=4$，$D_1=8.5$；在完工的零件上是否保留都可以	
在完工的零件上不允许保留中心孔	A4/8.5	用 A 型中心孔 $D=4$，$D_1=8.5$；在完工的零件上不允许保留中心孔	

附表 3‑13　中心孔（GB/T145‑2001 摘录）

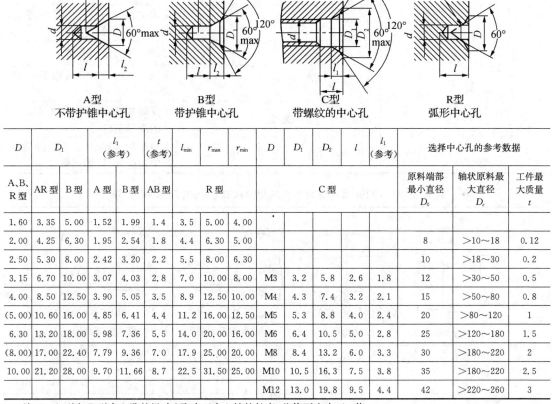

A型　不带护锥中心孔　　B型　带护锥中心孔　　C型　带螺纹的中心孔　　R型　弧形中心孔

D	D_1	l_1（参考）		t（参考）	l_{min}	r_{max}	r_{min}	D	D_1	D_2	l	l_1（参考）	选择中心孔的参考数据		
A、B、R 型	AR 型	B 型	A 型	B 型	AB 型	R 型					C 型			原料端部最小直径 D_0	轴状原料最大直径 D_c	工件最大质量 t
1.60	3.35	5.00	1.52	1.99	1.4	3.5	5.00	4.00								
2.00	4.25	6.30	1.95	2.54	1.8	4.4	6.30	5.00					8	>10~18	0.12
2.50	5.30	8.00	2.42	3.20	2.2	5.5	8.00	6.30					10	>18~30	0.2
3.15	6.70	10.00	3.07	4.03	2.8	7.0	10.00	8.00	M3	3.2	5.8	2.6	1.8	12	>30~50	0.5
4.00	8.50	12.50	3.90	5.05	3.5	8.9	12.50	10.00	M4	4.3	7.4	3.2	2.1	15	>50~80	0.8
(5.00)	10.60	16.00	4.85	6.41	4.4	11.2	16.00	12.50	M5	5.3	8.8	4.0	2.4	20	>80~120	1
6.30	13.20	18.00	5.98	7.36	5.5	14.0	20.00	16.00	M6	6.4	10.5	5.0	2.8	25	>120~180	1.5
(8.00)	17.00	22.40	7.79	9.36	7.0	17.9	25.00	20.00	M8	8.4	13.2	6.0	3.3	30	>180~220	2
10.00	21.20	28.00	9.70	11.66	8.7	22.5	31.50	25.00	M10	10.5	16.3	7.5	3.8	35	>180~220	2.5
									M12	13.0	19.8	9.5	4.4	42	>220~260	3

注：1. A 型和 B 型中心孔的尺寸 l 取决于中心钻的长度，此值不应小于 t 值。
　　2. 括号内的尺寸尽量不采用。
　　3. 选择中心孔的参考数据不属 GB/T 145‑2001 内容，仅供参考。

附表 3‑14　一般用途圆锥的锥度与锥角(GB/T157‑2001 摘录)

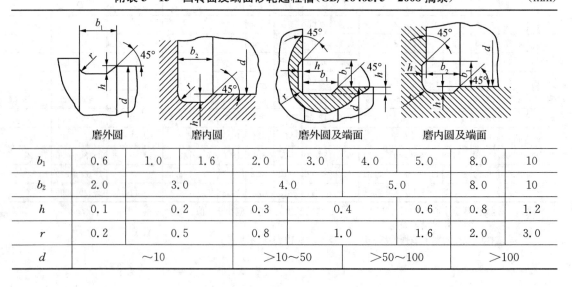

图　例	基本值	推算值		应用举例
		圆锥度 a	锥度 C	
	120°		1∶0.288 675	螺纹孔内倒角、填料盒内填料的锥度
	90°		1∶0.500 000	沉头螺钉头、螺纹倒角、轴的倒角
	60°		1∶0.866 025	车床顶尖、中心孔
	45°		1∶1.207 107	轻型螺旋管接口的锥形密合
	30°		1∶1.866 025	摩擦离合器
	1∶3	18°55′28.7″		有极限扭矩的摩擦圆锥离合器
	1∶5	11°25′16.3″		易拆机件的锥形连接、锥形摩擦离合器
	1∶10	5°43′29.3″		受轴向力及横向力的锥形零件的接合面、电动机及其他机械的锥形轴端
	1∶20	2°51′51.1″		机床主轴锥度、刀具尾柄、公制锥度铰刀、圆锥螺栓
	1∶30	1°54′34.9″		装柄的铰刀及扩孔钻
	1∶50	1°8′35.2″		圆锥销、定位销、圆锥销孔的铰刀
	1∶100	0°34′22.6″		承受陡振及静变载荷的不须拆开的连接机件
	1∶200	0°17′11.3″		承受陡振及冲击变载荷的需拆开的连接零件、圆锥螺栓

图例:
$$C = \frac{D-d}{L}$$
$$C = 2\tan\frac{\alpha}{2} = 1 : \frac{1}{2}\cot\frac{\alpha}{2}$$

附表 3‑15　回转面及端面砂轮越程槽(GB/T6403.5—2008 摘录)　　(mm)

磨外圆　　磨内圆　　磨外圆及端面　　磨内圆及端面

b_1	0.6	1.0	1.6	2.0	3.0	4.0	5.0	8.0	10
b_2	2.0	3.0		4.0			5.0	8.0	10
h	0.1	0.2		0.3		0.4		0.6	0.8	1.2
r	0.2	0.5		0.8		1.0		1.6	2.0	3.0
d	~10			>10~50			>50~100		>100

附录4　螺纹与螺纹联接件

本部分内容用手机扫以上二维码即可获得

附录5　键联接和销联接

附表 5 - 1　普通型　平键（摘自 GB/T1096—2003）、

平键　键槽的剖面尺寸（摘自 GB/T1095—2003）　　　　　（mm）

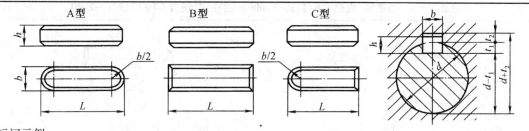

标记示例：

$b=16\ mm$、$h=10\ mm$、$L=100\ mm$ 普通 A 型平键的标记为：GB/T1096　键 16×10×100

$b=16\ mm$、$h=10\ mm$、$L=100\ mm$ 普通 B 型平键的标记为：GB/T1096　键 B16×10×100

$b=16\ mm$、$h=10\ mm$、$L=100\ mm$ 普通 C 型平键的标记为：GB/T1095　键 C16×10×100

轴	键	键槽								
		宽度 b						深度		
			极限偏差					轴 t_1	毂 t_2	
轴径 d	键尺寸 $b×h$	基本尺寸 b	正常联接		紧密联接	松联接		基本尺寸	基本尺寸	极限偏差
			轴 N9	毂 JS9	轴和毂 P9	轴 H9	毂 D10			
>10~12	4×4	4	0 −0.030	±0.015	−0.012 −0.042	+0.030 0	+0.078 +0.030	2.5	1.8	+0.1 0
>12~17	5×5	5						3.0	2.3	
>17~22	6×6	6						3.5	2.8	
>22~30	8×7	8	0 −0.036	±0.018	−0.015 −0.051	+0.036 0	+0.098 +0.040	4.0	3.3	
>30~38	10×8	10						5.0	3.3	
>38~44	12×8	12	0 −0.043	±0.022	−0.018 −0.061	+0.043 0	+0.120 +0.050	5.0	3.3	+0.2 0
>44~50	14×9	14						5.5	3.8	
>50~58	16×10	16						6.0	4.3	
>58~65	18×11	18	0 −0.052	±0.026	−0.022 −0.074	+0.052 0	+0.149 +0.065	7.0	4.4	
>65~75	20×12	20						7.5	4.9	
>75~85	22×14	22						9.0	5.4	

（续表）

轴	键	键槽								
		宽度 b						深度		
		基本尺寸 b	极限偏差					轴 t_1	毂 t_2	极限偏差
轴径 d	键尺寸 $b×h$		正常联接		紧密联接	松联接				
			轴 N9	毂 JS9	轴和毂 P9	轴 H9	毂 D10	基本尺寸	基本尺寸	
>85~95	25×14	25						9.0	5.4	
>95~100	28×16	28						10.0	6.4	
键的长度系列	6,8,10,12,14,16,18,20,22,25,28,32,36,40,45,50,56,63,70,80,90,100,110,125,140,160,180,200,220,250,280,320,360									

注：1. 在零件图中，轴槽深度用 t_1 或 $d-t_1$ 标注，轮毂槽深度用 $d+t_2$ 标注。

　　2. $d-t_1$ 和 $d+t_2$ 两组组合尺寸的极限偏差按相应的 t_1 或 t_2 的极限偏差选取，但 $d-t_1$ 的下偏差应取负号。

　　3. 键槽对轴线的对称度公差按公差等级 7~9 级确定。

附表 5-2　圆锥销(摘自 GB/T117—2000)、圆柱销(摘自 GB/T119.1—2000)　　　（mm）

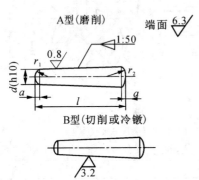

标记示例

公称直径 $d=6$ mm、长度 $l=30$ mm、材料为 35 钢、热处理硬度 28~38HRC、表面氧化处理的 A 型圆锥销的标记：

　　销　GB/T117　6×30

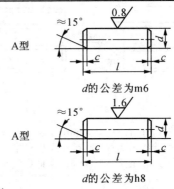

标记示例：

公称直径 $d=10$ mm、公差为 m6、长度 $l=30$ mm、材料为钢、不经淬火和表面处理的圆柱销的标记：

　　销　GB/T119.1　10m6×30

公称直径 $d=10$ mm、公差为 h8、长度 $l=30$ mm、材料为 A1 组奥氏体不锈钢、表面简单处理的圆柱销的标记：

　　销　GB/T119.1　10h8×30—A1

d		3	4	5	6	8	10	12	16	20
$a≈$		0.40	0.50	0.63	0.80	1	1.2	1.6	2	2.5
$c≈$		0.50	0.63	0.80	1.2	1.6	2	2.5	3	3.5
l 范围	圆锥销	12~45	14~55	18~60	22~90	22~120	26~160	32~180	40~200	45~200
	圆柱销	8~30	8~40	10~50	12~60	14~80	18~95	22~140	26~180	35~200
l 长度的系列	6~32(按 2 mm 递增)，35~100(按 5 mm 递增)，公称长度大于 100 mm 按 20 mm 递增									

注：1. 圆锥销材料：易切钢(Y12、Y15)，碳素钢 35(28~38HRC)、45(38~46HRC)，合金钢 30CrMnSiA(35~41HRC)，不锈钢(1Cr13、2Cr13、Cr17Ni2)。

　　2. 圆锥销 d 的其他公差，如 a11、c11 和 f8，由供需双方协议。

　　3. 圆柱销材料硬度：钢为 125~245HV30；奥氏体不锈钢 210~280HV30。

　　4. 圆柱销 d 的其他公差，如 h11、v8，由供需双方协议。

附录6　润滑与密封

附表 6-1　常用润滑油的主要性质和用途

名称与牌号		粘度等级（GB/T）14906-1994	运动粘度/(mm²/s)		粘度指数不小于	闪点（开杯)℃不低于	倾点	主要用途
			40℃	100℃				
工业闭式齿轮油（GB 5903—1995)	L-CKB	100	90—110	—	90	180	−8	在轻松载荷下运转的齿轮
		150	135—165	—	90	200	−8	
		220	198—242	—	90	200	−8	
		320	288—352	—	90	200	−8	
	L-CKC	68	61.2—74.8	—	90	180	−8	适用于工业闭式齿轮传动装置的润滑
		100	90—110	—	90	180	−8	
		150	135—165	—	90	200	−8	保持在正常或中等恒定油温和重载荷下运转的齿轮
		220	198—242	—	90	200	−8	
		320	288—352	—	90	200	−8	
		460	414—506	—	90	200	−8	
		680	612—748	—	90	200	−8	
	L-CKD	100	90—110	—	90	180	−8	
		150	135—165	—	90	200	−8	
		220	198—242	—	90	200	−8	在高的恒定油温和重载荷下运转的齿轮
		320	288—352	—	90	200	−8	
		460	414—506	—	90	200	−8	
		680	612—748	—	90	200	−5	
蜗轮蜗杆油（GB/T 0094—1998)	L-CKE轻载荷蜗轮蜗杆油（一级品）	220	198—242	—	90	200	−6	用于铜-铜配对的圆柱形和双包络等类型的承受轻载荷、传动中平稳无冲击的蜗杆副，包括该设备的齿轮及滑动轴承、汽缸、离合器等部件的润滑，及在潮湿环境下工作的其它机械设备的润滑，在使用过程中应防止局部过热和油温在 100℃ 以上时长期运转
		320	288—352	—	90	200	−6	
		460	414—506	—	90	220	−6	
		680	612—748	—	90	220	−6	
		1000	900—1100	—	90	220	−6	

（续表）

名称与牌号		粘度等级(GB/T)14906-1994	运动粘度/(mm²/s)		粘度指数不小于	闪点(开杯)℃不低于	倾点	主要用途
			40℃	100℃				
蜗轮蜗杆油(SH/T0094—1998)	L-CKE/P重载荷蜗轮蜗杆油(一级品)	220	198—242	—	90	200	—12	用于铜-铜配对的圆柱形承受重载荷、传动中有振动和冲击的蜗杆副,包括该设备的齿轮等部件的润滑,及其它机械设备的润滑。如果用于双包络等类型的蜗杆副,必须有油品生产的说明
		320	288—352	—	90	200	—12	
		460	414—506	—	90	220	—12	
		680	612—748	—	90	220	—12	
		1000	900—1 100	—	90	220	—12	

附表 6-2　常用润滑脂的性质与用途

名称与牌号	稠度等级(NLG1)	外观	滴点	锥入度(25℃,150 g)/(10 mm)⁻¹	水分/%不大于	特性及主要用途
钙基润滑脂(GB/T491—1987)	1	淡黄色至暗褐色、均匀油膏	80	310—340	1.5	温度小于 55℃、轻载荷和有自动给脂的轴承,以及汽车底盘和气温较低地区的小型机械
	2		85	265—295	2.0	中小型滚动轴承,以冶金、运输、采矿设备中温度在 55℃的轻载荷高速机械的摩擦部位
钙基润滑脂(GB/T491—1987)	3	淡黄色至暗褐色、均匀油膏	90	220—250	2.5	中型电机的滚动轴承,发电机及其它设备温度在 60℃以下重载荷低速的机械
	4		95	175—205	3.0	汽车、水泵的轴承,重载荷机械的轴承,发电机、纺织机及其它 60℃以下重载荷低速的机械
石墨钙基润滑脂(SH/T0369—1992)	—	黑色均匀油膏	80	—	2	压延机人字齿轮,汽车弹簧,起重机齿轮转盘,矿山机械,绞车和钢丝绳等高载荷、低转速的机械
钠基润滑脂(GB/T492—1989)	2	—	160	265—295	—	适用于—10℃～110℃温度范围内一般中等载荷机械设备的润滑,不适用于与水相接触的润滑部位
	3		160	220—250	—	
钙钠基润滑脂(SH/T0368—2003)	2	由黄色到深棕色的均匀油膏	120	250—290	0.7	耐溶、耐水、温度80℃～100℃(低温下不适用)。铁路机车和列车、小型电机和发电机以及其它高温轴承
	3		135	200—240	0.7	
食品机械润滑油(GB/T15179—1994)	—	白色光滑油膏	135	265—295	—	具有良好的抗水性、防锈性、润滑性,适用于与食品接触的加工、包装、输送设备润滑,最高使用温度 100℃

附表 6-3　毡圈油封及槽(摘自 JB/ZQ4606—1986)　　　(mm)

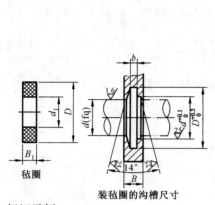

标记示例：
毡圈 40　JB/ZQ4606—1986
($d=40$ 的毡圈)
材料：半粗羊毛毡

轴径 d	毡圈			槽			B_{min}	
	D	d_1	B_1	D_0	d_0	b	钢	铸铁
15	29	14	6	28	16	5	10	12
20	33	19	6	32	21	5	10	12
25	39	24	7	38	26	6	12	15
30	45	29	7	44	31	6	12	15
35	49	34	7	48	36	6	12	15
40	53	39	7	52	41	6	12	15
45	61	44	8	60	46	7	12	15
50	69	49	8	68	51	7	12	15
55	71	53	8	72	56	7	12	15
60	80	58	8	78	61	7	12	15
65	84	63	8	82	66	7	12	15
70	90	68	8	88	71	7	12	15
75	94	73	8	92	77	7	12	15
80	102	78	9	100	82	8	15	18
85	107	83	9	105	87	8	15	18
90	112	88	9	110	92	8	15	18
95	117	93	10	115	97	8	15	18
100	122	98	10	120	102	8	15	18

注：本标准适用于线速度 $v<5$ m/s。

附表 6-4　通用 O 形橡胶密封圈(摘自 GB3452.1—1992)　　　(mm)

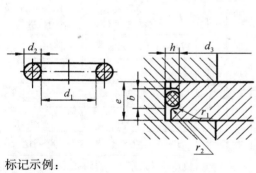

标记示例：
40×3.55G　GB3452.1—1992
(内径 $d_1=40.0$，截面直径 $d_2=3.55$ 的通用 O 形
密封圈)

	沟槽尺寸(GB3452.3—2005)					
d_2	$b^{+0.025}_{0}$	$h^{+0.10}_{0}$	d_3 偏差值	r_1	r_2	
1.8	2.4	1.38	0 -0.04	0.2~0.4		
2.65	3.6	2.07	0 -0.05	0.4~0.8	0.1~0.3	
3.55	4.8	2.74	0 -0.06	0.4~0.8	0.1~0.3	
5.3	7.1	4.19	0 -0.07	0.8~1.2		
7.0	9.5	5.67	0 -0.09	0.8~1.2		

（续表）

内径 d_1	极限偏差	截面直径 d_2 1.80 ±0.08	2.65 ±0.09	3.55 ±0.10	内径 d_1	极限偏差	截面直径 d_2 1.80 ±0.08	2.65 ±0.09	3.55 ±0.10	5.30 ±0.13	内径 d_1	极限偏差	截面直径 d_2 2.65 ±0.09	3.55 ±0.10	5.30 ±0.13	内径 d_1	极限偏差	截面直径 d_2 2.65 ±0.09	3.55 ±0.10	5.30 ±0.13	7.0 ±0.15
13.2		*	*		33.5	±0.30	*	*	*		56.0	±0.44	*	*	*	95.0	±0.65	*	*	*	
14.0		*	*		34.5		*	*	*		58.0		*	*	*	97.5		*	*	*	
15.0	±0.17	*	*		35.5		*	*	*		60.0		*	*	*	100			*	*	
16.0		*	*		36.5		*	*	*		61.5		*	*	*	103			*	*	
17.0		*	*		37.5		*	*	*		63.0		*	*	*	106			*	*	
18.0	±0.22	*	*	*	38.7	±0.36		*	*		65.0	±0.53	*	*	*	109			*	*	*
19.0		*	*	*	40.0			*	*	*	67.0		*	*	*	112			*	*	*
20.0		*	*	*	41.2			*	*	*	69.0		*	*	*	115			*	*	*
21.2		*	*	*	42.5			*	*	*	71.0		*	*	*	118			*	*	*
22.4		*	*	*	43.7			*	*	*	73.0		*	*	*	122			*	*	*
23.5		*	*	*	45.0			*	*	*	75.0		*	*	*	125		*	*	*	*
25.0		*	*	*	46.2			*	*	*	77.5		*	*	*	128			*	*	*
25.8		*	*	*	47.5			*	*	*	80.0		*	*	*	132			*	*	*
26.5		*	*	*	48.7			*	*	*	82.5	±0.65		*	*	136	±0.90		*	*	*
28.0		*	*	*	50.0			*	*	*	85.0		*	*	*	140		*	*	*	*
30.0		*	*	*	51.5			*	*	*	87.5		*	*	*	145			*	*	*
31.5	±0.30		*	*	53.0	±0.44		*	*	*	90.0		*	*	*	150		*	*	*	*
32.5		*	*	*	54.5			*	*	*	92.5			*	*	155			*	*	*

附表6-5　J形无骨架橡胶油封（HG4—338—1966）（1988年确认继续执行）　　　　（mm）

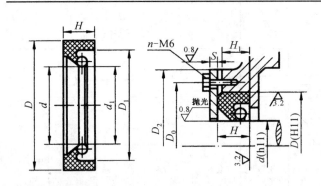

轴径 d		30~95 (按5进位)	100~170 (按10进位)
油封尺寸	D	$d+25$	$d+30$
	D_1	$d+16$	$d+20$
	d_1	$d-1$	
	H	12	16
油封槽尺寸	S	6~8	8~10
	D_0	$D+15$	
	D_2	D_0+15	
	n	4	5
	H_1	$H-(1\sim2)$	

标记示例：

J形油封 50×75×12 橡胶Ⅰ—1HG4—338—66（$d=50$、$D=75$、$H=12$、材料为耐油Ⅰ—1的J形无骨架橡胶油封）

附表 6‑6　唇形密封圈(摘自 GB13871—1992)　　　　(mm)

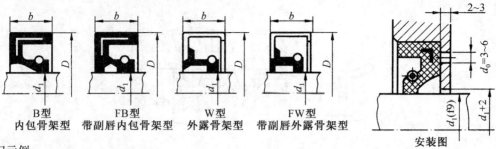

B型　　　FB型　　　W型　　　FW型
内包骨架型　带副唇内包骨架型　外露骨架型　带副唇外露骨架型

安装图

标记示例:

(F)B120　150　GB13871—1992
(带副唇的内包骨架型旋转轴唇形密封圈,$d=120,D=150$)

d_1	D	b	d_1	D	b	d_1	D	b
6	16,22		25	40,47,52		55	72,(75),80	
7	22		28	40,47,52	7	60	80,85	8
8	22,24		30	42,47,(50)		65	85,90	
9	22		30	52		70	90,95	
10	22,25		32	45,47,52		75	95,100	10
12	24,25,30	7	35	50,52,55		80	100,110	
15	26,30,35		38	52,58,62		85	110,120	
16	30,(35)		40	55,(60),62	8	90	(115),120	
18	30,35		42	55,62,		95	120	12
20	35,40,(45)		45	62,65		100	125	
22	35,40,47		50	68,(70),72		105	(130)	

旋转轴唇形密封圈的安装要求

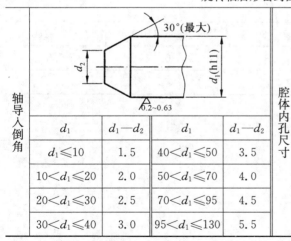

<table>
<tbody>
<tr><td rowspan="5">轴导入倒角</td><td>d_1</td><td>d_1-d_2</td><td>d_1</td><td>d_1-d_2</td></tr>
<tr><td>$d_1\leqslant10$</td><td>1.5</td><td>$40<d_1\leqslant50$</td><td>3.5</td></tr>
<tr><td>$10<d_1\leqslant20$</td><td>2.0</td><td>$50<d_1\leqslant70$</td><td>4.0</td></tr>
<tr><td>$20<d_1\leqslant30$</td><td>2.5</td><td>$70<d_1\leqslant95$</td><td>4.5</td></tr>
<tr><td>$30<d_1\leqslant40$</td><td>3.0</td><td>$95<d_1\leqslant130$</td><td>5.5</td></tr>
</tbody>
</table>

腔体内孔尺寸

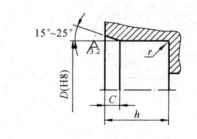

基本宽度 b	最小内孔深 h	倒角长度 C	r_{max}
$\leqslant10$	$b+0.9$	0.70~1.00	0.50
$>b$	$b+1.2$	1.20~1.50	0.75

注:1. 标准中考虑到国内实际情况,除全部采用国际标准的基本尺寸外,还补充了若干种国内常用的规格,并加括号以示区别。

　　2. 安装要求中若轴端采用倒圆倒入导角,则倒圆的圆角半径不小于表中的 d_1-d_2 之值。

附表 6-7 油沟式密封槽(摘自 JB/ZQ4245—1986)   (mm)

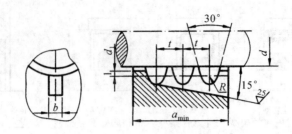

轴径 d	25~80	>80~120	>120~180	油沟数 n
R	1.5	2	2.5	
t	4.5	6	7.5	
b	4	5	6	2~3(使用 3 个的情况较多)
d_1	$d+1$			
a_{min}	$nt+R$			

附表 6-8 迷宫式密封槽   (mm)

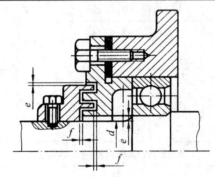

轴径 d	10~50	50~80	80~110	110~180
e	0.2	0.3	0.4	0.5
f	1	1.5	2	2.5

附录 7　常用工程材料

本部分内容用手机扫以上二维码即可获得

附录 8　联轴器

1. 滑块联轴器

附表 8-1　滑块联轴器（JB/ZQ4384—2006 代替 JB/ZQ4384—97）

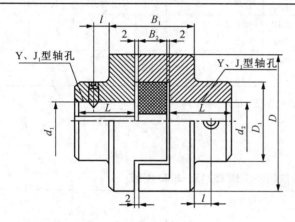 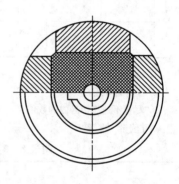

标记示例：

例 1：WH6 滑块联轴器
主动端：Y 型轴孔，A 型键槽，$d_1 = 45$ mm，$L = 112$ mm；
从动端：J_1 型轴孔，A 型键槽，$d_2 = 45$ mm，$L = 84$ mm。
标记为：WH6 联轴器 $\dfrac{45 \times 112}{J_1 42 \times 84}$　JB/ZQ4384—2006

例 2：WH6 滑块联轴器
主动端：Y 型轴孔，A 型键槽，$d_1 = 45$ mm，$L = 112$ mm；
从动端：Y 型轴孔，A 型键槽，$d_2 = 45$ mm，$L = 112$ mm。
标记为：WH6 联轴器 45×112　JB/ZQ4384—2006

型　号	公称转矩 T_n /(N·m)	许用转速 $[n]$ /(r/min)	轴孔直径 d_1, d_2	轴孔长度 L		D	D_1	B_1	B_2	l	转动惯量 /(kg·m²)	质量 /kg
				Y	J_1							
				mm								
WH1	16	10 000	10,11 12,14	25 32	22 27	40	30	52	13	5	0.000 7	0.6
WH2	315	8 200	12,14 16,(17),18	32 42	27 30	50	32	56	18	5	0.003 8	1.5
WH3	63	7 000	(17),18,19 20,22	42 52	30 38	70	40	60	18	5	0.006 3	1.8

续表

型　号	公称转矩 T_n /(N·m)	许用转速 $[n]$ /(r/min)	轴孔直径 d_1,d_2	轴孔长度 L Y	轴孔长度 L J_1	D	D_1	B_1	B_2	l	转动惯量 /(kg·m²)	质量 /kg
					mm							
WH4	160	5 700	20,22,24 25,28	52 62	38 44	80	50	64	18	8	0.013	2.5
WH5	280	4 700	25,28 30,32,35	62 82	44 60	100	70	75	23	10	0.045	5.8
WH6	500	3 800	30,32,35,38 40,42,45	82 112	60 84	120	80	90	33	15	0.12	9.5
WH7	900	3 200	40,42,45,48 50,55	112	84	150	100	120	38	25	0.43	25
WH8	1 800	2 400	50,55 60,63,65,70	112 142	84 107	190	120	150	48	25	1.98	55
WH9	3 550	1 800	65,70,75 80,85	142 172	107 132	250	150	180	58	25	4.9	85
WH10	5 000	1 500	80,85,90,95 100	172 212	132 167	330	190	180	58	40	7.5	120

注：1. 表中联轴器质量和转动惯量是按最小轴孔直径和最大长度计算的近似值。

2. 工作环境温度－20～＋70℃。

3. 尽量不选用括号内的数值。

2. 凸缘联轴器

附表 8－2　凸缘联轴器(GB/T5843—2003 摘录)

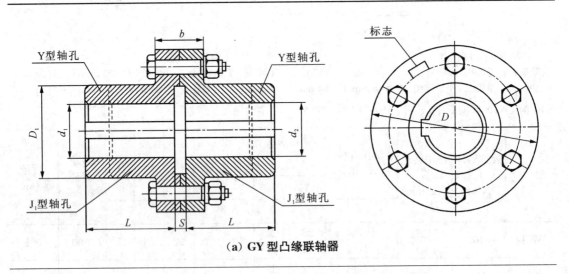

(a) GY 型凸缘联轴器

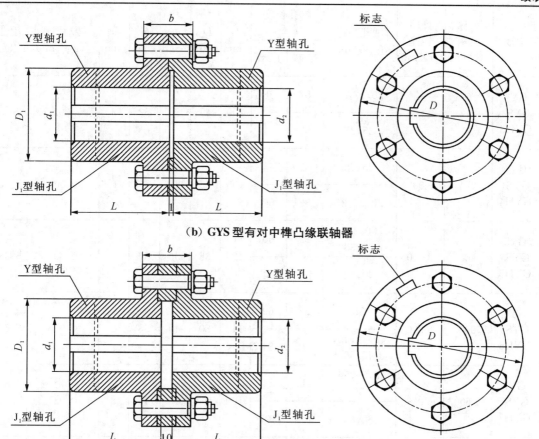

(b) GYS 型有对中榫凸缘联轴器

(c) GYH 型有对中环凸缘联轴器

标记示例：GY5 凸缘联轴器$\dfrac{Y30\times82}{J_1 30\times30}$　GB/T5843—2003

主动端：Y 型轴孔、A 型键槽、$d_1=30$ mm、$L=82$ mm

从动端：J_1 型轴孔、A 型键槽、$d_1=30$ mm、$L=60$ mm

型号	公称转矩/(N·m)	许用转速/(r·min)	轴孔直径 d_1、d_2/mm	轴孔长度/mm Y 型	轴孔长度/mm J_1 型	D/mm	D_1/mm	b/mm	b_1/mm	s/mm	转动惯量/(kg·m²)	质量/kg
GY1 GYS1 GYH1	25	12 000	12,14	32	27	80	30	26	42	6	0.000 8	1.16
			16,18,19	42	30							
GY2 GYS2 GYH2	63	10 000	16,18,19	42	30	90	40	28	44	6	0.001 5	1.72
			20,22,24	52	38							
			25	62	44							

型号	公称转矩 /(N·m)	许用转速 /(r·min)	轴孔直径 d_1、d_2/mm	轴孔长度 /mm		D /mm	D_1 /mm	b /mm	b_1 /mm	s /mm	转动惯量 /(kg·m²)	质量 /kg
				Y型	J_1型							
GY3 GYS3 GYH3	112	9 500	20,22,24	52	38	100	45	30	52	6	0.002 5	2.38
			25,28	62	44							
GY4 GYS4 GYH4	224	9 000	25,28	62	44	105	55	32	56	6	0.003	3.15
			30,32,35	82	60							
GY5 GYS5 GYH5	400	8 000	30,32, 35,38	82	60	120	68	36	56	8	0.007	5.43
			40,42	112	84							
GY6 GYS6 GYH6	900	6 800	38	82	60	140	80	40	68	8	0.015	7.59
			40,42,45, 48,50	112	84							
GY7 GYS7 GYH7	1 600	6 000	48,50,55, 56	112	84	160	100	40	46	8	0.031	13.1
			60,63	142	107							
GY8 GYSB GYH8	3 150	4 800	60,63,65, 70,71,75	142	107	200	130	50	48	10	0.103	27.5
			80	172	132							
GY9 GYS9 GYH9	6 300	3 600	75	142	107	260	160	66	84	10	0.319	47.8
			80,85, 90,95	172	132							
			100	212	167							

注：1. A型键槽—平键单键槽；B型键槽—120°布置平键双键槽；B_1型键槽—180°布置平键双键槽；C型键槽—圆
　　　锥型轴孔平键单键槽。
　　2. 本联轴器不具备径向、轴向和角向的补偿功能，刚性好，传递转矩大，结构简单，工作可靠，维护简便，适用于
　　　两轴对中精度良好的一般轴系传动。

3. 弹性柱销联轴器

附表 8-3　弹性柱销联轴器(GB/T5014—2003)

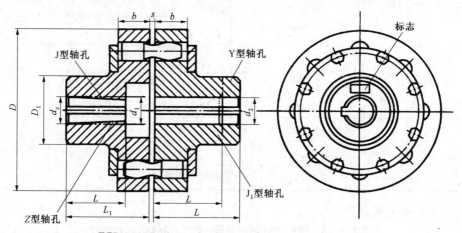

标记示例：LX7 联轴器 $\dfrac{ZC75\times107}{J_1B70\times107}$ GB/T 5014—2003

主动端：Z 型轴孔、C 型键槽，$d_z=75$ mm、$L=107$ mm

从动端：J_1 型轴孔、B 型键槽，$d_2=70$ mm、$L=107$ mm

型号	公称转矩 /(N·m)	许用转速 /(r/min)	轴孔直径 $d_1,d_2,$ d_z/mm	轴孔长度/mm Y型 L	J、J_1、Z 型 L	Z 型 L_1	D /mm	D_1 /mm	b /mm	s /mm	转动惯量 /(kg·m²)	质量 /kg
LX1	250	8 500	12,14	32	27	—	90	40	20	2.5	0.002	2
			16,18,19	42	30	42						
			20,22,24	52	38	52						
LX2	560	6 300	20,22,24	52	38	52	120	55	28	2.5	0.009	5
			25,28	62	44	62						
			30,32,35	82	60	82						
LX3	1 250	4 700	30,32,35,38	82	60	82	160	75	36	2.5	0.026	8
			40,42,45,48	112	84	112						
LX4	2 500	3 870	40,42,45,48, 50,55,56	112	84	112	195	100	45	3	0.109	22
			60,63	142	107	142						
LX5	3 150	3 450	50,55,56	112	84	112	220	120	45	3	0.191	30
			60,63,65, 70,71,75	142	107	142						

型号	公称转矩 /(N·m)	许用转速 /(r/min)	轴孔直径 d_1, d_2, d_z/mm	轴孔长度/mm			D /mm	D_1 /mm	b /mm	s /mm	转动惯量 /(kg·m²)	质量 /kg
				Y型	J、J_1、Z型							
				L	L	L_1						
LX6	6 300	2 720	60,63,65, 70,71,75	142	107	142	280	140	56	4	0.543	53
			80,85	172	132	172						
LX7	11 200	2 360	70,71,75	142	107	142	320	170	56	4	1.314	98
			80,85,90,95	172	132	172						
			100,110	212	167	212						

4. 弹性套柱销联轴器

附表 8-4　弹性套柱销联轴器(摘自 GB/T4323—2002)

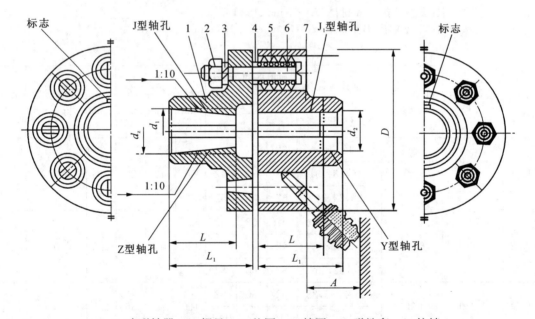

1,7-半联轴器　2-螺母　3-垫圈　4-挡圈　5-弹性套　6-柱销

标记示例：LT5 联轴器　$\dfrac{J_1 30 \times 50}{J_1 35 \times 50}$　GB/T4323—2002

主动端：J_1 型轴孔、A 型键槽、$d=30$ mm、$L=50$ mm

从动端：J_1 型轴孔、A 型键槽、$d=35$ mm、$L=50$ mm

续表

型号	公称转矩 /(N·m)	许用转速 /(r/min)	轴孔直径 d_1,d_2,d_z /mm	Y型 L	J、J_1、Z型 L	L_1	L推荐	D	A	质量 /kg	转动惯量 /(kg·m²)	径向 ΔY /mm	角向 Δα
LT1	6.3	8 800	9	20	14	—	25	71	18	0.82	0.0005	0.2	1°30′
			10,11	25	17								
			12,14	32	20								
LT2	16	7 600	12,14	32	20	42	42	80		1.20	0.0008		
			16,18,19	42	30								
LT3	31.5	6 300	16,18,19	42	30	42	42	95	35	2.2	0.0023		
			20,22	52	38	52	52						
LT4	63	5 700	20,22,24	52	38	52	52	106		2.84	0.0037		
			25,28	62	44	62	62						
LT5	125	4 600	25,28	62	44	62	62	130	45	6.05	0.012	0.3	
			30,32,35	82	60	82	82						
LT6	250	3 800	32,35,38	82	60	82	82	160		9.57	0.028		
			40,42										
LT7	500	3 600	40,42,45,48	112	84	112	112	190	65	14.01	0.055		1°
LT8	710	3 000	45,48,50,55,56	112	84	112	112	224	65	23.12	0.134	0.4	
			60,63	142	107	142	142						
LT9	1 000	2 850	50,55,56	112	84	112	112	250	65	30.69	0.213		
			60,63,65,70,71	142	107	142	142						
LT10	2 000	2 300	63,65,70,71,75	142	107	142	142	315	80	61.4	0.66	0.4	1°
			80,85,90,95	172	132	172	172						
LT11	4 000	1 800	80,85,90,95	172	132	172	172	400	100	120.7	2.112		
			100,110	212	167	212	212						
LT12	8 000	1 450	100,110,120,125	212	167	212	212	475	130	210.34	5.39	0.5	0°30′
			130	252	202	252	252						

注: 1. 质量、转动惯量按材料为铸钢。

2. 本联轴器具有一定补偿两轴线相对偏移和减振缓冲能力,适用于安装底座刚性好、冲击载荷不大的中小功率轴系传动,可用于经常正反转、起动频繁的场合,工作温度为－20～＋70℃。

附录 9　常用电动机的技术数据

1. Y系列(IP23)三相异步电动机(摘自 JB/5271—1991、JB/T5272—1991)

Y系列(IP23)三相异步电动机的技术数据、安装尺寸及外形尺寸如附表 9 - 1、附表 9 - 2所示。

附表 9 - 1　Y 系列(IP23)三相异步电动机的技术数据

型号	额定功率 P/kW	满载时				堵转转矩 额定转矩	堵转电流 额定电流	最大转矩 额定转矩	噪声 /dB (A 声级)	净重 /kg
		转速 /(r·min⁻¹)	电流 /A	效率 (%)	功率因数 cosφ					
同步转速 $n=3\,000$ r/min										
Y160M - 2	15	2 928	29.3	88	0.88	1.7			85	160
Y160L1 - 2	18.5	2 929	35.2	89	0.89	1.8			85	160
Y160L2 - 2	22	2 928	41.8	89.5	0.89	2.0			85	160
Y180M - 2	30	2 938	56.7	89.5	0.89	1.7			88	220
Y180L - 2	37	2 939	69.2	90.5	0.89	1.9			88	220
Y200M - 2	45	2 952	84.4	91	0.89	1.9	7.0	2.2	90	310
Y200L - 2	55	2 950	100.8	91.5	0.89	1.9			90	310
Y225M - 2	75	2 955	137.9	91.5	0.89	1.8			92	380
Y250S - 2	90	2 966	164.9	92	0.89	1.7			97	465
Y250M - 2	110	2 965	199.4	92.5	0.90	1.7			97	465
Y280M - 2	132	2 967	238	92.5	0.90	1.6			99	750
同步转速 $n=1\,500$ r/min										
Y160M - 4	11	1 459	22.4	87.5	0.85	1.9			76	160
Y160L1 - 4	15	1 458	29.9	88	0.86	2.0			80	160
Y160L2 - 4	18.5	1 458	36.5	89	0.86	2.0			80	160
Y180M - 4	22	1 467	43.2	89.5	0.86	1.9			80	230
Y180L - 4	30	1 467	57.9	90.5	0.87	1.9			87	230
Y200M - 4	37	1 473	71.1	90.5	0.87	2.0	7.0	2.2	87	310
Y200L - 4	45	1 475	85.5	91	0.87	2.0			89	310
Y255M - 4	55	1 476	103.6	91.5	0.88	1.8			89	380
Y250S - 4	75	1 480	140.1	92	0.88	2.0			93	490
Y250M - 4	90	1 480	167.2	92.5	0.88	2.2			93	490
Y280S - 4	110	1 482	202.4	92.5	0.88	1.7			93	820
Y280M - 4	132	1 483	241.3	93	0.88	1.8			96	820

型号	额定功率 P/kW	满载时				堵转转矩额定转矩	堵转电流额定电流	最大转矩额定转矩	噪声/dB（A声级）	净重/kg
		转速/(r·min^{-1})	电流/A	效率（%）	功率因数 $\cos\varphi$					
同步转速 $n=1\ 000$ r/min										
Y160M-6	7.5	971	16.7	85	0.79	2.0			78	150
Y160L-6	11	971	23.9	86.5	0.78	2.0			78	150
Y180M-6	15	974	31	88	0.81	1.8			81	215
Y180L-6	18.5	975	37.8	88.5	0.83	1.8			81	215
Y200M-6	22	978	43.7	89	0.85	1.7			81	295
Y200L-6	30	975	58.6	89.5	0.85	1.7	6.5	2.0	84	295
Y225M-6	37	982	70.2	90.5	0.87	1.8			84	360
Y250S-6	45	983	86.2	91	0.86	1.8			87	465
Y250M-6	55	983	104.2	91	0.87	1.8			87	465
Y280S-6	75	986	140.8	91.5	0.87	1.8			90	820
Y280M-6	90	986	160.8	92	0.88	1.8			90	820
同步转速 $n=750$ r/min										
Y160M-8	5.5	723	13.5	83.5	0.73	2.0			72	150
Y160L-8	7.5	723	18.0	85	0.73	2.0			75	150
Y180M-8	11	727	25.1	86.5	0.74	1.8			75	215
Y180L-8	15	726	34.0	87.5	0.76	1.8			83	215
Y200M-8	18.5	728	40.2	88.5	0.78	1.7			83	295
Y200L-8	22	729	47.7	89	0.78	1.8	6.0	2.2	83	295
Y225M-8	30	734	61.7	89.5	0.81	1.7			86	360
Y250S-8	37	735	76.3	90	0.80	1.6			86	465
Y250M-8	45	736	92.8	90.5	0.79	1.8			88	465
Y280S-8	55	740	112.4	91	0.80	1.8			88	820
Y280M-8	75	740	151	91.5	0.81	1.8			91	800

注：Y 系列型号含义，例如 Y160L2-2，Y 为异步电动机，160 为机座中心高（mm），L 为长机座（M 为中机座，S 为短机座），L 后面的数字表示不同功率的代号，短横线后面的数字为极数。

附表 9－2　Y 系列（IP23）三相异步电动机 B3 安装尺寸及外形尺寸　　　　　　　　（mm）

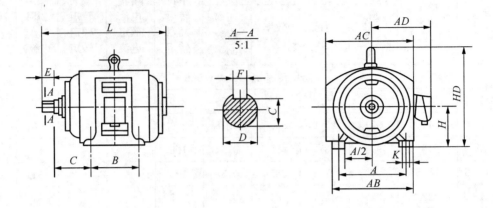

机座号	安装尺寸													外形尺寸					
	D		E		F		G		H	A	A/2	B	C	K	AB	AC	AD	HD	L	
	2极	4、6、8、10极	2极	4、6、8、10极	2极	4、6、8、10极	2极	4、6、8、10极											2极	4、6、8、10极
160M	48k6		110		14		42.5		$160_{-0.5}^{0}$	254	127	210	108	15	330	380	290	440	676	
160L												254								
180M	55m6				16		49		$180_{-0.5}^{0}$	279	139.5	241	121		350	420	325	505	726	
180L												279								
200M	60m6				18		53		$200_{-0.5}^{0}$	318	159	267	133	19	400	465	350	570	820	
200L												305								886
225M	60m6	65m6	140				53	58	$225_{-0.5}^{0}$	356	178	311	149		450	520	395	640	880	
250S	65m6	75m6			18	20	58	67.5	$250_{-0.5}^{0}$	406	203		168	24	510	550	410	710	930	
250M												349								960
280S	65m6	80m6	140	170		22		71	$280_{-1.0}^{0}$	457	228.5	368	190		570	610	485	785	1 090	
280M					18							419								1 140
315S	70m6	90m6			20	25	62.5	81	$315_{-1.0}^{0}$	508	254	406	216	28	680	792	586	928	1 130	1 160
315M												457								1 240	1 270
355M	75m6	100m6	140	210	20	28	67.5	90	$355_{-1.0}^{0}$	610	305	560	254	280		980	630	1 120	1 550	1 620
355L												630								1 620	1 690

2. Y 系列(IP44)三相异步电动机(摘自 ZB/TK22 007—1998、JB/T5274—1991)

Y 系列(IP44)三相异步电动机的技术数据、安装尺寸及外形尺寸如附表 9-3、附表 9-4 和附表 9-5 所示。

附表 9-3　Y 系列(IP44)三相异步电动机的技术数据

| 型号 | 额定功率 P/kW | 满载时 | | | | 堵转转矩额定转矩 | 堵转电流额定电流 | 最大转矩额定转矩 | 噪声/dB (A声级) | 净重/kg |
		转速/(r·min^{-1})	电流/A	效率(%)	功率因数 $\cos\varphi$					
同步转速 $n=3\,000$ r/min										
Y801-2	0.75	2 830	1.81	75	0.84	2.2			71	16
Y802-2	1.1	2 830	2.52	77	0.86	2.2			71	17
Y90S-2	1.5	2 840	3.44	78	0.86	2.2			75	22
Y90L-2	2.2	2 840	4.74	82	0.86	2.2			75	25
Y100L-2	3.0	2 870	6.39	82	0.87	2.2			79	33
Y112M-2	4.0	2 890	8.17	85.5	0.87	2.2			79	45
Y132S1-2	5.5	2 900	11.1	85.5	0.87	2.0			83	64
Y132S2-2	7.5	2 900	15.0	86.2	0.88	2.0			83	70
Y160M1-2	11.0	2 930	21.8	87.2	0.88	2.0			87	117
Y160M2-2	15.0	2 930	29.4	88.2	0.88	2.0			87	125
Y160L-2	18.5	2 930	35.5	89	0.89	2.0	7.0	2.2	87	147
Y180M-2	22.0	2 940	42.2	89	0.89	2.0			92	180
Y200L1-2	30.0	2 950	56.9	90	0.89	2.0			95	240
Y200L2-2	37.0	2 950	69.8	90.5	0.89	2.0			95	260
Y225M-2	45.0	2 970	83.9	91.5	0.89	2.0			97	310
Y250M-2	55.0	2 970	103	91.5	0.89	2.0			97	400
Y280S-2	75.0	2 970	140	91.5	0.89	2.0			99	550
Y280M-2	90.0	2 970	167	92	0.89	2.0			99	620
Y315S-2	110	2 980	204	93	0.90	1.8			102	980
Y315M1-2	132	2 980	245	94	0.90	1.8			102	1 080
Y315M2-2	160	2 980	295	94.5	0.90	1.8			102	1 160
同步转速 $n=1\,500$ r/min										
Y801-4	0.55	1 390	1.51	73	0.76	2.2			67	17
Y802-4	0.75	1 390	2.01	74.5	0.76	2.2	6.2	2.2	67	18
Y90S-4	1.1	1 400	2.75	78	0.78	2.2			67	22

型号	额定功率 P/kW	满载时				堵转转矩 额定转矩	堵转电流 额定电流	最大转矩 额定转矩	噪声 /dB (A声级)	净重 /kg
		转速 /(r·min^{-1})	电流 /A	效率 (%)	功率因数 $\cos\varphi$					
同步转速 n＝1 500 r/min										
Y90L-4	1.5	1 440	3.65	79	0.79	2.2	6.5		67	27
Y100L1-4	2.2	1 430	5.03	81	0.82	2.2			70	34
Y100L2-4	3.0	1 430	6.82	82.5	0.81	2.2			70	38
Y112M-4	4.0	1 440	8.77	84.5	0.82	2.2			74	43
Y132S-4	5.5	1 440	116	85.5	0.84	2.2			78	68
Y132M-4	7.5	1 440	15.4	87	0.85	2.2			78	81
Y160M-4	11.0	1 460	22.6	88	0.84	2.2			82	123
Y160L-4	15.0	1 460	30.3	88.5	0.85	2.2			82	144
Y180M-4	18.5	1 470	35.9	91	0.86	2.0			82	182
Y180L-4	22.0	1 470	42.5	91.5	0.86	2.0	7.0	2.2	82	190
Y200L-4	30.0	1 470	56.8	92.5	0.87	2.0			84	270
Y225S-4	37.0	1 480	69.8	91.8	0.87	1.9			84	300
Y225M-4	45.0	1 480	84.2	92.3	0.88	1.9			84	320
Y250M-4	55.0	1 480	103	92.6	0.88	2.0			86	427
Y280S-4	75.0	1 480	140	92.7	0.88	1.9			90	562
Y280M-4	90.0	1 480	161	93.6	0.89	1.9			90	670
Y315S-4	110	1 480	201	93.5	0.89	1.8			96	1 000
Y315M1-4	132	1 490	241	93.5	0.89	1.8			96	1 100
Y315M2-4	160	1 490	291	91	0.89	1.8			96	1 160
同步转速 n＝1 000 r/min										
Y90S-6	0.75	910	2.25	72.5	0.70	2.0			65	23
Y90L-6	1.1	910	3.15	73.5	0.72	2.0	6.0		65	25
Y100L-6	1.5	940	3.97	77.5	0.74	2.0			67	35
Y112M-6	2.2	940	5.61	80.5	0.74	2.0		2.0	67	45
Y132S-6	3	960	7.23	83	0.76	2.0			71	65
Y132M1-6	4	960	9.40	84	0.77	2.0			71	75
Y132M2-6	5.5	960	12.6	85.3	0.78	2.0	6.5		71	85
Y160M-6	7.5	970	17.0	86	0.78	2.0			75	120
Y160L-6	11	970	24.6	87	0.78	2.0			75	150

续表

型号	额定功率 P/kW	满载时				堵转转矩额定转矩	堵转电流额定电流	最大转矩额定转矩	噪声 /dB（A声级）	净重 /kg
		转速 /(r·min^{-1})	电流 /A	效率 (%)	功率因数 $\cos\varphi$					
同步转速 $n=1\,000$ r/min										
Y180L-6	15	970	31.4	89.5	0.81	1.8			78	200
Y200L1-6	18.5	970	37.7	89.8	0.83	1.8			78	220
Y200L2-6	22	970	44.6	90.2	0.83	1.8			78	250
Y225M-6	30	980	59.5	90.2	0.85	1.7			81	300
Y250M-6	37	980	72	90.8	0.88	1.8			81	410
Y280S-6	45	980	85.4	92	0.87	1.8	6.5	2.0	84	550
Y280M-6	55	980	104	92	0.87	1.8			84	600
Y315S-6	75	990	141	93	0.87	1.6			87	1 000
Y315M1-6	90	990	168	93.5	0.87	1.6			87	1 080
Y315M2-6	110	990	205	94	0.87	1.6			87	1 150
Y315M3-6	132	990	246	94	0.87	1.6			87	1 210
同步转速 $n=750$ r/min										
Y132S-8	2.2	710	5.81	81	0.71	2.0	5.5		66	70
Y132M-8	3	710	7.72	82	0.72	2.0			66	80
Y160M1-8	4	720	9.91	84	0.73	2.0	6		69	120
Y160M2-8	5.5	720	13.3	85	0.74	2.0			69	125
Y160L-8	7.5	720	17.7	86	0.75	2.0	5.5		72	150
Y180L-8	11	730	25.1	86.5	0.77	1.7			72	200
Y200L-8	15	730	34.1	88	0.76	1.8			75	250
Y225S-8	18.5	730	41.3	89.5	0.76	1.7		2.0	75	270
Y225M-8	22	730	47.6	90	0.78	1.8	6		75	300
Y250M-8	30	730	63.0	90.5	0.80	1.8			78	400
Y280S-8	37	740	78.2	91	0.79	1.8			78	520
Y280M-8	45	740	93.2	91.7	0.80	1.8			78	600
Y315S-8	55	740	111	92	0.82	1.6			87	1 000
Y315M1-8	75	740	150	92.5	0.82	1.6	6.3		87	1 100
Y315M2-8	90	740	179	93	0.82	1.6			87	1 160
Y315M3-8	110	740	219	93	0.82	1.6			87	1 230

续表

| 型号 | 额定功率 P/kW | 满载时 | | | | 堵转转矩 额定转矩 | 堵转电流 额定电流 | 最大转矩 额定转矩 | 噪声/dB (A声级) | 净重/kg |
		转速 /(r·min^{-1})	电流 /A	效率 (%)	功率因数 $\cos\varphi$					
同步转速 n＝750 r/min										
Y315S‑10	45	590	99	91	0.76	1.4			87	990
Y315M2‑10	55	590	120	91.5	0.76	1.4	6.5	2.0	87	1 150
Y315M3‑10	75	590	160	92	0.77	1.4			87	1 220

附表 9‑4　Y 系列(IP44)三相异步电动机 B3 安装尺寸及外形尺寸　　　　　　(mm)

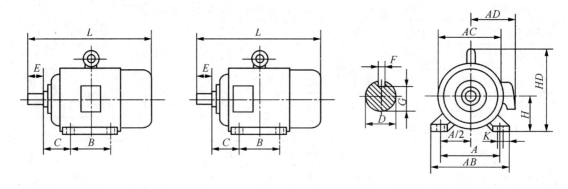

| 机座号 | 国际标准机座号 | | D | | F | | G | | E | |
	2极	4、6、8、10极	2极	4、6、8、10极	2极	4、6、8、10极	2极	4、6、8、10极	2极	4、6、8、10极
80		80‑19		19j6		6		16.5		40
90S		90S24		24j6				20		50
90L		90L24				8				
100L		100L28		28j6				24		60
112M		112M28								
132S		132S38		38k6		10		33		80
132M		132M38								
160M		160M42		42k6		12		37		
160L		160L42								110
180M		180M48		48k6		14		42.5		
180L		180L48								
200L		200L65		55m6		16		49		

续表

机座号	国际标准机座号 2极	国际标准机座号 4、6、8、10极	D 2极	D 4、6、8、10极	F 2极	F 4、6、8、10极	G 2极	G 4、6、8、10极	E 2极	E 4、6、8、10极
225S		225S60		60m6				T53		140
225M	225M55	225M60	55m6	60m6	16	18	49	T53	110	140
250M	250M60	250M65	60m6	65m6			53	58		
280S	280S65	280S75	65m6	75m6	18	20	58	67.5	140	140
280M	280M65	280M75								
315S	315S65	315S80		80m6		22		71	140	170
315M	315M65	315M80								
315L	315L65	315L80								
355M	355M75	355M90	75m6	95m6	20	25	67.5	86	140	170
355L	355L75	355L90	75m6	95m6	20	25	67.5	86	140	170

机座号	K	H	A	A/2	B	C	AB	AC	AD	BD	L 2极	L 4、6、8、10极
80	10	$80_{-0.5}^{0}$	125	62.5	100	50	165	175	150	175		290
90S	10	$90_{-0.5}^{0}$	140	70	100	56	180	195	160	195		315
90L					125							340
100L	12	$100_{-0.5}^{0}$	160	80		63	205	215	180	245		380
112M	12	$112_{-0.5}^{0}$	190	95	140	70	245	240	190	265		400
132S	12	$132_{-0.5}^{0}$	216	108		89	280	275	210	315		475
132M					178							515
160M	15	$160_{-0.5}^{0}$	254	127	210	108	330	335	265	385		605
160L					254							650
180M	15	$180_{-0.5}^{0}$	279	139.5	241	121	355	380	285	430		670
180L					279							710
200L	19	$200_{-0.5}^{0}$	318	159	305	133	395	420	315	475		775
225S	19	$225_{-0.5}^{0}$	356	178	286	149	435	475	345	530		820
225M					311						815	845
250M	24	$250_{-0.5}^{0}$	406	203	349	168	490	515	385	575		930
280S	24	$280_{-1.0}^{0}$	457	228.5	368	190	550	580	410	640		1 000
280M					419							1 050
315S	28	$315_{-1.0}^{0}$			406						1 240	1 270
315M	28		508	254	457	216	744	645	576	865	1 310	1 340
315L	28				503							
355M	28	$355_{-1.0}^{0}$	610	305	560	254	740	750	380	1 035	1 540	1 570
355L	28				630							

附表 9-5 Y系列(IP44)三相异步电动机 B35 安装尺寸及外形尺寸及外形尺寸 (mm)

机座号	国际标准机座号	D 2极	D 4,6,8,10极	F 2极	F 4,6,8,10极	G 2极	G 4,6,8,10极	E 2极	E 4,6,8,10极
80	80－19F165		19j6		6		15.5		40
90S	90S24F165		24j6				20		50
90L	90L24F165				8				
100L	100L28F195		28j6				24		60
112M	112M28F215								
132S	132S38F265		38k6		10		33		80
132M	132M38F265								
160M	160M42F300		42k6		12		37		110
160L	160L42F300								
180M	180M48F300		48k6		14		42.5		
180L	180L48F300								
200L	200L55F350		55m6		16		49		

续表

机座号	国际标准机座号 2极	国际标准机座号 4、6、8、10极	D 2极	D 4、6、8、10极	F 2极	F 4、6、8、10极	G 2极	G 4、6、8、10极	E 2极	E 4、6、8、10极
225S		225S60F400	55m6	60m6		18		53		140
225M	225M60F400	225M60F400	60m6	65m6	16	18	49	53		140
250M	250M55F500	250M65F500	65m6	65m6	18	18	53	58	110	140
280S	280S65F500	280S75F500	65m6	75m6	18	20	58	67.5	140	140
280M	280M65F500	280M75F500	65m6	75m6	18	20	58	67.5	140	140
315S	315S65F600	315S80F600	65m6	80m6	18	22	58	71	140	170
315M	315M65F600	315M80F600	65m6	80m6	18	22	58	71	140	170
315L	315L65F600	315L80F600	65m6	80m6	18	22	58	71	140	170
355M	355M75F740	355M95F740	75m6	95m6	20	25	67.5	86	140	170
355L	355L75F740	355L95F740	75m6	95m6	20	25	67.5	86	140	170

机座号	K	M 2极	M 4、6、8、10极	N	P	T	H	S	R	A	B	C	AB	AC	AD	HD	L 2极	L 4、6、8、10极
80	10	165		130j6	200	3.5	80	12	0	125	100	50	165	175	150	175	270(350)	270(350)
90S	10	165		130j6	200	3.5	90	12	0	140	100	56	180	195	160	195	315(385)	315(385)
90L	10	165		130j6	200	3.5	90	12	0	140	125	56	180	195	160	195	340(410)	340(410)
100L	12	215		180j6	250	4	100	15	0	160	140	63	205	215	180	245	380(470)	380(470)
112M	12	215		180j6	250	4	112	15	0	190	140	70	245	240	190	265	400(475)	400(475)
132S	12	265		230j6	300	5	132	15	0	216	178	89	280	275	210	315	475(540)	475(540)
132M	12	265		230j6	300	5	132	15	0	216	210	89	280	275	210	315	515(580)	515(580)
160M	15	300		250j6	350	5	160	19	0	254	254	108	330	335	265	385	605(695)	605(695)
160L	15	300		250j6	350	5	160	19	0	254	254	108	330	335	265	385	650	650
180M	15	300		250j6	350	5	180	19	0	279	241	121	355	380	285	430	670	670
180L	15	300		250j6	350	5	180	19	0	279	279	121	355	380	285	430	710	710
200L	19	350		300js6	400	5	200	19	0	318	305	133	395	420	315	475	775	775
225S	19	350		300js6	400	5	225	19	0	356	286	149	435	475	345	530		820
225M	19	400		350js6	450	5	225	19	0	356	311	149	435	475	345	530		845
250M	24	500		450js6	550	6	250	24	0	406	349	168	490	515	385	575		930
280S	24	500		450js6	550	6	280	24	0	457	368	190	550	585	410	640		1000
280M	24	500		450js6	550	6	280	24	0	457	419	190	550	585	410	640		1050
315S	28	600		550js6	660	6	315	24	0	508	406	216	744	645	576	865	1310	1340
315M	28	600		550js6	660	6	315	24	0	508	457	216	744	645	576	865	1310	1340
315L	28	600		550js6	660	6	315	24	0	508	457	216	744	645	576	865	1310	1340
355M	28	740		680js6	800	6	335	24	0	610	560	254	740	750	680	1 035	1540	1570
355L	28	740		680js6	800	6	335	24	0	610	630	254	740	750	680	1 035	1540	1570

注：（ ）中的值是 JB/T6448—1992 规定的 L 值。

附录10 滚动轴承

1. 深沟球轴承

附表 10-1 深沟球轴承(GB/T276—1994)

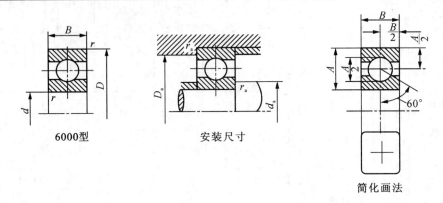

6000型 安装尺寸 简化画法

标记示例：滚动轴承 6210GB/T276—1994

F_a/C_{0r}	e	Y	径向当量动载荷	径向当量静载荷
0.014	0.19	2.30		
0.028	0.22	1.99		
0.056	0.26	1.71		$P_{0r}=F_r$
0.084	0.28	1.55	当$\frac{F_a}{F_r}\leqslant e,P_r=F_r$	$P_{0r}=0.6F_r+0.5F_a$
0.11	0.30	1.45		当取上列两式计算结果的较
0.17	0.34	1.31	当$\frac{F_a}{F_r}>e$, $P_r=0.56F_r$	大值
0.28	0.38	1.15	$+YF_a$	
0.42	0.42	1.04		
0.56	0.44	1.00		

轴承代号		基本尺寸 mm				安装尺寸 mm			基本额定动载荷 C_r	基本额定静载荷 C_{0r}	极限转速 /(r·min⁻¹)	
新标准	旧标准	d	D	B	r min	d_a min	D_a max	r_a max	kN	kN	脂润滑	油润滑
(1) 0尺寸系列												
6000	100	10	26	8	0.3	12.4	23.6	0.3	4.58	1.98	20 000	28 000
6001	101	12	28	8	0.3	14.4	25.6	0.3	5.10	2.38	19 000	26 000
6002	102	15	32	9	0.3	17.4	29.6	0.3	5.58	2.85	18 000	24 000
6003	103	17	35	10	0.3	19.4	32.6	0.3	6.00	3.25	17 000	22 000
6004	104	20	42	12	0.6	25	37	0.6	9.38	5.02	15 000	19 000
6005	105	25	47	12	0.6	30	42	0.6	10.0	5.85	13 000	17 000

续表

轴承代号		基本尺寸/mm				安装尺寸/mm			基本额定动载荷 C_r	基本额定静载荷 C_{0r}	极限转速 /(r·min⁻¹)	
新标准	旧标准	d	D	B	r min	d_a min	D_a max	r_a max	kN	kN	脂润滑	油润滑
6006	106	30	55	13	1	36	49	1	13.2	8.30	10 000	14 000
6007	107	35	62	14	1	41	56	1	16.2	10.5	9 000	12 000
6008	108	40	68	15	1	46	62	1	17.0	11.8	8 500	11 000
6009	109	45	75	16	1	51	69	1	21.0	14.8	8 000	10 000
6010	110	50	80	16	1	56	71	1	22.0	16.2	7 000	9 000
6011	111	55	90	18	1.1	62	83	1	30.2	21.8	6 300	8 000
6012	112	60	95	18	1.1	67	88	1	31.5	24.2	6 000	7 500
6013	113	65	100	18	1.1	72	93	1	32.0	24.8	5 600	7 000
6014	114	70	110	20	1.1	77	103	1	38.5	30.5	5 300	6 700
6015	115	75	115	20	1.1	82	108	1	40.2	33.2	5 000	6 300
6016	116	80	125	22	1.1	87	118	1	47.5	39.8	4 800	6 000
6017	117	85	130	22	1.1	92	123	1	50.8	42.8	4 500	5 600
6018	118	90	140	24	1.5	99	131	1.5	58.0	49.8	4 300	5 300
6019	119	95	145	24	1.5	104	136	1.5	57.8	50.0	4 000	5 000
6020	120	100	150	24	1.5	109	141	1.5	64.5	56.2	3 800	4 800

(0)2 尺寸系列

轴承代号		基本尺寸/mm				安装尺寸/mm			基本额定动载荷 C_r	基本额定静载荷 C_{0r}	极限转速 /(r·min⁻¹)	
新标准	旧标准	d	D	B	r min	d_a min	D_a max	r_a max	kN	kN	脂润滑	油润滑
6200	200	10	30	9	0.6	15	25	0.6	5.10	2.38	19 000	26 000
6201	201	12	32	10	0.6	17	27	0.6	6.82	3.05	18 000	24 000
6202	202	15	35	11	0.6	20	30	0.6	7.65	3.72	17 000	22 000
6203	203	17	40	12	0.6	22	35	0.6	9.58	4.78	16 000	20 000
6204	204	20	47	14	1	26	41	1	12.8	6.65	14 000	18 000
6205	205	25	52	15	1	31	46	1	14.0	7.88	12 000	16 000
6206	206	30	62	16	1	36	56	1	19.5	11.5	9 500	13 000
6207	207	35	72	17	1.1	42	65	1	25.5	15.2	8 500	11 000
6208	208	40	80	18	1.1	47	73	1	29.5	18.0	8 000	10 000
6209	209	45	85	19	1.1	52	78	1	31.5	20.5	7 000	9 000
6210	210	50	90	20	1.1	57	83	1	35.0	23.2	6 700	8 500
6211	211	55	100	21	1.5	64	91	1.5	43.2	29.2	6 000	7 500
6212	212	60	110	22	1.5	69	101	1.5	47.8	32.8	5 600	7 000
6213	213	65	120	23	1.5	74	111	1.5	57.2	40.0	5 000	6 300
6214	214	70	125	24	1.5	79	116	1.5	60.8	45.0	4 800	6 000
6215	215	75	130	25	1.5	84	121	1.5	66.0	49.5	4 500	5 600
6216	216	80	140	26	2	90	130	2	71.5	54.2	4 300	5 300
6217	217	85	150	28	2	95	140	2	83.2	63.8	4 000	5 000

轴承代号		基本尺寸/mm				安装尺寸/mm			基本额定动载荷 C_r	基本额定静载荷 C_{0r}	极限转速/(r·min⁻¹)	
新标准	旧标准	d	D	B	r min	d_a min	D_a max	r_a max	kN	kN	脂润滑	油润滑
6218	218	90	160	30	2	100	150	2	95.8	71.5	3 800	4 800
6219	219	95	170	32	2.1	107	158	2.1	110	82.8	3 600	4 500
6220	220	100	180	34	2.1	112	168	2.1	122	92.8	3 400	4 300
(0)3 尺寸系列												
6300	300	10	35	11	0.6	15	30	0.6	7.65	3.48	18 000	24 000
6301	301	12	37	12	1	18	31	1	9.72	5.08	17 000	22 000
6302	302	15	42	13	1	21	36	1	11.5	5.42	16 000	20 000
6303	303	17	47	14	1	23	41	1	13.5	6.58	15 000	19 000
6304	304	20	52	15	1.1	27	45	1	15.8	7.88	13 000	17 000
6305	305	25	62	17	1.1	32	55	1	22.2	11.5	10 000	14 000
6306	306	30	72	19	1.1	37	65	1	27.0	15.2	9 000	12 000
6307	307	35	80	21	1.5	44	71	1.5	33.2	19.2	8 000	10 000
6308	308	40	90	23	1.5	49	81	1.5	40.8	24.0	7 000	9 000
6309	309	45	100	25	1.5	54	91	1.5	52.8	31.8	6 300	8 000
6310	310	50	110	27	2	60	100	2	61.8	38.0	6 000	7 500
(0)3 尺寸系列												
6311	311	55	120	29	2	65	110	2	71.5	44.8	5 300	6 700
6312	312	60	130	31	2.1	72	118	2.1	81.8	51.8	5 000	6 300
6313	313	65	140	33	2.1	77	128	2.1	93.8	60.5	4 500	5 600
6314	314	70	150	35	2.1	82	138	2.1	105	68.0	4 300	5 300
6315	315	75	160	37	2.1	87	148	2.1	112	76.8	4 000	5 000
6316	316	80	170	39	2.1	92	158	2.1	122	86.5	3 800	4 800
6317	317	85	180	41	3	99	166	2.5	132	96.5	3 600	4 500
6318	318	90	190	43	3	104	176	2.5	145	108	3 400	4 300
6319	319	95	200	45	3	109	186	2.5	155	122	3 200	4 000
6320	320	100	215	47	3	114	201	2.5	172	140	2 800	3 600
(0)4 尺寸系列												
6403	403	17	62	17	1.1	24	55	1	22.5	10.8	11 000	15 000
6404	404	20	72	19	1.1	27	65	1	31.0	15.2	9 500	13 000
6405	405	25	80	21	1.5	34	71	1.5	38.2	19.2	8 500	11 000
6406	406	30	90	23	1.5	39	81	1.5	47.5	24.5	8 000	10 000
6407	407	35	100	25	1.5	44	91	1.5	56.8	29.5	6 700	8 500
6408	408	40	110	27	2	50	100	2	65.5	37.5	6 300	8 000

轴承	代号	基本尺寸/mm				安装尺寸/mm			基本额定动载荷 C_r	基本额定静载荷 C_{0r}	极限转速 /(r·min^{-1})	
新标准	旧标准	d	D	B	r min	d_a min	D_a max	r_a max	kN	kN	脂润滑	油润滑
6409	409	45	120	29	2	55	110	2	77.5	45.5	5 600	7 000
6410	410	50	130	31	2.1	62	118	2.1	92.2	55.2	5 300	6 700
6411	411	55	140	33	2.1	67	128	2.1	100	62.5	4 800	6 000
6412	412	60	150	35	2.1	72	138	2.1	108	70.0	4 500	5 600
6413	413	65	160	37	2.1	77	148	2.1	115	78.5	4 300	5 600
6414	414	70	180	42	3	84	166	2.5	140	99.5	3 800	4 800
6415	415	75	190	45	3	89	176	2.5	155	115	3 600	4 500
6416	416	80	200	48	3	94	186	2.5	162	125	3 400	4 300
6417	417	85	210	52	4	103	192	3	175	138	3 200	4 000
6418	418	90	225	54	4	108	207	3	192	158	2 800	3 600
6420	420	100	250	58	4	118	232	3	222	195	2 400	3 200

注：1. 表中 C_r 值适用于真空脱气轴承钢材料的轴承。如为普通电炉钢，C_r 值降低；如为真空重熔或电渣重熔轴承钢，C_r 值提高。

　　2. r_{min} 为 r 的单向最小倒角尺寸；r_{amax} 为 r_a 的单向最大倒角尺寸。

2. 角接触球轴承

附表10-2　角接触球轴承(GB/T292—1994)

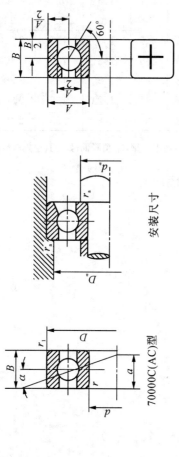

70000C(AC)型　　　　安装尺寸　　　　简化画法

标记示例：滚动轴承　7210C　GB/T292—1994

iF_a/C_{0r}	e	Y	70000C 型	70000AC 型
0.015	0.38	1.47	径向当量动载荷	径向当量动载荷
0.029	0.40	1.40	当 $F_a/F_r \le e$　$P_r = F_r$	当 $F_a/F_r \le 0.68$　$P_r = F_r$
0.058	0.43	1.30	当 $F_a/F_r > e$　$P_r = 0.44F_r + YF_a$	当 $F_a/F_r > 0.68$　$P_r = 0.41F_r + 0.87F_a$
0.087	0.46	1.23		
0.12	0.47	1.19		
0.17	0.50	1.12	径向当量静载荷	径向当量静载荷
0.29	0.55	1.02	$P_{0r} = 0.5F_r + 0.46F_a$	$P_{0r} = 0.5F_r + 0.38F_a$
0.44	0.56	1.00	当 $P_{0r} < F_a$，取 $P_{0r} = F_r$	当 $P_{0r} < F_r$，取 $P_{0r} = F_r$
0.58	0.56	1.00		

续表

1(0)尺寸系列

轴承代号				基本尺寸/mm					安装尺寸/mm			70000C(α=15°)			70000AC(α=25°)			极限转速/(r·min⁻¹)	
新标准		旧标准		d	D	B	r	r_1	d_a	D_a	r_a	a/mm	动载荷 C_r	静载荷 C_{0r}	a/mm	动载荷 C_r	静载荷 C_{0r}	脂润滑	油润滑
							min	min	min	max	max		基本额定 (kN)			基本额定 (kN)			
7000C	7000AC	36100	46100	10	26	8	0.3	0.15	12.4	23.6	0.3	6.4	4.92	2.25	8.2	4.75	2.12	19000	28000
7001C	7001AC	36101	46101	12	28	8	0.3	0.15	14.4	25.6	0.3	6.7	5.42	2.65	8.7	5.20	2.55	18000	26000
7002C	7002AC	36102	46102	15	32	9	0.3	0.15	17.4	29.6	0.3	7.6	6.25	3.42	10	5.95	3.25	17000	24000
7003C	7003AC	36103	46103	17	35	10	0.3	0.15	19.4	32.6	0.3	8.5	6.60	3.85	11.1	6.30	3.68	16000	22000
7004C	7004AC	36104	46104	20	42	12	0.6	0.15	25	37	0.6	10.2	10.5	6.08	13.2	10.0	5.78	14000	19000
7005C	7005AC	36105	46105	25	47	12	0.6	0.15	30	42	0.6	10.8	11.5	7.45	14.4	11.2	7.08	12000	17000
7006C	7006AC	36106	46106	30	55	13	1	0.3	36	49	1	12.2	15.2	10.2	16.4	14.5	8.85	9500	14000
7007C	7007AC	36107	46107	35	62	14	1	0.3	41	56	1	13.5	19.5	14.2	18.3	18.5	13.5	8500	12000
7008C	7008AC	36108	46108	40	68	15	1	0.3	46	62	1	14.7	20.0	15.2	20.1	19.0	14.5	8000	11000
7009C	7009AC	36109	46109	45	75	16	1	0.3	51	69	1	16	25.8	20.5	21.9	25.8	19.5	7500	10000
7010C	7010AC	36110	46110	50	80	16	1	0.3	56	74	1	16.7	26.5	22.0	23.2	25.2	21.0	6700	9000
7011C	7011AC	36111	46111	55	90	18	1.1	0.6	62	83	1	18.7	37.2	30.5	25.9	35.2	29.2	6000	8000
7012C	7012AC	36112	46112	60	95	18	1.1	0.6	67	88	1	19.4	38.2	32.8	27.1	36.2	31.5	5600	7500
7013C	7013AC	36113	46113	65	100	18	1.1	0.6	72	93	1	20.1	40.0	35.5	28.2	38.0	33.8	5300	7000
7014C	7014AC	36114	46114	70	110	20	1.1	0.6	77	103	1	22.1	48.2	43.5	30.9	45.8	41.5	5000	6700

续表

轴承代号 新标准	轴承代号 旧标准	基本尺寸/mm d	D	B	r min	r₁ min	安装尺寸/mm dₐ min	Dₐ max	rₐ max	70000C(α=15°) a/mm	动载荷 Cr/kN	静载荷 C0r/kN	70000AC(α=25°) a/mm	动载荷 Cr/kN	静载荷 C0r/kN	极限转速/(r·min⁻¹) 脂润滑	油润滑
1(0)尺寸系列																	
7015C	46115	75	115	20	1.1	0.6	82	108	1	22.7	49.5	46.5	32.2	46.8	44.2	4800	6300
7016C	46116	80	125	22	1.5	0.6	89	116	1.5	24.7	58.5	55.8	34.9	55.5	53.2	4500	6000
7017C	46117	85	130	22	1.5	0.6	94	121	1.5	25.4	62.5	60.2	36.1	59.2	57.2	4300	5600
7018C	46118	90	140	24	1.5	0.6	99	131	1.5	27.4	71.5	69.8	38.8	67.5	66.5	4000	5300
7019C	46119	95	145	24	1.5	0.6	104	136	1.5	28.1	73.5	73.2	40	69.5	69.8	3800	5000
7020C	46120	100	150	24	1.5	0.6	109	141	1.5	28.7	79.2	78.5	41.2	75	74.8	3800	5000
(0)2尺寸系列																	
7200C / 7200AC	36200 / 46200	10	30	9	0.6	0.15	15	25	0.6	7.2	5.82	2.95	9.2	5.58	2.85	18000	26000
7201C / 7201AC	36201 / 46201	12	32	10	0.6	0.15	17	27	0.6	8	7.35	3.52	10.2	7.10	3.35	17000	24000
7202C / 7202AC	36202 / 46202	15	35	11	0.6	0.15	20	30	0.6	8.9	8.68	4.62	11.4	5.53	4.40	16000	22000
7203C / 7203AC	36203 / 46203	17	40	12	0.6	0.3	22	35	0.6	9.9	10.8	5.95	12.8	10.5	5.65	15000	20000
7204C / 7204AC	36204 / 46204	20	47	14	1	0.3	26	41	1	11.5	14.5	8.22	14.9	14.0	7.82	13000	18000
7205C / 7205AC	36205 / 46205	25	52	15	1	0.3	31	46	1	12.7	16.5	10.5	16.4	15.8	9.88	11000	16000
7206C / 7206AC	36206 / 46206	30	62	16	1	0.3	36	56	1	14.2	23.0	15.0	18.7	22.0	14.2	9000	13000
7207C / 7207AC	36207 / 46207	35	72	17	1.1	0.6	42	65	1	15.7	30.5	20.0	21	29.0	19.2	8000	11000
7208C / 7208AC	36208 / 46208	40	80	18	1.1	0.6	47	73	1	17	36.8	25.8	23	35.2	24.5	7500	10000
7209C / 7209AC	36209 / 46209	45	85	19	1.1	0.6	52	78	1	18.2	38.5	28.5	24.7	36.8	27.2	6700	9000

续表

轴承代号		基本尺寸/mm					安装尺寸/mm			70000C(α=15°)			70000AC(α=25°)			极限转速/(r·min⁻¹)	
新标准	旧标准	d	D	B	r	r_1	d_a	D_a	r_a	a/mm	基本额定		a/mm	基本额定		脂润滑	油润滑
					min	min	min	max	max		动载荷 C_r	静载荷 C_{0r}		动载荷 C_r	静载荷 C_{0r}		
											kN			kN			
(0)2 尺寸系列																	
7210AC	36210	50	90	20	1.1	0.6	57	83	1	19.4	42.8	32.0	26.3	40.8	30.5	6300	8500
7211AC	36211	55	100	21	1.5	0.6	64	91	1.5	20.9	52.8	40.5	28.6	50.5	38.5	5600	7500
7212AC	36212	60	110	22	1.5	0.6	69	101	1.5	22.4	61.0	48.5	30.8	58.2	46.2	5300	7000
7213AC	36213	65	120	23	1.5	0.6	74	111	1.5	24.2	69.8	55.2	33.5	66.5	52.5	4800	6300
7214AC	36214	70	125	24	1.5	0.6	79	116	1.5	25.3	70.2	60.0	35.1	69.2	57.5	4500	6000
7215AC	36215	75	130	25	1.5	0.6	84	121	1.5	26.4	79.2	65.8	36.6	75.2	63.0	4300	5600
7216AC	36216	80	140	26	2	1	90	130	2	27.7	89.5	78.2	38.9	85.0	74.5	4000	5300
7217AC	36217	85	150	28	2	1	95	140	2	29.9	99.8	85.0	41.6	94.8	81.5	3800	5000
7218AC	36218	90	160	30	2	1	100	150	2	31.7	122	105	44.2	118	100	3600	4800
7219AC	36219	95	170	32	2.1	1.1	107	158	2.1	33.8	135	115	46.9	128	108	3400	4500
7220AC	36220	100	180	34	2.1	1.1	112	168	2.1	35.8	148	128	49.7	142	122	3200	4300
(0)3 尺寸系列																	
7301AC	46301	12	37	12	1	0.3	18	31	1	8.6	8.10	5.22	12	8.08	4.88	16000	22000
7302AC	46302	15	42	13	1	0.3	21	36	1	9.6	9.38	5.95	13.5	9.08	5.58	15000	20000
7303AC	46303	17	47	14	1	0.3	23	41	1	10.4	12.8	8.62	14.8	11.5	7.08	14000	19000
7304AC	46304	20	52	15	1.1	0.6	27	45	1	11.3	14.2	9.68	16.8	13.8	9.10	12000	17000

续表

(0)3 尺寸系列

轴承代号		基本尺寸/mm					安装尺寸/mm			70000C(α=15°)			70000AC(α=25°)			极限转速/(r·min⁻¹)	
新标准	旧标准	d	D	B	r min	r_1 min	d_a min	D_a max	r_a max	a/mm	基本额定 动载荷 C_r (kN)	静载荷 C_{or} (kN)	a/mm	基本额定 动载荷 C_r (kN)	静载荷 C_{or} (kN)	脂润滑	油润滑
7305C 7305AC	36305 46305	25	62	17	1.1	0.6	32	55	1	13.1	21.5	15.8	19.1	20.8	14.8	9500	14000
7306C 7306AC	36306 46306	30	72	19	1.1	0.6	37	65	1	15	26.5	19.8	22.2	25.2	18.5	8500	12000
7307C 7307AC	36307 46307	35	80	21	1.5	0.6	44	71	1.5	16.6	34.2	26.8	24.5	32.8	24.8	7500	10000
7308C 7308AC	36308 46308	40	90	23	1.5	0.6	49	81	1.5	18.5	40.2	32.3	27.5	38.5	30.5	6700	9000
7309C 7309AC	36309 46309	45	100	25	1.5	0.6	54	91	1.5	20.2	49.2	39.8	30.2	47.5	37.2	6000	8000
7310C 7310AC	36310 46310	50	110	27	2	1	60	100	2	22	53.5	47.2	33	55.5	44.5	5600	7500
7311C 7311AC	36311 46311	55	120	29	2	1	65	110	2	23.8	70.5	60.5	35.8	67.2	56.8	5000	6700
7312C 7312AC	36312 46312	60	130	31	2.1	1.1	72	118	2.1	25.6	80.5	70.2	38.7	77.8	65.8	4800	6300
7313C 7313AC	36313 46313	65	140	33	2.1	1.1	77	128	2.1	27.4	91.5	80.5	41.5	89.8	75.5	4300	5600
7314C 7314AC	36314 46314	70	150	35	2.1	1.1	82	138	2.1	29.2	102	91.5	44.3	98.5	86.0	4000	5300
7315C 7315AC	36315 46315	75	160	37	2.1	1.1	87	148	2.1	31	112	105	47.2	108	97.0	3800	5000
7316C 7316AC	36316 46316	80	170	39	2.1	1.1	92	158	2.1	32.8	122	118	50	118	108	3600	4800
7317C 7317AC	36317 46317	85	180	41	3	1.1	99	166	2.5	34.6	132	128	52.8	125	122	3400	4500
7318C 7318AC	36318 46318	90	190	43	3	1.1	104	176	2.5	36.4	142	142	55.6	135	135	3200	4300
7319C 7319AC	36319 46319	95	200	45	3	1.1	109	186	2.5	38.2	152	158	58.5	145	148	3000	4000
7320C 7320AC	36320 46320	100	215	47	3	1.1	114	201	2.5	40.2	162	175	61.9	165	178	2600	3600

续表

轴承代号		基本尺寸/mm					安装尺寸/mm			70000C($\alpha=15°$) 基本额定			70000AC($\alpha=25°$) 基本额定			极限转速/(r·min^{-1})	
新标准	旧标准	d	D	B	r	r_1	d_a min	D_a max	r_a max	a/mm	动载荷 C_r kN	静载荷 C_{0r} kN	a/mm	动载荷 C_r kN	静载荷 C_{0r} kN	脂润滑	油润滑
					min	min											
		(0)4 尺寸系列															
7406AC	46406	30	90	23	1.5	0.6	39	81	1				26.1	42.5	32.2	7500	10000
7407AC	46407	35	100	25	1.5	0.6	44	91	1.5				29	53.8	42.5	6300	8500
7408AC	46408	40	110	27	2	1	50	100	2				31.8	62.0	49.5	6000	8000
7409AC	46409	45	120	29	2	1	55	110	2				34.6	66.8	52.8	5300	7000
7410AC	46410	50	130	31	2.1	1.1	62	118	2.1				37.4	76.5	64.2	5000	6700
7412AC	46412	60	150	35	2.1	1.1	72	138	2.1				43.1	102	90.8	4300	5600
7414AC	46414	70	180	42	3	1.1	84	166	2.5				51.5	125	125	3600	4800
7416AC	46416	80	200	48	3	1.1	94	186	2.5				58.1	152	162	3200	4300

注: 表中 C_r 值, 对(1)0、(0)2 系列为真空脱气轴承钢的负荷能力, 对(0)3、(0)4 系列为电炉轴承钢的负荷能力。

3. 圆锥滚子轴承

附表 10-3　圆锥滚子轴承(GB/T297—1994)

30000型

简化画法

安装尺寸

径向当量动载荷

当 $\dfrac{F_a}{F_r} \leqslant e$　$P_r = F_r$

当 $\dfrac{F_a}{F_r} > e$　$P_r = 0.4F_r + YF_a$

径向当量静载荷

$P_{0r} = F_r$　$P_{0r} = 0.5F_r + Y_0 F_a$

取上列两式计算结果的较大值

标记示例：滚动轴承 30310　GB/T297-1994

02 尺寸系列

轴承代号 新标准	旧标准	尺寸/mm d	D	T	B	C	r min	r₁ min	a	安装尺寸/mm d_a min	d_b max	D_a min	D_a max	D_b max	a₁ min	a₂ min	r_a max	r_b max	计算系数 e	Y	Y₀	基本额定 动载荷 C_r (kN)	静载荷 C_0r (kN)	极限转速 脂润滑 /(r·min⁻¹)	油润滑 /(r·min⁻¹)
30203	7203E	17	40	13.25	12	11	1	1	9.9	23	23	34	34	37	2	2.5	1	1	0.35	1.7	1	20.8	21.8	9000	12000
30204	7204E	20	47	15.25	14	12	1	1	11.2	26	27	40	41	43	2	3.5	1	1	0.35	1.7	1	28.2	30.5	8000	10000
30205	7205E	25	52	16.25	15	13	1	1	12.5	31	31	44	46	48	2	3.5	1	1	0.37	1.6	0.9	32.2	37.0	7000	9000
30206	7206E	30	62	17.25	16	14	1	1	13.8	36	37	53	56	58	2	3.5	1	1	0.37	1.6	0.9	43.2	50.5	6000	7500
30207	7207E	35	72	18.25	17	15	1.5	1.5	15.3	42	44	62	65	67	3	3.5	1.5	1.5	0.37	1.6	0.9	54.2	63.5	5300	6700
30208	7208E	40	80	19.75	18	16	1.5	1.5	16.9	47	49	69	73	75	6	4	1.5	1.5	0.37	1.6	0.9	63.0	74.0	5000	6300

续表

轴承代号 新标准	旧标准	尺寸/mm d	D	T	B	C	r min	r₁ min	a	安装尺寸/mm d_a min	D_a min	D_a max	d_b max	D_b min	a₁ min	a₂ min	r_a max	r_b max	计算系数 e	Y	Y₀	基本额定 动载荷 C_r (kN)	静载荷 C_0r (kN)	极限转速/(r·min⁻¹) 脂润滑	油润滑
															02 尺寸系列										
30209	7209E	45	85	20.75	19	16	1.5	1.5	18.6	52	74	78	53	80	3	5	1.5	1.5	0.4	1.5	0.8	67.8	83.5	4500	5600
30210	7210E	50	90	21.75	20	17	1.5	1.5	20	57	79	83	58	86	3	5	1.5	1.5	0.42	1.4	0.8	73.2	92.0	4300	5300
30211	7211E	55	100	22.75	21	18	2	1.5	21	64	88	91	64	95	4	5	2	1.5	0.4	1.5	0.8	90.8	115	3800	4800
30212	7212E	60	110	23.75	22	19	2	1.5	22.3	68	96	101	69	103	4	5	2	1.5	0.4	1.5	0.8	102	130	3600	4500
30213	7213E	65	120	24.75	23	20	2	1.5	23.8	74	106	111	77	114	4	5	2	1.5	0.4	1.5	0.8	120	152	3200	4000
30214	7214E	70	125	26.25	24	21	2	1.5	25.8	79	110	116	81	119	4	5.5	2	1.5	0.42	1.4	0.8	132	175	3000	3800
30215	7215E	75	130	27.25	25	22	2	1.5	27.4	84	115	121	85	125	4	5.5	2	1.5	0.44	1.4	0.8	138	185	2800	3600
30216	7216E	80	140	28.25	26	22	2.5	2	28.1	90	124	130	90	133	4	6	2.1	2	0.42	1.4	0.8	160	212	2600	3400
30217	7217E	85	150	30.5	28	24	2.5	2	30.3	95	132	140	96	142	5	6.5	2.1	2	0.42	1.4	0.8	178	238	2400	3200
30218	7218E	90	160	32.5	30	26	2.5	2	32.3	100	140	150	102	151	5	6.5	2.1	2	0.42	1.4	0.8	200	270	2200	3000
30219	7219E	95	170	34.5	32	27	3	2.5	34.2	107	149	158	108	160	5	7.5	2.5	2.1	0.42	1.4	0.8	228	308	2000	2800
30220	7220E	100	180	37	34	29	3	2.5	36.4	112	157	168	114	169	5	8	2.5	2.1	0.42	1.4	0.8	255	350	1900	2600
															03 尺寸系列										
30302	7302E	15	42	14.25	13	11	1	1	9.6	21	36	36	22	38	2	3.5	1	1	0.29	2.1	1.2	22.8	21.5	9000	12000
30303	7303E	17	47	15.25	14	12	1	1	10.4	23	40	41	25	43	3	3.5	1	1	0.29	2.1	1.2	28.2	27.2	8500	11000
30304	7304E	20	52	16.25	15	13	1.5	1.5	11.1	27	44	45	28	48	3	3.5	1.5	1.5	0.3	2	1.1	33.0	33.2	7500	9500
30305	7305E	25	62	18.25	17	15	1.5	1.5	13	32	54	55	34	58	3	3.5	1.5	1.5	0.3	2	1.1	46.8	48.0	6300	8000
30306	7306E	30	72	20.75	19	16	1.5	1.5	15.3	37	62	65	40	66	3	5	1.5	1.5	0.31	1.9	1.1	59.0	63.0	5600	7000

续表

| 轴承代号 | | 尺寸/mm | | | | | | | | 安装尺寸/mm | | | | | | | | | 计算系数 | | | 基本额定 | | 极限转速/$(\mathrm{r \cdot min^{-1}})$ | |
新标准	旧标准	d	D	T	B	C	r min	r_1 min	a	d_a min	d_b min	D_a min	D_a max	D_b min	a_1 min	a_2 min	r_a max	r_b max	e	Y	Y_0	动载荷 C_r kN	静载荷 C_{0r} kN	脂润滑	油润滑
													03 尺寸系列												
30307	7307E	35	80	22.75	21	18	2	1.5	16.8	44	45	70	71	74	3	5	2	1.5	0.31	1.9	1.1	75.2	82.5	5000	6300
30308	7308E	40	90	25.25	23	20	2	1.5	19.5	49	52	77	81	84	3	5.5	2	1.5	0.35	1.7	1	90.8	108	4500	5600
30309	7309E	45	100	27.25	25	22	2	1.5	21.3	54	59	86	91	94	3	5.5	2	1.5	0.35	1.7	1	108	130	4000	5000
30310	7310E	50	110	29.25	27	23	2.5	2	23	60	65	95	100	103	4	6.5	2	2	0.35	1.7	1	130	158	3800	4800
30311	7311E	55	120	31.5	29	25	2.5	2	24.9	65	70	104	110	112	4	6.5	2.5	2	0.35	1.7	1	152	188	3400	4300
30312	7312E	60	130	33.5	31	26	3	2.5	26.6	72	76	112	118	121	5	7.5	2.5	2.1	0.35	1.7	1	170	210	3200	4000
30313	7313E	65	140	36	33	28	3	2.5	28.7	77	83	122	128	131	5	8	2.5	2.1	0.35	1.7	1	195	242	2800	3600
30314	7314E	70	150	38	35	30	3	2.5	30.7	82	89	130	138	141	5	8	2.5	2.1	0.35	1.7	1	218	272	2600	3400
30315	7315E	75	160	40	37	31	3	2.5	32	87	95	139	148	150	5	9	2.5	2.1	0.35	1.7	1	252	318	2400	3200
30316	7316E	80	170	42.5	39	33	3	2.5	34.4	92	102	148	158	160	5	9.5	2.5	2.1	0.35	1.7	1	278	352	2200	3000
30317	7317E	85	180	44.5	41	34	4	3	35.9	99	107	156	166	168	6	10.5	3	2.5	0.35	1.7	1	305	388	2000	2800
30318	7318E	90	190	46.5	43	36	4	3	37.5	104	113	165	176	178	6	10.5	3	2.5	0.35	1.7	1	342	440	1900	2600
30319	7319E	95	200	49.5	46	38	4	3	40.1	109	118	172	186	185	6	11.5	3	2.5	0.35	1.7	1	370	478	1800	2400
30320	7320E	100	215	51.5	47	39	4	3	42.2	114	127	184	201	199	6	12.5	3	2.5	0.35	1.7	1	405	525	1600	2000

续表

轴承代号		尺寸/mm								安装尺寸/mm									计算系数			基本额定		极限转速 /(r·min⁻¹)	
新标准	旧标准	d	D	T	B	C	r min	r_1 min	a	d_a min	d_b max	D_a min	D_a max	D_b min	a_1 min	a_2 min	r_a max	r_b max	e	Y	Y_0	动载荷 C_r	静载荷 C_{or}	脂润滑	油润滑
																						kN			
22 尺寸系列																									
32206	7506E	30	62	21.25	20	17	1	1	15.6	36	36	52	56	58	3	4.5	1	1	0.37	1.6	0.9	51.8	63.8	6000	7500
32207	7507E	35	72	24.25	23	19	1.5	1.5	17.9	42	42	61	65	68	3	5.5	1.5	1.5	0.37	1.6	0.9	70.5	89.5	5300	6700
32208	7508E	40	80	24.75	23	19	1.5	1.5	18.9	47	48	68	73	75	3	6	1.5	1.5	0.37	1.6	0.9	77.8	97.2	5000	6300
32209	7509E	45	85	24.75	23	19	1.5	1.5	20.1	52	53	73	78	81	3	6	1.5	1.5	0.4	1.5	0.8	80.8	105	4500	5600
32210	7510E	50	90	24.75	23	19	1.5	1.5	21	57	57	78	83	86	3	6	1.5	1.5	0.42	1.4	0.8	82.8	108	4300	5300
32211	7511E	55	100	26.75	25	21	2	1.5	22.8	64	62	87	91	96	4	6	2	1.5	0.4	1.5	0.8	108	142	3800	4800
32212	7512E	60	110	29.75	28	24	2	1.5	25	69	68	95	101	105	4	6	2	1.5	0.4	1.5	0.8	132	180	3600	4500
32213	7513E	65	120	32.75	31	27	2	1.5	27.3	74	75	104	111	115	4	6	2	1.5	0.4	1.5	0.8	160	222	3200	4000
32214	7514E	70	125	33.25	31	27	2	1.5	28.8	79	79	108	116	120	4	6.5	2	1.5	0.42	1.4	0.8	165	238	3000	3800
32215	7515E	75	130	33.25	31	27	2	1.5	30	84	84	115	121	126	4	6.5	2	1.5	0.44	1.4	0.8	170	242	2800	3600
32216	7516E	80	140	35.25	33	28	2.5	2	31.4	90	89	122	130	135	5	7.5	2.1	2	0.42	1.4	0.8	198	278	2600	3400
32217	7517E	85	150	38.5	36	30	2.5	2	33.9	95	95	130	140	143	5	8.5	2.1	2	0.42	1.4	0.8	228	325	2400	3200
32218	7518E	90	160	42.5	40	34	2.5	2	36.8	100	101	138	150	153	5	8.5	2.1	2	0.42	1.4	0.8	270	395	2200	3000
32219	7519E	95	170	45.5	43	37	3	2.5	39.2	107	106	145	158	163	5	8.5	2.5	2.1	0.42	1.4	0.8	302	448	2000	2800
32220	7520E	100	180	49	46	39	3	2.5	41.9	112	113	154	168	172	5	10	2.5	2.1	0.42	1.4	0.8	340	512	1900	2600

续表

23 尺寸系列

轴承代号 新标准	轴承代号 旧标准	尺寸/mm d	D	T	B	C	r min	r₁ min	a	安装尺寸/mm d_a min	d_b max	D_a min	D_a max	D_b min	a₁ min	a₂ min	r_a max	r_b max	计算系数 e	Y	Y₀	基本额定 动载荷 C_r /kN	静载荷 C_{0r} /kN	极限转速/(r·min⁻¹) 脂润滑	油润滑
32303E	7603E	17	47	20.25	19	16	1	1	12.3	23	24	39	41	43	3	4.5	1	1	0.29	2.1	1.2	35.2	36.2	8500	11000
32304E	7604E	20	52	22.25	21	18	1.5	1.5	13.6	27	26	43	45	48	3	4.5	1.5	1.5	0.3	2	1.1	42.8	46.2	7500	9500
32305E	7605E	25	62	25.25	24	20	1.5	1.5	15.9	32	32	52	55	58	3	5.5	1.5	1.5	0.3	2	1.1	61.5	68.8	9300	8000
32306E	7606E	30	72	28.75	27	23	1.5	1.5	18.9	37	38	59	65	66	4	6	1.5	1.5	0.31	1.9	1.1	81.5	96.5	5600	7000
32307E	7607E	35	80	32.75	31	25	2	1.5	20.4	44	43	66	71	74	4	8.5	2	1.5	0.31	1.9	1.1	99.0	118	5000	6300
32308E	7608E	40	90	35.25	33	27	2	1.5	23.3	49	49	73	81	83	4	8.5	2	1.5	0.35	1.7	1	115	148	4500	5600
32309E	7609E	45	100	38.25	36	30	2	1.5	25.6	54	56	82	91	93	4	8.5	2	1.5	0.35	1.7	1	145	188	4000	5000
32310E	7610E	50	110	42.25	40	33	2.2	2	28.2	60	61	90	100	102	5	9.5	2	2	0.35	1.7	1	178	235	3800	4800
32311E	7611E	55	120	45.5	43	35	2.5	2	30.4	65	66	99	110	111	5	10	2.5	2	0.35	1.7	1	202	270	3400	4300
32312E	7612E	60	130	48.5	46	37	3	2.5	32	72	72	107	118	122	6	11.5	2.5	2.1	0.35	1.7	1	228	302	3200	4000
32313E	7613E	65	140	51	48	39	3	2.5	34.3	77	79	117	128	131	6	12	2.5	2.1	0.35	1.7	1	260	350	2800	3600
32314E	7614E	70	150	54	51	42	3	2.5	36.5	82	84	125	138	141	6	12	2.5	2.1	0.35	1.7	1	298	408	2600	3400
32315E	7615E	75	160	58	55	45	3	2.5	39.4	87	91	133	148	150	7	13	2.5	2.5	0.35	1.7	1	348	482	2400	3200
32316E	7616E	80	170	61.5	58	48	3	2.5	42.1	92	97	142	158	160	7	13.5	2.5	2.5	0.35	1.7	1	388	542	2200	3000
32317E	7617E	85	180	63.5	60	49	4	3	43.5	99	102	150	166	168	8	14.5	3	2.5	0.35	1.7	1	422	592	2000	2800
32318E	7618E	90	190	67.5	64	53	4	3	46.2	104	107	157	176	178	8	14.5	3	2.5	0.35	1.7	1	478	682	1900	2600
32319E	7619E	95	200	71.5	67	55	4	2	49	109	114	166	186	187	8	16.5	3	2.5	0.35	1.7	1	515	738	1800	2400
32320E	7620E	100	215	77.5	73	60	4	3	52.9	114	122	177	201	201	8	17.5	3	2.5	0.35	1.7	1	600	872	1600	2000

注：1. 同附表 10-1 中注 1。

2. r_{min}、r_{1min} 分别为 r、r_1 的单向最小倒角尺寸；r_{amax}、r_{bmax} 分别为 r_a、r_b 的单向最大倒角尺寸。

附录 11　极限与配合、形位公差和表面粗糙度

1. 极限与配合

附表 11 - 1　标准公差数值(摘自 GB/T1800.3—1998)　　　　(μm)

基本尺寸 /mm		>6 ~10	>10 ~18	>18 ~30	>30 ~50	>50 ~80	>80 ~120	>120 ~180	>180 ~250	>250 ~315	>315 ~400
公差等级	IT5	6	8	9	11	13	15	18	20	23	25
	IT6	9	11	13	16	19	22	25	29	32	26
	IT7	15	18	21	25	30	35	40	46	52	57
	IT8	22	27	33	39	46	54	63	72	81	89
	IT9	36	43	52	62	74	87	100	115	130	140
	IT10	58	70	84	100	120	140	160	185	210	230
	IT11	90	110	130	165	190	220	350	290	320	360
	IT12	150	180	210	250	300	350	400	460	520	570

附表 11 - 2　孔的极限偏差值(摘自 GB/T1800.3—1998)　　　　(μm)

基本尺寸 /mm		>18 ~24	>24 ~30	>30 ~40	>40 ~50	>50 ~65	>65 ~80	>80 ~100	>100 ~120	>120 ~180	>180 ~250	>250 ~315
公差带	D7	+86 +65		+105 +80		+130 +120		+155 +120		+185 +145	+216 +170	+245 +190
	D8	+98 +65		+119 +80		+146 +100		+174 +120		+208 +145	+242 +170	+242 +190
	▼ D9	+117 +65		+142 +80		+174 +100		+207 +120		+245 +145	+285 +170	+271 +190
	D10	+149 +65		+180 +80		+200 +100		+260 +120		+305 +145	+355 +170	+320 +190
	D11	+195 +65		+240 +80		+290 +100		+340 +120		+395 +140	+460 +170	+400 +190
	▼ H7	+21 0		+25 0		+30 0		+35 0		+40 0	+46 0	+52 0
	▼ H8	+33 0		+39 0		+46 0		+54 0		+63 0	+72 0	+81 0
	▼ H9	+52 0		+62 0		+74 0		+87 0		+100 0	+115 0	+130 0
	H10	+84 0		+100 0		+120 0		+140 0		+160 0	+185 0	+210 0
	▼ H11	+130 0		+160 0		+190 0		+220 0		+250 0	+290 0	+320 0

注：标注▼者为优先公差带，应优先选用。

附表 11-3　轴的极限偏差值(摘自 GB/T1800.3—1998)　　　　(μm)

基本尺寸/mm		>18~24	>24~30	>30~40	>40~50	>50~65	>65~80	>80~100	>100~120	>120~140	>140~160	>160~180	>180~200
公差带	▼d9	-65 / -117		-80 / -142		-100 / -174		-120 / -207		-145 / -245		-170 / -285	
	d10	-65 / -149		-80 / -180		-100 / -220		-120 / -260		-145 / -305		-170 / -335	
	d11	-65 / -195		-80 / -240		-100 / -290		-120 / -340		-145 / -395		-170 / -460	
	▼f7	-20 / -41		-25 / -50		-30 / -60		-36 / -71		-43 / -83		-50 / -96	
	f8	-20 / -53		-25 / -64		-30 / -76		-36 / -90		-43 / -106		-50 / -122	
	f9	-20 / -72		-25 / -87		-30 / -104		-36 / -123		-43 / -143		-50 / -165	
	▼h7	0 / -21		0 / -25		0 / -30		0 / -35		0 / -40		0 / -46	
	h8	0 / -33		0 / -39		0 / -46		0 / -54		0 / -63		0 / -72	
	▼h9	0 / -52		0 / -62		0 / -74		0 / -87		0 / -100		0 / -115	
	h10	0 / -84		0 / -100		0 / -120		0 / -140		0 / -160		0 / -185	
	▼h11	0 / -130		0 / -160		0 / -190		0 / -220		0 / -250		0 / -290	
	js5	±4.5		±5.5		±6.5		±7.5		±9		±10	
	js6	±6.5		±8		±9.5		±11		±12.5		±14.5	
	js7	±10		±12		±15		±17		±20		±23	
	k5	+11 / +2		+13 / +2		+15 / +2		+18 / +3		+21 / +3		+24 / +4	
	▼k6	+15 / +2		+18 / +2		+21 / +2		+25 / +3		+28 / +3		+33 / +4	
	k7	+23 / +2		+27 / +2		+32 / +2		+38 / +3		+43 / +3		+50 / +4	
	m5	+17 / +8		+20 / +9		+24 / +11		+28 / +13		+33 / +15		+37 / +17	

续表

基本尺寸/mm		>18~24	>24~30	>30~40	>40~50	>50~65	>65~80	>80~100	>100~120	>120~140	>140~160	>160~180	>180~200
公差带	m6	+21/+8	+21/+8	+25/+9	+25/+9	+30/+11	+30/+11	+35/+13	+35/+13	+40/+15	+40/+15	+40/+15	+46/+17
	m7	+29/+8	+29/+8	+34/+9	+34/+9	+41/+11	+41/+11	+48/+13	+48/+13	+55/+15	+55/+15	+55/+15	+63/+17
	n5	+24/+15	+24/+15	+28/+17	+28/+17	+33/+20	+33/+20	+38/+23	+38/+23	+45/+27	+45/+27	+45/+27	+51/+31
	▼ n6	+28/+15	+28/+15	+33/+17	+33/+17	+38/+20	+38/+20	+45/+23	+45/+23	+52/+27	+52/+27	+52/+27	+60/+31
	n7	+36/+15	+36/+15	+42/+17	+42/+17	+50/+20	+50/+20	+58/+23	+58/+23	+67/+27	+67/+27	+67/+27	+77/+31
	r5	+37/+28	+37/+28	+45/+34	+45/+34	+54/+41	+56/+43	+66/+51	+69/+54	+81/+63	+83/+65	+86/+68	+97/+77
	r6	+41/+28	+41/+28	+50/+34	+50/+34	+60/+41	+62/+43	+73/+51	+76/+54	+88/+63	+90/+65	+93/+68	+106/+77
	r7	+49/+28	+49/+28	+59/+34	+59/+34	+71/+41	+73/+43	+86/+51	+86/+54	+103/+63	+105/+65	+108/+68	+123/+77

注：标注▼者为优先公差带，应优先选用。

附表 11-4　各种加工方法所能达到的精度范围

加工方法	研磨	珩	圆磨、平磨	金刚石车金刚石镗	拉削	铰孔	车、镗	铣	刨、插	钻孔	滚压、挤压	冲压
公差等级（IT）	0~4	5~7	5~7	4~6	4~7	5~8	6~9	7~10	10~11	10~13	10~11	9~13

附表 11-5　减速器主要零件的荐用配合

配合零件	荐用配合	装拆方法
大中型减速器的低速级齿轮（蜗轮）与轴的配合，轮缘与轮芯的配合	$\dfrac{H7}{r6}$; $\dfrac{H7}{s6}$	用压力机或温差法（中等压力的配合，小过盈配合）
一般齿轮、蜗轮、带轮、联轴器与轴的配合	$\dfrac{H7}{r6}$	用压力机（中等压力的配合）
要求对中性良好及很少装拆的齿轮、蜗轮、联轴器与轴的配合	$\dfrac{H7}{n6}$	用压力机（较紧的过渡配合）
小锥齿轮及较常装拆的齿轮、联轴器与轴的配合	$\dfrac{H7}{m6}$; $\dfrac{H7}{k6}$	手锤打入（过渡配合）

续表

配合零件	荐用配合	装拆方法
滚动轴承内孔与轴的配合(内圈旋转)	j6(轻负荷)； k6,m6(中等负荷)	用压力机(实际为过盈配合)
滚动轴承外圈与机体的配合(外圈不转)	H7,H6(精度高时要求)	木锤或徒手装拆
轴套、挡油盘与轴的配合	$\dfrac{D11}{k6}$；$\dfrac{F9}{k6}$，$\dfrac{F9}{m6}$；$\dfrac{H8}{h7}$，$\dfrac{H8}{h8}$	
轴承套杯与机孔的配合	$\dfrac{H7}{js6}$；$\dfrac{H7}{h6}$	
轴承盖与箱体孔(或套杯孔)的配合	$\dfrac{H7}{d11}$；$\dfrac{H7}{h8}$	
嵌入式轴承盖的凸缘厚与箱体孔凹槽之间的配合	$\dfrac{H11}{h11}$	
与密封件相接触轴段的公差带	f9；h11	

　　2. 形位公差

附表 11-6　轴的形位公差推荐标注项目

类别	标注项目	符号	精度等级	对工作性能的影响
形状公差	与滚动轴承相配合的直径的圆柱度	⌭	7~8	影响轴承与轴配合松紧及对中性,也会改变轴承内圈跑道的几何形状,缩短轴承寿命
位置公差	与滚动轴承相配合的轴颈表面对中心线的圆跳动	↗	6~8	影响传动件及轴承的运转偏心
	轴承的定位端面相对轴心线的端面圆跳动	↗	6~7	影响轴承的定位,造成轴承套圈歪斜;改变跑道的几何形状,恶化轴承的工作条件
	与齿轮等传动零件相配合表面对中心线的圆跳动	↗	6~8	影响传动件的运转(偏心)
	齿轮等传动零件的定位端面对中心线的垂直度或端面圆跳动	↗	6~8	影响齿轮等传动零件的定位及其受载均匀性
	键槽对轴中心线的对称度(要求不高时可不注)	═	7~9	影响键受载均匀性及装拆的难易

附表 11-7　箱体形位公差推荐标注项目

类别	标注项目名称	符号	荐用精度等级	对工作性能的影响
形状公差	轴承座孔的圆柱度	⌭	6～7	影响箱体与轴承的配合性能及对中性
	分箱面的平面度	▱	7～8	影响箱体剖分面的防渗漏性能及密合性
位置公差	轴承座孔中心线相互间的平行度	∥	6～7	影响传动零件的接触精度及传动的平稳性
	轴承座孔的端面对其中心线的垂直度	⊥	7～8	影响轴承固定及轴向受载的均匀性
	锥齿轮减速器轴承座孔中心线相互间的垂直度	⊥	7	影响传动零件的传动平稳性和载荷分布的均匀性
	两轴承座孔中心线的同轴度	◎	7～8	影响减速器的装配及传动零件载荷分布的均匀性

附表 11-8　圆度、圆柱度公差值（摘自 GB/T1184—1996）　　　　　　（μm）

公差等级	主参数/nm									应用举例
	>18 ～30	>30 ～50	>50 ～80	>80 ～120	>120 ～180	>180 ～250	>250 ～315	>315 ～400	>400 ～500	
5	2.5	2.5	3	4	5	7	8	9	10	安装 P6 和 P0 级滚动轴承的配合面、中等压力下的液压装置工作面（包括泵、压缩机的活塞和汽缸）、风动绞车曲轴、通用减速机轴颈、一般机床主轴
6	4	4	5	6	8	10	12	13	15	
7	6	7	8	10	12	14	16	18	20	发动机的胀圈和活塞销及连杆装衬套的孔等，千斤顶或压力液压缸活塞、水泵及减速机轴颈、液压传动系统的分配机构
8	9	11	13	15	18	20	23	25	27	
9	13	16	19	22	25	29	32	36	40	起重机、卷扬机用的滑动轴承、带软密封的低压泵的活塞和汽缸、通用机械杠杆、拖拉机的活塞环与套筒孔
10	21	25	30	35	40	46	52	57	63	
11	33	39	46	54	63	72	81	89	97	
12	52	62	74	87	100	115	130	140	155	

注：以被测要求的圆柱、球、圆的直径作为主参数。

附表 11-9　平行度、垂直度、倾斜度公差值(摘自 GB/T1184—1996)　　　(μm)

公差等级	主参数/nm								应用举例	
	>25~40	>40~63	>63~100	>100~160	>160~250	>250~400	>400~630	>630~1 000	平行度	垂直度和倾斜度
4	6	8	10	12	15	20	25	30	用于重要轴承孔对基准面的要求,一般减速器箱体孔的中心线等	用于安装 P4、P5 级轴承的箱体的凸肩,发动机轴和离合器的凸缝
5	10	12	15	20	25	30	40	50		
6	15	20	25	30	40	50	60	80	用于一般机械中箱体孔中心线的要求,如减速器箱体的轴承孔,7~10级精度齿轮传动箱体的中心线	用于安装 P6、P0 级轴承的箱体孔轴线,低精度机床主要基准面和工作面
7	25	30	40	50	60	80	100	120		
8	40	50	60	80	100	120	150	200	用于重型机械轴承盖的端面,手动传动装置中的传动轴	用于一般导轨,普通传动箱体中的凸肩
9	60	80	100	120	150	200	250	300	用于低精度零件,重型机械滚动轴承端盖等	减速器箱体平面、花键轴轴肩端面等
10	100	120	150	200	250	300	400	500		
11	150	200	250	300	400	500	600	800	零件的非工作面	农业机械齿轮端面等
12	250	300	400	500	600	800	1 000	1 200		

注:以被测要素的直径或长度作为主参数。

附表 11-10　同轴度、对称度、圆跳动和全跳动公差值(摘自 GB/T1184—1996)　　　(μm)

公差等级	主参数/mm								应用举例
	>3~6	>6~10	>10~18	>18~30	>30~50	>50~120	>120~250	>250~300	
4	2	2.5	3	4	5	6	8	10	机床主轴轴颈、汽轮机主轴
5	3	4	5	6	8	10	12	15	尺寸按 IT6 制造的零件,机床轴颈、汽轮机主轴、高精度高速轴 6 级精度齿轮轴的配合面
6	5	6	8	10	12	15	20	25	尺寸按 IT6、IT7 制造的零件、内燃机曲轴、水泵轴及 7 级精度齿轮轴的配合面
7	8	10	12	15	20	25	30	40	尺寸按 IT7、IT8 制造的零件、普通精度的高速轴(1 000 r/min 以下),8 级精度齿轮的配合面

公差等级	主参数/nm								应用举例
	>3~6	>6~10	>10~18	>18~30	>30~50	>50~120	>120~250	>250~300	
8	12	15	20	25	30	40	50	60	9级精度以下齿传输线轴的配合面、水泵叶轮、离心泵泵体,以及通常按尺寸精度IT9制造的零件
9	25	30	40	50	60	80	100	120	内燃机汽缸套配合面、自行车中轴
10	50	60	80	100	120	150	200	250	内燃机活塞环槽底径对活塞中心、汽缸套外圈对内孔
11	80	100	120	150	200	250	300	400	无特殊要求,尺寸精度按IT12制造的零件
12	150	200	250	300	400	500	600	800	

注：以被测要素的直径或宽度作为主参数。

附表 11-11　直线度、平面度公差值(摘自 GB/T1184—1996)　　　　　　　(μm)

公差等级	主参数/nm										应用举例
	≤10	>10~16	>16~25	>25~40	>40~63	>63~100	>100~160	>160~250	>250~400	>400~630	
5	2	2.5	3	4	5	6	8	10	12	15	平面磨床导轨、液压龙门刨及转塔车床导轨、柴油机进排气门导杆
6	3	4	5	6	8	10	12	15	20	25	普通机床导轨及柴油机机体的结合面
7	5	6	8	10	12	15	20	25	30	40	机床主轴箱、镗床工作台、液压泵泵盖
8	8	10	12	15	20	25	30	40	50	60	机床主轴箱及减速机箱体的结合面,油泵、油系支承轴承的结合面
9	12	15	20	25	30	40	50	60	80	100	辅助机构或手动机械的支承面、柴油机缸体和连杆的分离面
10	20	25	30	40	50	60	80	100	120	150	床身底面、液压管件和法兰的联接面
11	30	40	50	60	80	100	120	150	200	250	离合器的磨擦片

注：直线度以棱线、索线和回转表面的轴线长度作为主参数；平面度以矩形平面的较长边、以圆平面的直径作为主要参数。

3. 表面粗糙度

附表 11-12　表面粗糙度主要评定参数 *Ra*、*Rz* 的数值系列(GB/T 1031—2009)摘录　　　(μm)

Ra					*Rz*				
0.012	0.2	3.2	50		0.025	0.4	6.3	100	1 600
0.025	0.4	6.3	100		0.05	0.8	12.5	200	—
0.05	0.8	12.5	—		0.1	1.6	25	400	—
0.1	1.6	25	—		0.2	3.2	50	800	

注:1. 在表面粗糙度参数常用的参数范围内,(*Ra* 为 0.025~6.3 μm,*Rz* 为 0.1~25 μm),推荐优先选用 *Ra*。

2. 根据表面功能和生产的经济合理性,当选用的数值系列不能满足要求时,可选取附表 11-13 中的补充系列值。

附表 11-13　表面粗糙度主要评定参数 *Ra*、*Rz* 的补充系列值(GB/T 1031—2009 摘录)　　　(μm)

Ra					*Rz*				
0.008	0.125	2.0	32		0.032	0.50	8.0	125	—
0.010	0.160	2.5	40		0.040	0.63	10.0	160	—
0.016	0.25	4.0	63		0.063	1.00	16.0	250	—
0.020	0.32	5.0	80		0.080	1.25	20	320	—
0.032	0.50	8.0	—		0.125	2.0	32	500	—
0.040	0.63	10.0	—		0.160	2.5	40	630	—
0.063	1.00	16.0	—		0.25	4.0	63	1 000	—
0.080	1.25	20	—		0.32	5.0	80	1 250	

附表 11-14　加工方法与表面粗糙度 *Ra* 值的关系(参考)　　　(μm)

加工方法		*Ra*	加工方法		*Ra*	加工方法		*Ra*
砂模铸造		80~20*	铰孔	粗铰	40~20	齿轮加工	插齿	5~1.25*
模型锻造		80~10		半精铰,精铰	2.5~0.32*		滚齿	2.5~1.25*
车外圆	粗车	20~10	拉削	半精拉	2.5~0.63		剃齿	1.25~0.32*
	半精车	10~2.5		精拉	0.32~0.16	切螺纹	板牙	10~2.5
	精车	1.25~0.32	刨削	粗刨	20~10		铣	5~1.25*
镗孔	粗镗	40~10		精刨	1.25~0.63		磨削	2.5~0.32*
	半精镗	2.5~0.63*	钳工加工	粗锉	40~10	镗磨		0.32~0.04
	精镗	0.63~0.32		细锉	10~2.5	研磨		0.63~0.16
圆柱铣和端铣	粗铣	20~5*		刮削	2.5~0.63	精研磨		0.08~0.02
	精铣	1.25~0.63*		研磨	1.25~0.08	抛光	一般抛	1.25~0.16
钻孔,扩孔		20~5	播削		40~2.5		精抛	0.08~0.04
锪孔,锪端面		5~1.25	磨削		5~0.01*			

注:1. 表中数据系指钢材加工而言。

2. * 为该加工方法可达到的 *Ra* 极限值。

附表 11‑15　表面粗糙度符号代号及其注法（GB/T 131‑2006 摘录）

表面粗糙度符号及意义		表面粗糙度数值及其有关的规定在符号中注写的位置
符　号	**意义及说明**	
	基本符号,表示表面可用任何方法获得,当注粗糙度参数值或有关说明(例如表面处理、局部热处理状况等)时,仅适用于简化代号标注	
	基本符号上加一短横,表示表面是用去除材料方法获得的。例如车、铣、钻、磨、剪切、抛光、腐蚀、电火花加工、气割等	a—表面结构的单一要求,表面结构参数代号、极限值和传输带或取样长度; b—如果需要,在位置 b 注写第二个表面结构要求; c—注写加工方法; d—注写表面纹理和方向; e—加工余量,mm
	基本符号上加一小圆,表示表面是用不去除材料的方法获得的。例如铸、锻、冲压变形、热轧、冷轧、粉末冶金等。或者是用于保持原供应状况的表面(包括保持上道工序的状况)	
	在上述三个符号的长边上均可加一横线,用于标注有关参数和说明	
	在上述三个符号上均可加一小圆,表示所有表面具有相同的表面粗糙度要求	

附表 11‑16　表面粗糙度代号的含义示例及新旧标准对照

代　号 (GB/T 131—2006)	含　义	原标准代号 (GB/T 131—1997)
$Ra1.6$	表示去除材料,单向上限值,R 轮廓,粗糙度算术平均偏差 $1.6\,\mu m$	1.6
$Ra3.2$	表示不允许去除材料,单向上限值,R 轮廓,粗糙度算术平均偏差 $3.2\,\mu m$	3.2
$Rz0.4$	表示去除材料,单向上限值,R 轮廓,粗糙度最大高度 $0.4\,\mu m$	$Rz0.4$

附表 11-17　齿(蜗)轮加工表面粗糙度的推荐值　　　　　　　　　　(μm)

加工表面		表面粗糙度 Ra 值			
轮齿表面	齿(蜗)轮类型	齿(蜗)轮精度等级			
		6	7	8	9
	齿轮、蜗轮	1.6	1.6~3.2	3.2~6.3	
	蜗杆	0.4	0.4~0.8	0.8~1.6	1.6~3.2
齿顶圈		3.2		3.2~6.3	
轮毂孔		0.8~1.6		1.6~3.2	
定位端面		1.6~3.2		3.2	
平键键面		工作面 1.6~3.2,非工作面 6.3~12.5			
轮圈与轮芯配合面		0.8~1.6		1.6~3.2	
其他加工表面		6.3~12.5			

注:对于圆柱齿轮加工表面详见附表 12-10。

附表 11-18　轴加工表面粗糙度的推荐值　　　　　　　　　　(μm)

加工表面	表面粗糙度 Ra 值			
与齿(蜗)轮及联轴器轮毂孔相配的表面	1.6~0.8			
与滚动轴承相配的表面	1.0(轴承内径 $D \leqslant 80$ mm) 1.6(轴承内径 $D > 80$ mm)			
传动件定位轴肩端面	1.6~3.2			
与密封件接触的轴表面	毡封	橡胶油封		间隙或迷宫
	装密封件处圆周速度/(m/s)			3.2~1.6
	$\leqslant 4$	$\leqslant 3$	$>3~5$	$>5~10$	
	0.8~0.4	0.8~0.4	0.4~0.2	0.2~0.1	
平键键槽	3.2(工作面),6.3(非工作面)			
非配合的圆柱面	3.2~6.3			
其他表面	6.3~12.5			

附表 11-19　减速器箱体、轴承端盖及轴承套杯加工表面粗糙度 Ra 的推荐值

加工表面	表面粗糙度 Ra	加工表面	表面粗糙度 Ra
减速器箱体的分箱面	1.6~3.2	轴承端盖及轴承套杯等其他配合面	3.2~1.6

加工表面	表面粗糙度 Ra	加工表面	表面粗糙度 Ra
普通精度等级滚动轴承的轴承座孔	1.6～3.2	油标及检查孔联接面	6.3～12.5
轴承座孔凸缘的端面	1.6～3.2	圆锥销孔	0.8～1.6
螺栓孔、螺栓或螺钉的沉孔	6.3～12.5	减速器底面	6.3～12.5

附录12　渐开线圆柱齿轮精度、锥齿轮精度和圆柱蜗杆蜗轮精度

1. 渐开线圆柱齿轮精度

(1) 定义与代号

在 GB/T10095.1—2008 中规定了单个渐开线圆柱齿轮轮齿同侧齿面的精度,见附表 12-1。

附表 12-1　轮齿同侧齿面偏差的定义与代号(GB/T10095.1—2008 摘录)

名称	代号	定义	名称	代号	定义
单个齿距偏差 (见附图 12-1)	f_{pt}	在端平面上,接近齿高中部的一个与齿轮轴线同轴的圆上,实际齿距与理论齿距的代数差	齿廓总偏差 (见附图 12-2)	F_α	在计算范围 L_α 内,包含实际齿廓迹线的两条设计齿廓迹线间的距离
齿距累积偏差 (见附图 12-1)	F_{pk}	任意 k 个齿距的实际弧长与理论弧长的代数差	齿廓形状偏差 (见附图 12-2)	f_α	在计算范围 L_α 内,包含实际齿廓迹线的两条与平均齿廓迹线完全相同的曲线间的距离,且两条曲线与平均齿廓迹线间的距离为常数
齿距累积总偏差 见附图 12-1	F_p	齿轮同侧齿面任意弧段(k=1 至 k=z)内最大齿距累积偏差			
螺旋线总偏差 (见附图 12-3)	F_β	在计算范围 L_β 内,包含实际螺旋迹线的两条设计螺旋迹线间的距离	齿廓倾斜偏差 (见附图 12-2)	$F_{H\alpha}$	在计算范围 L_α 内,两端与平均齿廓迹线相交的两条设计齿廓迹线间的距离
螺旋形状偏差 (见附图 12-3)	$f_{f\beta}$	在计算范围 L_β 内,包含实际螺旋迹线的两条与平均螺旋迹线完全相同的曲线间的距离,且两条曲线与平均螺旋迹线间的距离为常数	切向综合总偏差 (见附图 12-4)	F_i'	被测齿轮与测量齿轮单面啮合时,被测齿轮一转内,齿轮分度圆上实际圆周位移与理论圆周位移的最大差值(在检验过程中,只有同侧齿面单面接触)
螺旋线倾斜偏差 (见附图 12-3)	$F_{H\beta}$	在计算范围 L_β 的两端与平均螺旋迹线相交的两条设计螺旋迹线间的距离	一齿切向综合偏差 (见附图 12-4)	f_i'	在一个齿距内的切向综合偏差值

在 GB/T10095.2—2008 中规定了渐开线圆柱齿轮轮齿径向综合偏差与径向跳动精度,见附表 12-2。

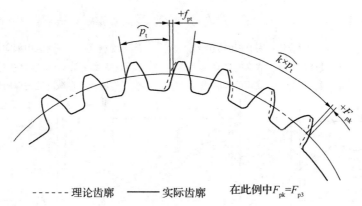

------ 理论齿廓　　　——— 实际齿廓　　　在此例中 $F_{pk}=F_{p3}$

附图 12－1　齿距偏差与齿距累积偏差

———·——— 设计齿廓;　　〰〰〰 实际齿廓;　　------ 平均齿廓;

   i) 设计齿廓：未修形的渐开线　　实际齿廓：在减薄区内偏向体内

  ii) 设计齿廓：修形的渐开线(举例)　　实际齿廓：在减薄区内偏向体内

 iii) 设计齿廓：修形的渐开线(举例)　　实际齿廓：在减薄区内偏向体外

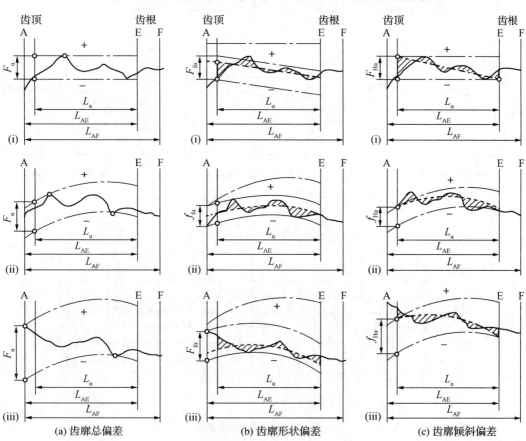

(a) 齿廓总偏差　　　　　(b) 齿廓形状偏差　　　　　(c) 齿廓倾斜偏差

附图 12－2　齿廓偏差

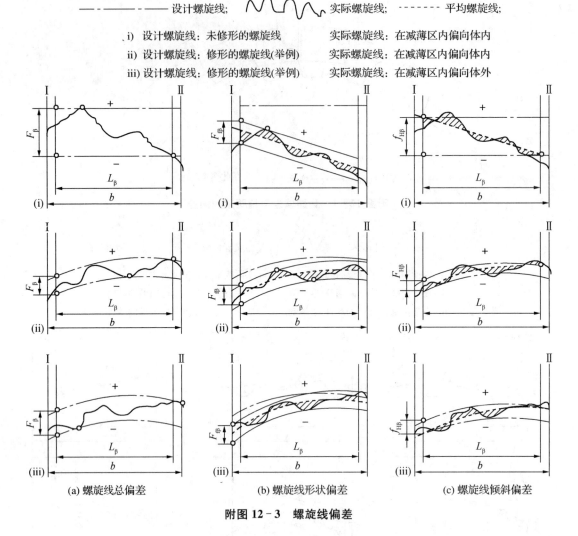

—·—·— 设计螺旋线；　　 实际螺旋线；　 - - - - - - 平均螺旋线；

i) 设计螺旋线：未修形的螺旋线　　　实际螺旋线：在减薄区内偏向体内
ii) 设计螺旋线：修形的螺旋线(举例)　实际螺旋线：在减薄区内偏向体内
iii) 设计螺旋线：修形的螺旋线(举例)　实际螺旋线：在减薄区内偏向体外

(a) 螺旋线总偏差　　　　　(b) 螺旋线形状偏差　　　　　(c) 螺旋线倾斜偏差

附图 12‑3　螺旋线偏差

附图 12‑4　切向综合偏差

附表 12 - 2　轮齿径向综合偏差与径向跳动的定义与代号（GB/T10095.1—2008 摘录）

名称	代号	定义	名称	代号	定义
径向综合总偏差 （见附图 12 - 5）	F''_i	在径向（双面）综合检验时，产品齿轮的左、右齿面同时与测量齿轮接触，并转过一圈时出现的中心距最大值和最小值之差	径向跳动偏差 （见附图 12 - 6）	F_r	当测头（球形、圆柱形、砧形）相继置于每个齿槽内时，它到齿轮轴线的最大和最小径向距离之差。检查中，测头在近似齿高中部与左、右齿面接触
一齿径向综合偏差 （见附图 12 - 5）	f''_i	当产品齿轮啮合一整圈时，对应一个齿距（360°/z）的径向综合偏差值			

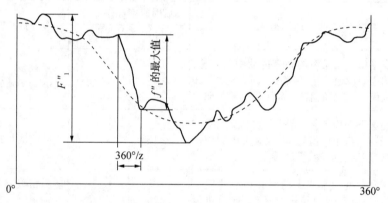

附图 12 - 5　径向综合偏差

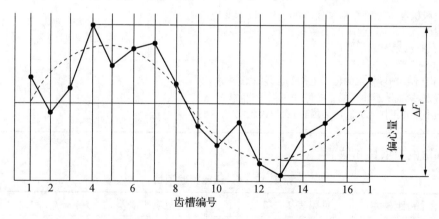

附图 12 - 6　一个齿轮（16 齿）的径向跳动

（2）齿轮精度

① 精度等级及其选择

GB/T10095.1 规定了从 0 级到 12 级共 13 个精度等级，其中 0 级是最高的精度等级，12 级是最低的精度等级。GB/T10095.2 规定了从 4 级到 12 级共 9 个精度等级。

在技术文件中,如果所要求的齿轮精度等级为 GB/T10095.1 的某级精度而无其他说明,则齿距偏差(f_{pt}、F_{pk}、f_p)、齿廓总偏差(F_α)、螺旋线总偏差(F_α)的允许值均按该精度等级。GB/T10095.1 规定可按供需双方协议对工作齿面和非工作齿面规定不同的精度等级,或对不同的偏差项目规定不同的精度等级。

径向综合偏差精度等级不一定与 GB/T10095.1 中的要素偏差规定相同的精度等级,当技术文件需要叙述齿轮精度等级要求时,应注明 GB/T10095.1 或 GB/T10095.2。

根据齿轮精度对齿轮传动性能的影响,可以将评定齿轮精度的偏差项目分为:

A. 影响运动传递准确性的项目;

B. 影响传动平稳性的项目;

C. 影响载荷分布均匀性的项目。

附表 12-3 所列为各种精度等级齿轮的适用范围。

附表 12-3　各种精度等级齿轮的适用范围

精度等级	工作条件与适用范围	圆周速度/m·s⁻¹		齿面的最后加工
		直齿	斜齿	
5	用于高平稳且低噪声的高速传动中的齿轮;精密机构中的齿轮;透平传动的齿轮;检测 8、9 级的测量齿轮;重要的航空、般用齿轮箱齿轮	≥20	>40	特精密的磨齿和珩磨用精密滚刀滚齿
6	用于高速下平稳工作,需要高效率及低噪声的齿轮;航空、汽车用齿轮,读数装置中的精密齿轮;机床传动链齿轮;机床传动齿轮	≥15	≥30	精密磨齿或剃齿
7	在高速和适度功率或大功率和适当速度下工作的齿轮;机床变速箱进给齿轮;起重机齿轮;汽车以及读数装置中的齿轮	≥10	≥15	用精确刀具加工;对于淬硬齿轮必须精整加工(磨齿、研齿、珩齿)
8	一般机器中无特殊精度要求的齿轮;机床变速齿轮;汽车制造业中的不重要齿轮;冶金、起重、农业机械中的重要齿轮	≥6	≥10	滚、插齿均可,不用磨齿,必要时剃齿或研齿
9	用于不提精度要求的粗糙工作的齿轮;因结构上考虑,受载低于计算载荷的传动用齿轮;重载、低速不重要工作机械的传力齿轮;农机齿轮	≥2	≥4	不需要特殊的精加工工序

② 齿轮检验项目和数值

附表 12-4　齿轮检验项目

f_{pt}	单个齿距偏差	见附表 12-5	F_{pk}	齿距累积偏差	$F_{pk}=f_{pt}+1.6\sqrt{(k-1)m}$
F_p	齿距累积总偏差	见附表 12-5	F_t	径向跳动公差	见附表 12-5
F_a	齿廓总偏差	见附表 12-5	F_β	螺旋线总偏差	见附表 12-7
F_i'	切向综合总偏差	$F_i'=F_a+f_i'$	f_i'	一齿切向综合偏差	见附表 12-5
F_i''	径向综合总偏差	见附表 12-6	f_i''	一齿径向综合偏差	见附表 12-6

附表 12-5 齿廓总偏差 F_a、单个齿距偏差 f_{pt}、齿距累积总偏差 F_p、一齿切向综合偏差 f'_i、径向跳动公差 F_r

分度圆直径 d/mm	模数 m/mm	F_a/μm				$\pm f_{pt}$/μm				F_p/μm				(f'_i/K)/μm				F_r/μm			
		6	7	8	9	6	7	8	9	6	7	8	9	6	7	8	9	6	7	8	9
5≤d≤20	0.5<m_n≤2	6.5	9.0	13.0	18.0	6.5	9.5	13.0	19.0	16.0	23.0	32.0	45.0	19.0	27.0	38.0	54.0	13	18	25	36
	2<m_n≤3.5	9.5	13.0	19.0	26.0	7.5	10.0	15.0	21.0	17.0	23.0	33.0	47.0	23.0	32.0	45.0	64.0	13	19	27	38
20<d≤50	0.5<m_n≤2	7.5	10.0	15.0	21.0	7.0	10.0	14.0	20.0	20.0	29.0	41.0	57.0	20.0	29.0	41.0	58.0	16	23	32	46
	2<m_n≤3.5	10.0	14.0	20.0	29.0	7.5	11.0	15.0	22.0	21.0	30.0	42.0	59.0	24.0	34.0	48.0	68.0	17	24	34	47
	3.5<m_n≤6	12.0	18.0	25.0	35.0	8.5	12.0	17.0	24.0	22.0	31.0	44.0	62.0	27.0	38.0	54.0	77.0	17	25	35	49
	6<m_n≤10	15.0	22.0	31.0	43.0	10.0	14.0	20.0	28.0	23.0	33.0	46.0	65.0	31.0	44.0	63.0	89.0	19	26	37	52
50<d≤125	0.5<m_n≤2	8.5	12.0	17.0	23.0	7.5	11.0	15.0	21.0	26.0	37.0	52.0	74.0	22.0	31.0	44.0	62.0	21	29	42	59
	2<m_n≤3.5	11.0	16.0	22.0	31.0	8.5	12.0	17.0	23.0	27.0	38.0	53.0	76.0	25.0	36.0	51.0	72.0	21	30	43	61
	3.5<m_n≤6	13.0	19.0	27.0	38.0	9.0	13.0	18.0	26.0	28.0	39.0	55.0	78.0	29.0	40.0	57.0	81.0	22	31	44	62
	6<m_n≤10	16.0	23.0	33.0	46.0	10.0	15.0	21.0	30.0	29.0	41.0	58.0	82.0	33.0	47.0	66.0	93.0	23	33	46	65
125<d≤200	0.5<m_n≤2	10.0	14.0	20.0	28.0	8.5	12.0	17.0	24.0	35.0	49.0	69.0	98.0	24.0	34.0	49.0	69.0	28	39	55	78
	2<m_n≤3.5	13.0	18.0	25.0	36.0	9.0	13.0	18.0	26.0	35.0	50.0	70.0	100.0	28.0	39.0	56.0	79.2	28	40	56	80
	3.5<m_n≤6	15.0	21.0	30.0	42.0	10.0	14.0	20.0	28.0	36.0	51.0	72.0	102.0	31.0	44.0	62.0	88.0	29	41	58	82
	6<m_n≤10	18.0	25.0	36.0	50.0	11.0	16.0	23.0	32.0	37.0	53.0	75.0	106.0	35.0	50.0	70.0	100.0	30	42	60	85
280<d≤560	0.5<m_n≤2	12.0	17.0	23.0	33.0	9.5	13.0	19.0	27.0	46.0	64.0	91.0	129.0	27.0	39.0	54.0	77.0	36	51	73	103
	2<m_n≤3.5	15.0	21.0	29.0	41.0	10.0	14.0	20.0	29.0	46.0	65.0	92.0	131.0	31.0	44.0	62.0	87.0	37	52	74	105
	3.5<m_n≤6	17.0	24.0	34.0	48.0	11.0	16.0	22.0	31.0	47.0	66.0	94.0	133.0	34.0	48.0	68.0	96.0	38	53	75	105
	6<m_n≤10	20.0	28.0	40.0	56.0	12.0	17.0	25.0	35.0	48.0	68.0	97.0	137.0	38.0	54.0	76.0	108.0	39	55	77	109

注: f'_i 值由表中值乘以 K 得到。当 $\varepsilon_y < 4$ 时,$K=0.2\left(\dfrac{\varepsilon+1}{\varepsilon_y}\right)$;当 $\varepsilon_y \geq 4$ 时,$K=0.4$。

附表 12-6　一齿径向综合偏差 f''_i、径向综合总偏差 F''_i

分度圆直径 d/mm	法向模数 m_n/mm	精度等级				精度等级			
		6	7	8	9	6	7	8	9
		$f''_i/\mu m$				$F''_i/\mu m$			
5≤d≤20	0.2≤m_n≤0.5	2.5	3.5	5.0	7.0	15	21	30	42
	0.5<m_n≤0.8	4.0	5.5	7.5	11	16	23	33	46
	0.8<m_n≤1.0	5.0	7.0	10	14	18	25	35	50
	1.0<m_n≤1.5	6.5	9.0	13	18	19	27	38	54
	1.5<m_n≤2.5	9.5	13	19	26	22	32	45	63
	2.5<m_n≤4.0	14	20	29	41	28	39	56	79
20<d≤50	0.2≤m_n≤0.5	2.5	3.5	5.0	7.0	19	26	37	52
	0.5<m_n≤0.8	4.0	5.5	7.5	11	20	28	40	56
	0.8<m_n≤1.0	5.0	7.0	10	14	21	30	42	60
	1.0<m_n≤1.5	6.5	9.0	13	18	23	32	45	64
	1.5<m_n≤2.5	9.5	13	19	26	26	37	52	73
	2.5<m_n≤4.0	14	20	29	41	31	44	63	89
	4.0<m_n≤6.0	22	31	43	61	39	56	79	111
	6.0<m_n≤10	34	48	67	95	52	74	104	147
50<d≤125	0.2≤m_n≤0.5	2.5	3.5	5.0	7.5	23	33	46	66
	0.5<m_n≤0.8	4.0	5.5	8.0	11	25	35	49	70
	0.8<m_n≤1.0	5.0	7.0	10	14	26	36	52	73
	1.0<m_n≤1.5	6.5	9.0	13	18	27	39	55	77
	1.5<m_n≤2.5	9.5	13	19	26	31	43	61	86
	2.5<m_n≤4.0	14	20	29	41	36	51	72	102
	4.0<m_n≤6.0	22	31	44	62	44	62	88	124
	6.0<m_n≤10	34	48	67	95	57	80	114	161
125<d≤280	0.2≤m_n≤0.5	2.5	3.5	5.5	7.5	30	42	60	85
	0.5<m_n≤0.8	4.0	5.5	8.0	11	31	44	63	89
	0.8<m_n≤1.0	5.0	7.0	10	14	33	46	65	92
	1.0<m_n≤1.5	6.5	9.0	13	18	34	48	68	97
	1.5<m_n≤2.5	9.5	13	19	27	37	53	75	106
	2.5<m_n≤4.0	16	21	29	41	43	61	86	121
	4.0<m_n≤6.0	22	31	44	62	51	72	102	144
	6.0<m_n≤10	34	48	67	95	64	90	127	180

（续表）

分度圆直径 d/mm	法向模数 m_n/mm	精度等级				精度等级			
		6	7	8	9	6	7	8	9
		f''_i/μm				F''_i/μm			
280<d≤560	0.2≤m_n≤0.5	2.5	4.0	5.5	7.5	39	55	78	110
	0.5<m_n≤0.8	4.0	5.5	8.0	11	40	57	81	114
	0.8<m_n≤1.0	5.0	7.5	10	15	42	59	83	117
	1.0<m_n≤1.5	6.5	9.0	13	18	43	61	86	122
	1.5<m_n≤2.5	9.5	13	19	27	46	65	92	131
	2.5<m_n≤4.0	15	21	29	41	52	73	104	146
	4.0<m_n≤6.0	22	31	44	62	60	84	119	169
	6.0<m_n≤10	34	48	68	96	73	103	145	205

附表 12－7　螺旋总偏差 F_β　　　　　　　　　（mm）

分度圆直径 d/mm	齿宽 b/mm	精度等级				分度圆直径 d/mm	齿宽 b/mm	精度等级			
		6	7	8	9			6	7	8	9
5≤d≤20	4≤b≤10	8.5	12.0	17.0	24.0	125<d≤280	4≤b≤10	10.0	14.0	20.0	29.0
	10<b≤20	9.5	14.0	19.0	28.0		10<b≤20	11.0	16.0	22.0	32.0
	20<b≤40	11.0	16.0	22.0	31.0		20<b≤40	13.0	18.0	25.0	36.0
	40<b≤80	13.0	19.0	26.0	37.0		40<b≤80	15.0	21.0	29.0	41.0
20<d≤50	4≤b≤10	9.0	13.0	18.0	25.0		80<b≤160	17.0	25.0	35.0	49.0
	10<b≤20	10.0	14.0	20.0	29.0		160<b≤250	25.0	29.0	41.0	58.0
	30<b≤40	11.0	16.0	23.0	32.0	280<d≤560	10≤b≤20	12.0	17.0	24.0	34.0
	40<b≤80	13.0	19.0	27.0	38.0		20<b≤40	13.0	19.0	27.0	38.0
	80<b≤160	16.0	23.0	32.0	46.0		40<b≤80	15.0	22.0	31.0	44.0
50≤d≤125	4≤b≤10	9.5	13.0	19.0	27.0		80<b≤160	18.0	26.0	36.0	52.0
	10<b≤20	11.0	15.0	21.0	30.0		160<b≤250	21.0	30.0	43.0	60.0
	20<b≤40	12.0	17.0	24.0	34.0		250<b≤400	25.0	35.0	49.0	70.0
	40<b≤80	14.0	20.0	28.0	39.0						
	80<b≤160	17.0	24.0	33.0	47.0						
	160<b≤250	20.0	28.0	40.0	56.0						

　　附表 12－8 建议的齿轮检验组及检验项目，可按齿轮工作性能及有关要求选择一个检验组来评定齿轮质量。

附表 12-8　　建议的齿轮检验组及项目

检验形式	检验组及项目	检验形式	检验组及项目
单项	① f_{pt}、F_p、F_a、F_β、F_t ② f_{pt}、F_p、F_β、F_t、F_{pk} ③ f_{pt}、F_t(仅用于 10～12 级)	综合验	④ F''_i、f''_i ⑤ F'_i、f'_i(协议有要求时)

（3）侧隙和齿厚偏差

① 侧隙

侧隙是在装配好的齿轮副中,相啮合的轮齿之间的间隙。当两个齿轮的工作齿面相互接触时,其非工作面齿面之间的最短距离为法向间隙 j_{bn};周向间隙 j_{wt} 是指将相互啮合的齿轮中的一个固定,另一个齿轮能够转过的节圆弧长的最大值。

GB/Z18620.2—2008 定义了侧隙、侧隙检验方法(见附图 12-7)及最小侧隙的推荐数据(见附表 12-9)。

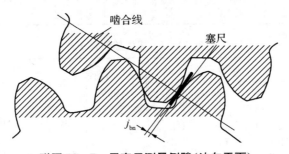

附图 12-7　用塞尺测量侧隙(法向平面)

附表 12-9　对中、大模数齿轮推荐的最小侧隙 j_{bnmin} 数据(mm)

m_n	最小中心距 a_i					
	50	100	200	400	800	1 600
1.5	0.09	0.11	—	—	—	—
2	0.10	0.12	0.15	—	—	—
3	0.12	0.4	0.17	0.24	—	—
5	—	0.8	0.21	0.28	—	—
8	—	0.24	0.27	0.34	0.47	—
12	—	—	0.35	0.42	0.55	—
18	—	—	—	0.54	0.67	0.94

② 齿厚偏差

侧隙是通过减薄齿厚的方法实现的,齿厚偏差(附图 12-8)是指分度圆上实际齿厚与理论齿厚之差(对斜齿轮指法向齿厚)。分度圆上弦齿厚及弦齿高见附表 12-11。

A. 齿厚上偏差

确定齿厚的上偏差 E_{sns} 除应考虑最小侧隙外,还要考虑齿轮和齿轮副的加工和安装误差,关系式为

$$E_{sns1} + E_{sns2} = -2f_a\tan\alpha_n - (j_{bnmin} + J_n)/\cos\alpha_n$$

式中，E_{sns1}、E_{sns2}—小齿轮和大齿轮的齿轮的齿厚上偏差；

f_a—中心距偏差；

J_n—齿轮和齿轮副的加工、安装误差对侧隙减小的补偿量。

$$J_n = \sqrt{f_{pb1}^2 + f_{pb2}^2 + 2(F_\beta\cos\alpha_n)^2 + (F_{\sum\delta}\sin\alpha_n)^2 + (F_{\sum}\beta\cos\alpha_n)^2}$$

式中，f_{Pb1}^2、f_{Pb2}^2—小齿轮和大齿轮的基节偏差；

F_β—小齿轮和大齿轮的螺旋线总偏差；

α_n—法向压力角；

$F_{\sum\delta}$、$F_{\sum\beta}$—齿轮副平行度偏差。其中，$F_{\sum\beta}=0.5\left(\dfrac{L}{b}\right)F_\beta$，两轮分别计算，取小值（式中，$L$ 为轴承跨距，mm；b 为齿宽，mm）；$F_{\sum\delta}=2F_{\sum\beta}$。

求得两齿轮的齿厚上偏差之和后，可以按等值分配方法分配给大齿轮和小齿轮，也可以使小齿轮的减薄量小于大齿轮的减薄量，以使大、小齿轮的齿根弯曲强度匹配。

B. 齿厚公差

齿厚公差的选择基本上与齿轮的精度无关，除了十分必要的场合，不应采用很紧的齿厚公差。以利于在不影响齿轮性能和承载能力的前提下获得较经济的制造成本。

齿厚公差 T_m 的确定：

$$T_{sn} = \sqrt{F_r^2 + b_r^2} \times \tan\alpha_n$$

式中，F_r—径向跳动公差；

b_r—切齿径向进刀公差；可按附表 12-10 选用。

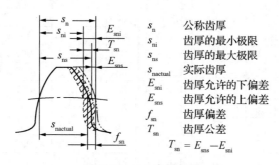

s_n	公称齿厚
s_{ni}	齿厚的最小极限
s_{ns}	齿厚的最大极限
$s_{nactual}$	实际齿厚
E_{sni}	齿厚允许的下偏差
E_{sns}	齿厚允许的上偏差
f_{sn}	齿厚偏差
T_{sn}	齿厚公差

$$T_{sn} = E_{sns} - E_{sni}$$

附图 12-8　齿厚偏差

附表 12-10　切齿径向进刀公差

齿轮精度等级	5	6	7	8	9
b_r	IT8	1.25IT8	IT9	1.26IT9	IT10

C. 齿厚下偏差

齿厚下偏差 E_{sni} 按下式求得：

$$E_{sni} = E_{sns} - T_{sn}$$

D. 按使用经验选定齿厚公差

在实际的齿轮设计中，常常按实际使用经验来选定齿轮的齿厚的上下偏差 E_{sns}、E_{sni}，齿厚

极限偏差 E_{sn} 的参考值见附表 12-12。这种选定方法不适用于对最小侧隙有严格要求的齿轮。

③ 公法线长度偏差

齿厚改变时,齿轮的公法线长度也随之改变。因此可以通过测量公法线长度控制齿厚。公法线长度不以齿顶圆为测量基准,其测量方法简单,测量精度较高,在生产中广泛应用。齿轮公法线长度计算查附表 12-13。

公法线长度偏差是指公法线的实际长度与公称长度之差,公法线长度偏差与齿厚偏差的关系如下:

公法线长度上偏差 $E_{bns}=E_{sns}\cos\alpha_n$

公法线长度下偏差 $E_{bni}=E_{sni}\cos\alpha_n$

附表 12-11　非变位直齿圆柱齿轮分度圆上弦齿厚及弦齿高($\alpha=20°$,$h_a^*=1$)

弦齿厚　$s_x=K_1m$						弦齿高　$h_x=K_2m$					
齿数 z	K_1	K_2	齿数 z	K_1	K_2	齿数 z	K_1	K_2	齿数 z	K_1	K_2
10	1.564 3	1.061 6	40		1.015 4	70		1.008 8	100		1.0061
11	1.565 5	1.056 0	41	1.570 4	1.015 0	71	1.570 7	1.008 7	101		1.006 1
12	1.566 3	1.051 4	42		1.014 7	72		1.008 6	102		1.006 0
13	1.567 0	1.047 4	43		1.014 3	73		1.008 5	103	1.570 7	1.006 0
14	1.567 5	1.044 0	44		1.014 0	74	1.507	1.008 4	104		1.005 9
15	1.567 9	1.041 1	45		1.013 7	75		1.008 3	105		1.005 9
16	1.568 3	1.038 5	46		1.013 4	76		1.008 1	106		1.005 8
17	1.568 6	1.036 2	47	1.570 5	1.013 1	77		1.008 0	107		1.005 8
18	1.568 8	1.034 2	48		1.012 8	78	1.570 7	1.007 9	108	1.570 7	1.005 7
19	1.569 0	1.032 4	49		1.012 6	79		1.007 8	109		1.005 7
20	1.569 2	1.030 8	50		1.012 3	80		1.007 7	110		1.005 6
21	1.569 4	1.029 4	51		1.012 1	81		1.007 6	111		1.005 6
22	1.569 5	1.028 1	52		1.011 9	82		1.007 5	112		1.005 5
23	1.569 6	1.026 8	53	1.570 5	1.011 6	83	1.570 7	1.007 4	113	1.570 7	1.005 5
24	1.569 7	1.025 7	54		1.011 4	84		1.007 4	114		1.005 4
25	1.569 8	1.024 7	55		1.011 1	85		0.007 3	115		1.005 4
26		1.023 7	56		1.011 0	86		1.007 2	116		1.005 3
27	1.569 9	1.022 8	57		1.010 8	87		1.007 1	117		1.005 3
28		1.022 2	58	1.570 6	1.010 6	88	1.570 7	0.007 0	118	1.570 7	1.005 3
29	1.570 0	1.021 3	59		1.010 5	89		0.006 9	119		1.005 2
30	1.570 1	1.020 6	60		1.010 2	90		1.006 8	120		1.005 2
31		1.019 9	61		1.010 1	91		1.006 8	121		1.005 1
32		1.019 3	62		1.010 0	92		1.006 7	122		1.005 1
33	1.570 2	1.018 7	63	1.570 6	1.009 8	93	1.570 7	1.006 7	123	1.570 7	1.005 0
34		1.018 1	64		1.009 7	94		1.006 6	124		1.005 0
35		1.017 6	65		1.009 5	95		1.006 5	125		1.004 9
36	1.570 3	1.017 1	66		1.009 4	96		1.006 4	126		1.004 9
37		1.016 7	67	1.570 6	1.009 2	97		1.006 4	127		1.004 9
38	1.570 4	1.016 2	68		1.009 1	98	1.570 7	1.006 3	128	1.570 7	1.004 8
39		1.015 8	69	1.570 7	1.009 0	99		1.006 2	129		1.004 8

（续表）

弦齿厚 $s_x = K_{1m}$						弦齿高 $h_x = K_{2m}$					
齿数 z	K_1	K_2	齿数 z	K_1	K_2	齿数 z	K_1	K_2	齿数 z	K_1	K_2
130	1.570 7	1.004 7	135	1.570 8	1.004 6						
131		1.004 7	140		1.004 4						
132	1.570 8	1.004 7	145	1.570 81	1.004 2						
133		1.004 7	150		1.004 1						
134		1.004 6	齿条		1.000 0						

注：1. 对于斜齿圆柱和锥齿轮，使用本表时，应以当量齿数 z_v 代替 $z\left(\text{斜齿轮：}z_v = \dfrac{z}{\cos^2\beta}\text{；锥齿轮：}z_v = \dfrac{z}{\cos\delta}\right)$。

2. z_v 非整数时，可用插值法求出。

附表 12-12　齿厚极限偏差 E_{sn} 参考值（非标准内容）（μm）

精度等级	法向模数 m_n/mm	偏差名称	分度圆直径									
			$\leqslant 80$	$>80 \sim 125$	$>125 \sim 180$	$>180 \sim 250$	$>250 \sim 315$	$>315 \sim 400$	$>400 \sim 500$	$>500 \sim 630$	$>630 \sim 800$	$>800 \sim 1\,000$
5	$>1\sim 3.5$	E_{sns} E_{sni}	-96 -120	-96 -120	-112 -140	-140 -175	-140 -175	-175 -224	-200 -256	-200 -256	-200 -256	-225 -288
	$>3.5\sim 6.3$		-80 -96	-96 -128	-108 -144	-144 -180	-144 -180	-144 -180	-180 -255	-180 -225	-180 -225	-250 -320
	$>6.3\sim 10$		-90 -108	-90 -108	-120 -160	-120 -160	-160 -200	-160 -200	-176 -220	-176 -220	-176 -220	-220 -275
	$>10\sim 16$				-110 -132	-132 -176	-132 -176	-176 -220	-208 -260	-208 -260	-208 -260	-260 -325
	$>16\sim 25$				-112 -140	-112 -168	-140 -168	-168 -224	-192 -256	-192 -256	-256 -320	-256 -320
6	$>1\sim 3.5$	E_{sns} E_{sni}	-80 -120	-100 -160	-110 -132	-132 -176	-132 -176	-176 -220	-208 -260	-208 -260	-208 -325	-224 -350
	$>3.5\sim 6.3$		-78 -104	-104 -130	-112 -168	-140 -224	-140 -224	-168 -224	-168 -224	-224 -280	-224 -280	-256 -320
	$>6.3\sim 10$		-84 -112	-112 -140	-128 -192	-128 -192	-128 -192	-168 -256	-180 -288	-180 -288	-216 -288	-288 -360
	$>10\sim 16$				-108 -180	-144 -216	-144 -216	-144 -216	-160 -240	-200 -320	-240 -320	-240 -320
	$>16\sim 25$				-132 -176	-132 -176	-176 -220	-176 -220	-200 -250	-200 -300	-200 -300	-250 -400

（续表）

精度等级	法向模数 m_n/mm	偏差名称	分度圆直径									
			≤80	>80~125	>125~180	>180~250	>250~315	>315~400	>400~500	>500~630	>630~800	>800~1000
7	>1~3.5		−112 −168	−112 −168	−128 −192	−128 −192	−160 −256	−192 −256	−180 −288	−216 −360	−216 −360	−320 −400
	>3.5~6.3		−108 −180	−108 −180	−120 −200	−160 −240	−160 −240	−160 −240	−200 −320	−200 −320	−240 −320	−264 −352
	>6.3~10	E_{sns} E_{sni}	−120 −160	−120 −160	−132 −220	−132 −220	−176 −264	−176 −264	−200 −300	−200 −300	−250 −400	−300 −400
	>10~16				−150 −250	−150 −250	−150 −250	−200 −300	−224 −336	−224 −336	−224 −336	−280 −448
	>16~25				−128 −192	−128 −256	−192 −256	−192 −256	−216 −360	−216 −360	−288 −432	−288 −432
8	>1~3.5		−120 −200	−120 −200	−132 −220	−176 −264	−176 −264	−176 −264	−200 −300	−200 −300	−250 −400	−280 −448
	>3.5~6.3		−100 −150	−150 −200	−168 −280	−168 −280	−168 −280	−168 −280	−224 −336	−224 −336	−224 −384	−256 −384
	>6.3~10	E_{sns} E_{sni}	−112 −168	−112 −168	−128 −256	−192 −256	−192 −256	−192 −256	−216 −288	−216 −360	−288 −432	−288 −432
	>10~16				−144 −216	−144 −288	−216 −288	−216 −288	−240 −320	−240 −320	−240 −400	−320 −480
	>16~25				−180 −270	−180 −270	−180 −270	−180 −270	−200 −300	−300 −400	−300 −400	−300 −500
9	>1~3.5		−112 −224	−168 −280	−192 −320	−192 −320	−192 −320	−256 −384	−288 −432	−288 −432	−288 −432	−320 −480
	>3.5~6.3		−144 −216	−144 −216	−160 −320	−160 −320	−240 −400	−240 −400	−240 −400	−240 −400	−320 −480	−360 −540
	>6.3~10	E_{sns} E_{sni}	−160 −240	−160 −240	−180 −270	−180 −270	−180 −270	−270 −360	−300 −400	−300 −400	−300 −400	−300 −500
	>10~16				−200 −300	−200 −300	−200 −300	−200 −300	−224 −336	−336 −448	−336 −448	−336 −560
	>16~25				−252 −378	−252 −378	−252 −378	−252 −378	−284 −426	−284 −426	−284 −426	−426 −568

附表 12-13　公法线长度 W′($m=1$, $\alpha_n=20°$)

齿轮齿数 z	跨测齿数 K	公法线长度 W′	齿轮齿数 z	跨测齿数 K	公法线长度 W′	齿轮齿数 z	跨测齿数 K	公法线长度 W′	齿轮齿数 z	跨测齿数 K	公法线长度 W′	齿轮齿数 z	跨测齿数 K	公法线长度 W′
			28	4	10.724 6	55	7	19.959 1	82	10	29.193 7	109	13	38.428 2
			29	4	10.738 6	56	7	19.973 1	83	10	29.207 7	110	13	38.442 2
			30	4	10.752 6	57	7	19.987 1	84	10	29.221 7	111	13	38.456 2
4	2	4.484 2	31	4	10.766 6	58	7	20.001 1	85	10	29.235 7	112	13	38.470 2
5	2	4.498 2	32	4	10.780 6	59	7	20.015 2	86	10	29.249 7	113	13	38.484 2
6	2	4.512 2	33	4	10.794 6	60	7	20.029 2	87	10	29.263 7	114	13	38.498 2
7	2	4.526 2	34	4	10.808 6	61	7	20.043 2	88	10	29.277 7	115	13	38.512 2
8	2	4.540 2	35	4	10.822 6	62	7	20.057 2	89	10	29.291 7	116	13	38.526 2
9	2	4.554 2	36	5	13.788 8	63	8	23.023 3	90	11	32.257 9	117	14	41.492 4
10	2	4.568 3	37	5	13.802 8	64	8	23.037 3	91	11	32.271 8	118	14	41.506 4
11	2	4.582 3	38	5	13.816 8	65	8	23.051 3	92	11	32.285 8	119	14	41.520 4
12	2	4.596 3	39	5	13.830 8	66	8	23.065 3	93	11	32.299 8	120	14	41.534 4
13	2	4.610 3	40	5	13.844 8	67	8	23.079 3	94	11	32.313 8	121	14	41.548 4
14	2	4.624 3	41	5	13.858 8	68	8	23.093 3	95	11	32.327 9	122	14	41.562 4
15	2	4.638 3	42	5	13.872 8	69	8	23.107 3	96	11	32.341 9	123	14	41.576 4
16	2	4.652 3	43	5	13.886 8	70	8	20.121 3	97	11	32.355 9	124	14	41.590 4
17	2	4.666 3	44	5	13.900 8	71	8	23.135 3	98	11	32.369 9	125	14	41.604 4
18	3	7.632 4	45	6	16.867 0	72	9	26.101 5	99	12	35.336 1	126	15	44.570 6
19	3	7.646 4	46	6	16.881 0	73	9	26.115 5	100	12	35.350 0	127	15	44.584 6
20	3	7.660 4	47	6	16.895 0	74	9	26.129 5	101	12	35.364 0	128	15	44.598 6
21	3	7.674 4	48	6	16.909 0	75	9	26.143 5	102	12	35.378 0	129	15	44.612 6
22	3	7.688 4	49	6	16.923 0	76	9	26.157 5	103	12	35.292 0	130	15	44.626 6
23	3	7.702 4	50	6	16.937 0	77	9	26.171 5	104	12	35.406 0	131	15	44.640 6
24	3	7.716 5	51	6	16.951 0	78	9	26.185 5	105	12	35.420 0	132	15	44.654 6
25	3	7.730 5	52	6	16.966 0	79	9	26.199 5	106	12	35.434 0	133	15	44.668 6
26	3	7.744 5	53	6	16.979 0	80	9	26.213 5	107	12	35.448 1	134	15	44.682 6
27	4	10.710 6	54	7	19.945 2	81	10	29.179 7	108	13	38.414 2	135	16	47.649 0

续表

齿轮齿数 z	跨测齿数 K	公法线长度 W'	齿轮齿数 z	跨测齿数 K	公法线长度 W'	齿轮齿数 z	跨测齿数 K	公法线长度 W'	齿轮齿数 z	跨测齿数 K	公法线长度 W'	齿轮齿数 z	跨测齿数 K	公法线长度 W'
136	16	47.662 7	149	17	60.796 9	162	19	56.883 3	175	20	60.017 4	188	21	63.151 6
137	16	47.676 7	150	17	50.810 9	163	19	56.897 2	176	20	60.031 4	189	22	66.117 9
138	16	47.690 7	151	17	50.824 9	164	19	56.911 3	177	20	60.045 5	190	22	66.131 8
139	16	47.704 7	152	17	50.838 9	165	19	56.925 3	178	20	60.059 6	191	22	66.145 8
140	16	47.718 7	153	18	53.805 1	166	19	56.939 3	179	20	60.073 5	192	22	66.159 8
141	16	47.732 7	154	18	53.819 1	167	19	56.953 3	180	21	63.039 7	193	22	66.173 8
142	16	47.746 8	155	18	53.833 1	168	19	56.967 3	181	21	63.053 6	194	22	66.187 8
143	16	74.760 8	156	18	53.847 1	169	19	56.981 3	182	21	63.067 6	195	22	66.201 8
144	17	50.727 0	157	18	53.861 1	170	19	56.995 3	183	21	63.081 6	196	22	66.215 8
145	17	50.740 9	158	18	53.875 1	171	20	59.961 5	184	21	63.095 6	197	22	66.229 8
146	17	50.754 9	159	18	53.889 1	172	20	59.975 4	185	21	63.109 6	198	23	66.196 1
147	17	50.768 9	160	18	53.903 1	173	20	59.989 4	186	21	63.123 6	199	23	69.210 1
148	17	50.782 9	161	18	53.917 1	174	20	60.003 4	187	21	63.137 6	200	23	69.224 1

注：1. 对标准直齿圆柱齿轮，公法线长度 $W=W'm$；W' 为 $m=1$ mm，$\alpha_n=20°$ 时的公法线长度。

2. 对变位直齿圆柱齿轮，当变位系数 x 较小，$|x|<0.3$ 时，跨测齿数 K 不变，按照上表查出，而公法线长度 $W=(W'+0.684x)m$。$|x|>0.3$ 时，跨测齿数为 K'，可按下式计算：

$$K'=z\frac{\alpha_x}{180°}+0.5，式中 \alpha_x=\arccos\frac{2d\cos\alpha_n}{d_a+d_f}$$

而公法线长度为 $W=[2.952\,1(K'-0.5)+0.014z+0.684x]m$。

3. 斜齿圆柱齿轮的公法线长度 W_n 在法面内测量，其值也可按上表确定。假想齿数常为非整数，其小数部分 Δz 所对应的公法线长度 ΔW 可查附表 12-15。故总的公法线长度：$W_n=(W'+\Delta W)m_n$，式中，m_n 为法面模数，W' 为与假想齿数 z' 整数部分相对应的公法线长度。假想齿数，见附表 12-14。假想齿数 z' 按 $z'=K_\beta z$ 计算，式中 K_β 为分度圆柱上齿的螺旋角 β 有关的假想齿数系数，见附表 12-13。

附表 12 - 14　假想齿数系数 K_β(α_n=20°)

β	K_β	差值	β	K_β	差值	β	K_β	差值	β	K_β	差值
1°	1.000	0.002	16°	1.119	0.017	31°	1.548	0.047	46°	2.773	0.143
2°	1.002	0.002	17°	1.136	0.018	32°	1.595	0.051	47°	2.916	0.155
3°	1.004	0.003	18°	1.154	0.019	33°	1.646	0.054	48°	3.071	0.168
4°	1.007	0.004	19°	1.173	0.021	34°	1.700	0.058	49°	3.239	0.184
5°	1.011	0.005	20°	1.194	0.022	35°	1.758	0.062	50°	3.423	0.200
6°	1.016	0.006	21°	1.216	0.024	36°	1.820	0.067	51°	3.623	0.220
7°	1.022	0.006	22°	1.240	0.026	37°	1.887	0.072	52°	3.843	0.240
8°	1.028	0.008	23°	1.266	0.027	38°	1.959	0.077	53°	4.083	0.264
9°	1.036	0.009	24°	1.293	0.030	39°	2.036	0.083	54°	4.347	0.291
10°	1.045	0.009	25°	1.323	0.031	40°	2.119	0.088	55°	4.638	0.320
11°	1.054	0.011	26°	1.354	0.034	41°	2.207	0.096	56°	4.958	0.354
12°	1.065	0.012	27°	1.388	0.036	42°	2.303	0.105	57°	5.312	0.391
13°	1.077	0.013	28°	1.424	0.038	43°	2.408	0.112	58°	5.703	0.435
14°	1.090	0.014	29°	1.462	0.042	44°	2.520	0.121	59°	6.138	0.485
15°	1.114	0.015	30°	1.504	0.044	45°	2.641	0.132			

注:当分度圆螺旋角 β 为非整数时,K_β 可按差值用内插法求出。

附表 12 - 15　假想齿数小数部分的公法线长度 $\Delta W'$(m_n=1 mm,α_n=20°)

$\Delta z'$	0.00	0.01	0.02	0.03	0.04	0.05	0.06	0.07	0.08	0.09
0.0	0.000 0	0.000 1	0.000 3	0.000 4	0.000 6	0.000 7	0.000 8	0.001 0	0.001 1	0.001 3
0.1	0.001 4	0.001 5	0.001 7	0.001 8	0.002 0	0.002 1	0.002 2	0.002 4	0.002 5	0.002 7
0.2	0.002 8	0.002 9	0.003 1	0.003 2	0.003 4	0.003 5	0.003 6	0.003 8	0.003 9	0.004 1
0.3	0.004 2	0.004 3	0.004 5	0.004 6	0.004 8	0.004 9	0.005 1	0.005 2	0.005 3	0.005 5
0.4	0.005 6	0.005 7	0.005 9	0.006 0	0.006 1	0.006 3	0.006 4	0.006 6	0.006 7	0.006 9
0.5	0.007 0	0.007 1	0.007 3	0.007 4	0.007 6	0.007 7	0.007 9	0.008 0	0.008 1	0.008 3
0.6	0.008 4	0.008 5	0.008 7	0.008 8	0.008 9	0.009 1	0.009 2	0.009 4	0.009 5	0.009 7
0.7	0.009 8	0.009 9	0.010 1	0.010 2	0.010 4	0.010 5	0.010 6	0.010 8	0.010 9	0.011 1
0.8	0.011 2	0.011 4	0.011 5	0.011 6	0.011 8	0.011 9	0.012 0	0.012 2	0.012 3	0.012 4
0.9	0.012 6	0.012 7	0.012 9	0.013 0	0.013 2	0.013 3	0.013 5	0.013 6	0.013 7	0.013 9

注:查取示例,当 $\Delta z'$=0.65 时,由上表查得 $\Delta W'$=0.009 1。

（4）齿轮坯、轴中心距和轴线平行度

① 齿轮坯的精度

GB/Z18620.3—2008 规定了齿轮坯上确定基准轴线的基准面的形状公差（附表

12-16),当基准轴线与工作轴线不重合时,工作安装面相对基准轴线的跳动公差不应大于附表 12-17 规定的数值。

齿轮的齿顶圆、齿轮孔以及安装齿轮的轴线尺寸公差与形状公差推荐按附表 12-18 选用。

附表 12-16　基准面与安装面的形状公差

确定轴线的基准面	公差项目		
	圆　度	圆柱度	平面度
两个"短的"圆柱或圆锥形基准面	$0.04(L/b)F_\beta$ 或 $0.1F_p$,取两者之中之小值		
一个"长的"圆柱或圆锥形基准面		$0.04(L/b)F_\beta$ 或 $0.1F_p$,取两者中之小值	
一个短的圆柱面和一个端面	$0.06F_p$		$0.06(D_d/b)F_\beta$

注:1. 齿轮坯的公差应减至能经济地制造的最小值。
　　2. L—较大的轴承跨距(当有关轴跨距不同时);D_d—基准圆直径;b—齿宽;F_β 螺旋线总偏差;F_p—齿距累积总偏差。

附表 12-17　安装面的跳动公差

确定轴线的基准面	跳动量(总的指示幅度)	
	径向	轴向
仅指圆柱或圆锥形基准面	$0.15(L/b)F_\beta$ 或 $0.3F_p$,取两者中之大值	
一个圆柱基准面和一个端面基准面	$0.3F_p$	$0.2(D_d/b)F_\beta$

注:1. 齿轮坯的公差应减至能经济地制造的最小值。
　　2. 表中各参数含义参见附表 12-6 注 2。

附表 12-18　齿坯的尺寸和形状公差

齿轮精度等级		6	7	8	9	10
孔	尺寸公差 形状公差	IT6	IT7		IT8	
轴	尺寸公差 形状公差	IT5	IT6		IT7	
齿顶圆直径	作测量基准	IT8			IT9	
	不作测量基准	公差按 IT11 给定,但不大于 $0.1m_n$。				

② 轴中心距偏差

中心距公差是设计者规定的允许偏差,确定中心距公差时应综合考虑轴、轴承和箱体的制造及安装误差,轴承跳动及温度变化等影响因素,并考虑中心距变动对重合度和侧隙的影响。

GB/Z18620.3—2008 没有推荐中心距公差数值,GB/T10095.1—2008 对中心距极限偏差也未作规定,为了方便初学者设计时参考,附表 12-19 列出了 GB/T10095—1998 规定的中心距极限偏差值。

附表 12‑19　中心距极限偏差±f_a（GB/T10095－1998 摘录）　　　　（mm）

齿数精度等级	f_a	齿轮副的中心距/mm												
		大于 6	10	18	30	50	80	120	180	250	315	400	500	630	800
		到 10	18	30	50	80	120	180	250	315	400	500	630	800	1 000
5～6	$\frac{1}{2}$IT7	7.5	9	10.5	12.5	15	17.5	20	23	26	28.5	31.5	35	40	45
7～8	$\frac{1}{2}$IT8	11	13.5	16.5	19.5	23	27	31.5	36	40.5	44.5	48.5	55	62	70
9～10	$\frac{1}{2}$IT9	18	21.5	26	31	37	43.5	50	57.5	65	70	77.5	87	100	115

③ 轴线平行度偏差

由于轴线平行度偏差的影响与其向量的方向有关，对"轴线平面内的偏差"$f_{\Sigma\beta}$和"垂直平面内的偏差"$f_{\Sigma\delta}$作了不同的规定（见附图 12‑9）。轴线偏差的推荐最大值计算公式如下：

$$f_{\Sigma\beta} = 0.5\left(\frac{L}{b}\right)F_\beta$$

$$f_{\Sigma\delta} = 2f_{\Sigma\beta} = \left(\frac{L}{b}\right)$$

式中：L—较大的轴承跨距，mm；

　　　b—齿宽，mm；

　　　F_β—螺旋线总偏差，μm。

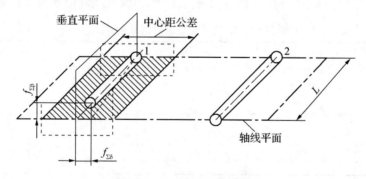

附图 12‑9　轴线平行度偏差

（5）齿面粗糙度

齿面粗糙度影响齿轮的传动精度和工作能力。齿面粗糙度规定值应优先从附表12‑20中选用。齿轮精度等级和齿面粗糙度等级之间没有直接关系。轮坯其他表面粗糙度值从附表 12‑21 中选用。

附表 12‑20　齿面的表面粗造度算术平均偏差 *Ra* 的推荐极限值

（摘自 GB/Z18620.4‑2002）　　　　　　　　　　　　（单位：μm）

模数 m/mm	精度等级							
	5	6	7	8	9	10	11	12
$m\leqslant6$	0.5	0.8	1.25	2.0	3.2	5.0	10.0	20.0
$6<m\leqslant25$	0.63	1.00	1.6	2.5	4.0	6.3	12.5	25.0
$m>25$	0.8	1.25	2.0	3.2	5.0	8.0	16.0	32.0

附表 12‑21　轮坯其他表面粗糙度算术平均偏差 *Ra* 的推荐极限值　　（单位：μm）

齿轮精度等级	6	7	8	9
基准孔	1.25	1.25～2.5		5
基准轴颈	0.63	1.25	2.5	
基准端面	2.5～5		5	
顶圆柱面	5			

（6）轮齿接触斑点

检测产品齿轮副在其箱体内所产生的接触斑点，可对轮齿间载荷分布进行评估。

附图 12‑10 和附表 12‑22 及 12‑23 给出了齿轮装配后（空载）检测时齿轮精度等级和接触斑点分布之间关系的一般指示，但不适于齿廓和螺旋线修形的齿轮齿面。

附表 12‑22 直齿轮装配后的接触斑点

精度等级	$b_{c1}/\%$ 齿长方向	$h_{c1}/\%$ 齿高方向	$b_{c2}/\%$ 齿长方向	$h_{c2}/\%$ 齿高方向
5 和 6	45	50	35	30
7 和 8	35	50	35	30
9 至 12	25	50	25	30

附表 12‑23　斜齿轮装配后的接触斑点

精度等级	$b_{c1}/\%$ 齿长方向	$h_{c1}/\%$ 齿高方向	$b_{c2}/\%$ 齿长方向	$h_{c2}/\%$ 齿高方向
5 和 6	45	40	35	20
7 和 8	35	40	35	20
9 至 12	25	40	25	20

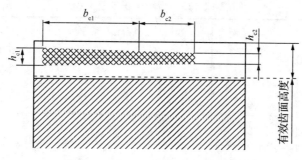

附图 12 - 10　接触斑点分布示意图

（7）精度等级的标注

标准中对齿轮精度等级的标注未作规定，它仅规定了在技术文件中需要叙述齿轮精度等级时应注明 GB/T10095.1—2008 或 GB/T10095.2—2008。关于齿轮精度等级的标注建议如下：

① 若齿轮的各项检验项目为同一精度等级，可标注精度等级和标准号。例如齿轮各检验项目同为 7 级精度，则标注为：

7GB/T10095.1—2008 或 7GB/T10095.2—2008

② 若齿轮的各项检验项目的精度等级不同，例如齿廓总偏差 $F_α$ 为 6 级精度，单个齿距偏差 f_{pt}、齿距累积总偏差 F_p、螺旋线总偏差 $F_β$ 均为 7 级精度，则标注为：

$6(F_α)$、$7(f_{pt}，F_p，F_β)$ GB/T10095.1—2008。

2. 圆锥齿轮精度

（1）精度等级和齿轮的检验项目

国家标准 GB/T11365—1989《锥齿轮和准双曲面齿轮精度》规定锥齿轮及齿轮副有 12 个精度等级，1 级精度最高、12 级精度最低。并根据对传动性能的影响，把齿轮和齿轮副的公差项目分成三个公差组，每个公差组分成若干检验组。根据使用要求，允许各公差组选用不同的精度等级，但对齿轮副中大、小齿轮的同一公差组，应规定同一精度等级。锥齿轮的检验项目可根据齿轮的工作要求和精度等级，在各公差组中任选一个检验组来检验。各检验项目的公差值和极限偏差见附表 12 - 24～附表 12 - 29。

附表 12 - 24　锥齿轮及齿轮副公差组和检验项目

	检验项目	适用的精度等级
第Ⅰ公差组	齿距累积公差 F_P	7～8
	齿圈跳动公差 F_r、轴交角综合合公差 $F''_{iΣc}$	7～12
第Ⅱ公差组	齿距极限偏差 $±f_{Pt}$、一齿轴交角综合公差 $f''_{iΣc}$ 齿圈轴向位移极限偏差 $±f_{AM}$	7～12
第Ⅲ公差组	轴间距极限偏差 $±f_a$、接触斑点	7～12

附表 12‐25　齿距累积公差 F_P 值　　　　　　　　(μm)

中点分度圆弧长 L/mm ($L=\pi d_{\mathrm{m}}/2$)		>32~50	>50~80	>80~160	>160~315	>315~630
精度 等级	6	22	25	32	45	63
	7	32	36	45	63	90
	8	45	50	63	90	125
	9	63	71	90	125	180

注：d_{m} 为齿宽中点分度圆直径。

附表 12‐26　锥齿轮的 F_r、$\pm f_{Pt}$ 和齿轮副 $F''_{i\Sigma c}$、$f''_{i\Sigma c}$　　　　　　　　(μm)

中点分度 圆直径/mm	中点法向 模数/mm	精度等级											
		F_r			$\pm f_{Pt}$			$F''_{i\Sigma c}$			$f''_{i\Sigma c}$		
		7	8	9	8	9	7	7	8	9	7	8	9
≤125	≥1~3.5	36	45	67	85	110	28	67	85	110	28	40	53
	>3.5~6.3	40	50	75	95	120	36	75	95	120	36	50	60
	>6.3~10	45	56	85	105	130	40	85	105	130	40	56	71
>125~400	≥1~3.5	50	63	100	125	160	32	100	125	160	32	45	60
	>3.5~6.3	56	71	105	130	170	40	105	130	170	40	56	67
	>6.3~10	63	80	120	150	180	45	120	150	180	45	63	80
>400~800	≥1~3.5	63	80	130	160	200	36	130	160	200	36	50	67
	>3.5~6.3	71	90	140	170	220	40	140	170	220	40	56	75
	>6.3~10	80	100	150	190	240	50	150	190	240	50	71	85

注：$F''_{i\Sigma}=0.7F''_{i\Sigma c}$；$f''_{i\Sigma}=0.7f''_{i\Sigma c}$。

附表 12‐27　接触斑点　　　　　　　　(%)

精度等级	6~7	8~9
沿齿长方面	50~70	35~65
沿齿高方向	55~75	40~70

注：表中数值范围用于齿面修形的齿轮，对齿面不作修形的齿轮，接触斑点大小应小于其平均值。

附表 12‑28　齿圈轴向位移极限偏差±f_{AM}值　　　　　　　（μm）

中点锥距 /mm		分锥角 /(°)		中点法向模数/mm					
				≥1~3.5			>3.5~6.3		
				精度等级					
大于	到	大于	到	7	8	9	7	8	9
—	50	—	20	20	28	40	11	16	22
		20	45	17	24	34	9.5	13	19
		45	—	71·	10	14	4	5.6	8
50	100	—	20	67	95	140	38	53	75
		20	45	56	80	120	32	45	63
		45	—	24	34	48	13	17	26
100	200	—	20	150	200	300	80	120	160
		20	45	130	180	200	71	100	140
		45	—	53	75	105	30	40	60

注：表中数值用于 $\alpha=20°$ 的非修形齿轮。

附表 12‑29　轴间距和轴交角的极限偏差值　　　　　　　　（μm）

中点锥距/mm		轴间距极限偏差±f_a			轴交角极限偏差±E_Σ				
		精度等级			小轮分锥角/(°)		最小法向侧隙种类		
大于	到	7	8	9	大于	到	d	c	b
—	50	18	28	36	—	15	11	18	30
					15	25	16	26	42
					25	—	19	30	50
50	100	20	30	45	—	15	16	26	42
					15	25	19	30	50
					25	—	22	32	60
100	200	25	36	55	—	15	19	30	50
					15	25	26	45	71
					25	—	32	50	80

注：1. ±f_a值用于无纵向修形的齿轮副。对于纵向修形的齿轮副，允许采用低一级的数值。

2. ±E_Σ的公差带位置相对于零线可以不对称或取在一侧。

3. ±E_Σ值用于 $\alpha=20°$ 的正交齿轮副。

（2）齿轮副侧隙

国家标准 GB/T 11365—1989 规定齿轮副的最小法向侧隙种类有 6 种：a、b、c、d、e 和 h。齿轮副法向侧隙公差种类为 5 种：A、B、C、D、E 和 H。推荐法向侧隙公差种类和最小法向侧隙种类的对应关系如附图 12‑11 所示，也允许不同种类的法向侧隙公差与最小法向侧隙组合。最小法向侧隙种类与精度等级无关。

最小法向侧隙种类的确定一般用类比法，也可由锥齿轮当量圆柱齿轮的参数，按圆柱齿轮的最小极限侧隙的计算方法计算。最小法向侧隙种类确定之后，最小法向侧隙 $j_{n\min}$ 值查附表 12‑30。

最大法向侧隙 $j_{n\min}$ 由下式计算：

$$j_{n\max}=(\,|\,E_{\bar{s}s1}+E_{\bar{s}s2}\,|\,+T_{\bar{s}1}+T_{\bar{s}2}+E_{\bar{s}\Delta1}+E_{\bar{s}\Delta2}\,)\cos\alpha_n$$

式中：齿厚上偏差 $E_{\bar{s}s}$ 按附表 12‑31 查取；$E_{\bar{s}\Delta}$ 为制造误差的补偿部分，由附表 12‑32 查取；齿厚公差 $T_{\bar{s}}$ 按附表 12‑33 取值。

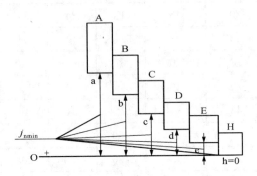

附图 12‑1　法向侧隙公差种类和最小法向侧隙种类的对应关系

附表 12‑30　最小法向侧隙 $j_{n\min}$ **值**　　　　　　　(μm)

中点锥距/mm		小轮分锥角/(°)		最小法向侧隙种类					
大于	到	大于	到	h	e	d	c	b	a
—	50	—	15	0	15	22	36	58	90
		15	25	0	21	33	52	84	130
		25	—	0	25	39	62	100	160
50	100	—	15	0	21	33	52	84	130
		15	25	0	25	39	62	100	160
		25	—	0	30	46	74	120	190
100	200	—	15	0	25	39	62	100	160
		15	25	0	35	54	87	140	220
		25	—	0	40	63	100	160	250
200	400	—	15	0	30	46	74	120	190
		15	25	0	46	72	115	185	290
		25	—	0	52	81	130	210	320
400	800	—	15	0	40	63	100	160	250
		15	25	0	57	89	140	230	360
		25	—	0	70	110	172	280	440

注：1. 正交齿轮副按中点锥距 R 查表。非正交齿轮副按下式算出的 R' 查表；$R'=R(\sin2\delta_1+\sin2\delta_2)/2$，式中 δ_1 和 δ_2 分别为大、小齿轮的分锥角。

　　2. 准双曲面齿轮副按大轮中点锥距查表。

附表 12-31　齿厚上偏差 $E_{\bar{s}s}$ 值　　　　　　　　　　　　　　(μm)

<table>
<tr><th rowspan="3">基本值</th><th rowspan="3">中点法向
模数/mm</th><th colspan="9">中点分度圆直径/mm</th></tr>
<tr><th colspan="3">≤125</th><th colspan="3">>125~400</th><th colspan="3">>400~800</th><th colspan="3">>800~1600</th></tr>
</table>

<table>
<tr><th rowspan="2"></th><th rowspan="2"></th><th colspan="12">分锥角/(°)</th></tr>
<tr>
<th>≤20</th><th>>20
~45</th><th>>45</th>
<th>≤20</th><th>>20
~45</th><th>>45</th>
<th>≤20</th><th>>20
~45</th><th>>45</th>
<th>≤20</th><th>>20
~45</th><th>>45</th>
</tr>
<tr><td>基本值</td><td>≥1~3.5</td><td>-20</td><td>-20</td><td>-22</td><td>-28</td><td>-32</td><td>-30</td><td>-36</td><td>-50</td><td>-45</td><td>—</td><td>—</td><td>—</td></tr>
<tr><td></td><td>>3.5~6.3</td><td>-22</td><td>-22</td><td>-25</td><td>-32</td><td>-32</td><td>-30</td><td>-38</td><td>-55</td><td>-45</td><td>-75</td><td>-85</td><td>-80</td></tr>
<tr><td></td><td>>6.3~10</td><td>-25</td><td>-25</td><td>-28</td><td>-36</td><td>-36</td><td>-34</td><td>-40</td><td>-55</td><td>-50</td><td>-80</td><td>-90</td><td>-85</td></tr>
</table>

<table>
<tr><th rowspan="4">系数</th><th colspan="2">最小法向侧隙种类</th><th colspan="2">h</th><th colspan="2">e</th><th colspan="2">d</th><th colspan="2">c</th><th colspan="2">b</th><th colspan="2">a</th></tr>
<tr><td rowspan="3">第Ⅱ公差组
精度等级</td><td>7</td><td colspan="2">1.0</td><td colspan="2">1.6</td><td colspan="2">2.0</td><td colspan="2">2.7</td><td colspan="2">3.8</td><td colspan="2">5.5</td></tr>
<tr><td>8</td><td colspan="2">—</td><td colspan="2">—</td><td colspan="2">2.2</td><td colspan="2">3.0</td><td colspan="2">4.2</td><td colspan="2">6.0</td></tr>
<tr><td>9</td><td colspan="2">—</td><td colspan="2">—</td><td colspan="2">—</td><td colspan="2">3.2</td><td colspan="2">4.6</td><td colspan="2">6.6</td></tr>
</table>

注：1. 各最小法向侧隙种类和各精度等级齿轮的 $E_{\bar{s}s}$ 值,是由基本值栏查出的数值再乘以系数得出。
2. 允许把大、小齿厚上偏差($E_{\bar{s}s1}$、$E_{\bar{s}s2}$)之和重新分配在两个齿轮上。

附表 12-32　最大法向侧隙 j_{nmin} 的制造误差补偿部分 $E_{\bar{s}\Delta}$ 值　　(μm)

<table>
<tr><th rowspan="3">第Ⅱ公差组
精度等级</th><th rowspan="3">中点法向模数
/mm</th><th colspan="9">中点分度圆直径/mm</th></tr>
<tr><th colspan="3">≤125</th><th colspan="3">>125~400</th><th colspan="3">>400~800</th></tr>
<tr>
<th>≤20</th><th>>20
~45</th><th>>45</th>
<th>≤20</th><th>>20
~45</th><th>>45</th>
<th>≤20</th><th>>20
~45</th><th>>45</th>
</tr>
<tr><td rowspan="3">7</td><td>≥1~3.5</td><td>20</td><td>20</td><td>22</td><td>28</td><td>32</td><td>30</td><td>36</td><td>50</td><td>45</td></tr>
<tr><td>>3.5~6.3</td><td>22</td><td>25</td><td>25</td><td>32</td><td>32</td><td>30</td><td>38</td><td>55</td><td>45</td></tr>
<tr><td>>6.3~10</td><td>25</td><td>25</td><td>28</td><td>36</td><td>36</td><td>34</td><td>40</td><td>55</td><td>50</td></tr>
<tr><td rowspan="3">8</td><td>≥1~3.5</td><td>22</td><td>22</td><td>24</td><td>30</td><td>36</td><td>32</td><td>42</td><td>60</td><td>50</td></tr>
<tr><td>>3.5~6.3</td><td>24</td><td>24</td><td>28</td><td>36</td><td>36</td><td>32</td><td>42</td><td>60</td><td>50</td></tr>
<tr><td>>6.3~10</td><td>28</td><td>28</td><td>30</td><td>40</td><td>40</td><td>38</td><td>45</td><td>60</td><td>55</td></tr>
<tr><td rowspan="3">9</td><td>≥1~3.5</td><td>24</td><td>24</td><td>25</td><td>32</td><td>38</td><td>36</td><td>45</td><td>65</td><td>55</td></tr>
<tr><td>>3.5~6.3</td><td>25</td><td>25</td><td>30</td><td>38</td><td>38</td><td>36</td><td>45</td><td>65</td><td>55</td></tr>
<tr><td>>6.3~10</td><td>30</td><td>30</td><td>32</td><td>45</td><td>45</td><td>40</td><td>48</td><td>65</td><td>60</td></tr>
</table>

附表 12-33　齿厚公差 $T_{\bar{s}}$　　　　　　　　　　　　　　(μm)

<table>
<tr><th colspan="2">齿圈跳动公差 F_r 值</th><th colspan="5">法向侧隙公差种类</th></tr>
<tr><th>大于</th><th>到</th><th>H</th><th>D</th><th>C</th><th>B</th><th>A</th></tr>
<tr><td>32</td><td>40</td><td>42</td><td>55</td><td>70</td><td>85</td><td>110</td></tr>
<tr><td>40</td><td>50</td><td>50</td><td>65</td><td>80</td><td>100</td><td>130</td></tr>
</table>

（续表）

齿圈跳动公差 F_r 值		法向侧隙公差种类				
大于	到	H	D	C	B	A
50	60	60	75	95	120	150
60	80	70	90	110	130	180
80	100	90	110	140	170	220
100	125	110	130	170	200	260
125	160	130	160	200	250	320

（3）齿坯检验与公差

锥齿轮毛坯上要注明：齿坯顶锥母线跳动公差、基准端面跳动公差、轴径或孔径尺寸公差、外径尺寸极限偏差、齿坯轮冠距和顶锥角极限偏差。其值可查附表 12-34～附表 12-36。

附表 12-34　齿坯尺寸公差

精度等级	6	7	8	9
轴轻尺寸公差	IT5	IT6		IT7
孔径尺寸公差	IT6	IT7		IT8
外径尺寸极限偏差		0 —IT8		0 —IT9

附表 12-35　齿坯轮冠距和顶锥角极限偏差

中点法向模数/mm	轮冠距极限偏差/μm	顶锥角极限偏差/(′)
≤1.2	0 —50	+15 0
>1.2～10	0 —75	+8 0
>10	0 —100	+8 0

附表 12-36　齿坯顶锥母线跳动和基准端面跳动公差　　　　　　（μm）

尺寸范围/mm		顶锥母线跳动公差			基准端面跳动公差		
		精度等级					
大于	到	5～6	7～8	9～12	5～6	7～8	9～12
—	30	15	25	50	6	10	15
30	50	20	30	60	8	12	20
50	120	25	40	80	10	15	25
120	250	30	50	100	12	20	30
250	500	40	60	120	15	25	40
500	800	50	80	150	20	30	50

注：1. 对于"顶锥母跳动公差"，尺寸范围对应着外径值；对于"基准端面跳动公差"，尺寸范围对应着基准端面直径值。

　　2. 当三个公差组精度等级不同时，公差值按最高精度等级查取。

（4）图样标注

齿轮精度等级、法向侧隙及法向侧隙公差种类在齿轮工作图上应予标注，示例如下：

① 齿轮的三个公差组精度均为 7 级，最小法向侧隙种类是 b，法向侧隙公差种类为 B，则标注形式为：

$$7\quad b\quad GB/T\ 11365{-}1989$$

② 齿轮的三个公差组精度均为 7 级，最小法向侧隙为 $400\,\mu m$，法向侧隙公差种类为 B，则标注形式为：

$$7\text{-}400\quad B\quad GB/T\ 11365{-}1989$$

③ 齿轮的第 Ⅰ 公差组精度为 8 级，第 Ⅱ 公差组和第 Ⅲ 公差组精度相等，同为 7 级，最小法向侧隙种类是 c，法向侧隙公差种类为 B，则标注形式为：

$$8\text{-}7\text{-}7\quad c B\quad GB/T\ 11365{-}1989$$

3. 蜗杆传动精度

（1）精度等级和蜗杆、蜗轮的检验与公差

国家标准 GB/T 10089—1988 规定蜗杆、蜗轮及蜗杆传动副的精度有 12 个等级，1 级精度最高，12 级精度最低。根据蜗杆传动使用性能的要求以及误差项目对其影响程度，标准将蜗杆、蜗轮及蜗杆传动副制造误差的公差分成三个公差组，各公差组分成若干检验组。根据使用要求不同，允许各公差组选用不同的精度等级组合，但在同一公差组中，各项公差或极限偏差应保持相同的等级。

根据蜗杆传动的工作要求和生产规模，在每个公差组中选定一个检验组来评验蜗杆、蜗轮的精度。当检验组中有两项或两项以上的误差项目时，应以其中最低一项的精度来评定蜗杆、蜗轮的精度等级。对于固定中心距的一般动力蜗杆传动，推荐的检验项目见附表12-37，各检验项目的公差值或极限偏差值见附表12-38～附表12-41。

附表 12-37　蜗杆、蜗轮及蜗杆传动的公差组检验项目

	检验项目	使用精度等级范围
第 Ⅰ 公差组	蜗轮齿距累积公差 F_p，蜗轮齿圈径向跳动公差 F_r	
第 Ⅱ 公差组	蜗杆轴向齿距极限偏差 $\pm f_{px}$，蜗杆轴向齿距累积公差 f_{pxL}，蜗杆齿槽径向跳动公差 f_r，蜗轮齿距极限偏差 $\pm f_{pt}$	7～8
第 Ⅲ 公差组	蜗杆齿形公差 f_{f1}，蜗轮齿形公差 f_{f2}，中心距极限偏差 $\pm f_a$，传动的轴交角极限偏差 $\pm f_\Sigma$，传动的中间平面极限偏差 $\pm f_x$，最小法向侧隙 j_{nmin}，接触斑点	
齿　坯	蜗杆、蜗轮齿坯基准面径向和端面跳动公差	

附表 12－38　蜗杆的公差或极限偏差值 （μm）

模数 m/mm	蜗杆轴向齿距 极限偏差 f_{px}			蜗杆轴向齿距 累积公差 f_{pxL}			蜗杆齿形公差 f_{fl}			蜗杆齿槽径向 跳动公差 f_r				
	精度等级									分度圆直径 d_1/mm	模数 m/mm	精度等级		
	7	8	9	7	8	9	7	8	9			7	8	9
≥1～3.5	11	14	20	18	25	36	16	22	32	≥31.5～50	≥1～10	17	23	32
>3.5～6.3	14	20	25	24	34	48	22	32	45	>50～80	≥1～16	18	25	36
>6.3～10	17	25	32	32	45	63	28	40	53	>80～125	≥1～16	20	28	40
>10～16	22	32	46	40	56	80	36	53	75	>125～180	≥1～25	25	32	45

附表 12－39　蜗轮的公差或极限偏差值 （μm）

分度弧长 L/mm	蜗轮齿距累积 公差 F_p 及 k 个 齿距累积公差 F_{pk}			分度圆 直径 d_2/mm	模数 m/mm	蜗轮齿圈径向 跳动公差 F_r			蜗轮齿距极限 偏差 $\pm f_{pt}$			蜗轮齿形公差 f_{f2}		
	精度等级					精度等级								
	7	8	9			7	8	9	7	8	9	7	8	9
>11.2～20	22	32	45	≤125	≥1～3.5	40	50	63	14	20	28	11	14	22
>20～32	28	40	56		>3.5～6.3	50	63	80	18	25	36	14	20	32
>32～50	32	45	63		>6.3～10	56	71	90	20	28	40	17	22	36
>50～80	36	50	71	>125 ～400	≥1～3.5	45	56	71	16	22	32	13	18	28
>80～160	45	63	90		>3.5～6.3	56	71	90	20	28	40	16	22	36
>160～315	63	90	125		>6.3～10	63	80	100	22	32	45	19	28	45
>315～630	90	125	180		>10～16	71	90	112	25	36	50	22	32	50

注：查 F_p 时取 $L=\pi d_2/2=\pi m z_2/2$；查 F_{pk} 时取 $L=k\pi m(2\leqslant k<z_2/2$，取整数)。对于 F_{pk}，除特殊情况外，规定取 k 值为小于 $z_2/6$ 的最大整数。

附表 12－40　蜗杆传动副的安装精度 （μm）

传动 中心距 a/mm	传动中心距极限 偏差 $\pm f_a$			传动中间平面极 限偏差 $\pm f_x$			传动轴交角极限偏差 $\pm f_\Sigma$			
	精度等级			精度等级			蜗轮齿宽 B/mm	精度等级		
	7	8	9	7	8	9		7	8	9
>30～50	31		50	25		40				
>50～80	37		60	30		48	≤30	12	17	24
>80～120	44		70	36		56	>30～50	14	19	28
>120～180	50		80	40		64	>50～80	16	22	32

（续表）

传动中心距 a/mm	传动中心距极限偏差$\pm f_a$			传动中间平面极限偏差$\pm f_x$		传动轴交角极限偏差$\pm f_\Sigma$			
	精度等级					蜗轮齿宽 B/mm	精度等级		
	7	8	9	7	8 9		7	8	9
>180~250	58	92		47	74	>80~120	19	24	36
>250~315	65	105		52	85	>120~180	22	28	42
>315~400	70	115		56	92	>180~250	25	32	48

注：蜗轮加工时的中心距偏差 f_{a0}、中间平面偏差 f_{x0} 和轴交角极限偏差 $f_{\Sigma0}$ 应分别为蜗杆传动副的 f_a、f_x 和 f_Σ 的 0.75 倍。

附表 12 - 41　传动接触斑点的要求　　　　　　　　　（%）

精度等级	接触面积的百分比		接触位置
	沿齿高不小于	沿齿长不小于	
7	55	50	接触斑点痕迹应偏于啮出端，但不允许在齿顶和啮入、啮出端的棱边接触
8			
9	45	40	

（2）蜗杆传动的侧隙

蜗杆传动的侧隙计算主要是确定传动的最小法向侧隙和蜗杆、蜗轮的齿厚公差，必要时才计算最大法向侧隙。根据最小法向侧隙的大小，标准将侧隙分为 a、b、c、d、e、f、g、h 八种，种类 a 的值最大，其余种类的值依次减小，种类 h 的值最小为零（见附图 12 - 12，附表 12 - 42）。侧隙种类根据使用要求和传动的工作条件选择，与精度等级无关。

传动的最小法向侧隙由蜗杆齿厚的减薄量来保证，即取蜗杆齿厚上偏差：

$$E_{ss1} = -(j_{nmin}/\cos\alpha_n + E_{s\Delta}),\ 齿厚下偏差\ E_{si1} = E_{ss1} - T_{s1};$$

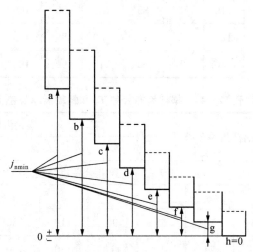

附图 12 - 12　传动的最小法向侧隙种类

蜗轮齿厚上偏差 $E_{ss2}=0$，齿厚下偏差 $E_{si1}=-T_{s2}$；其中，$E_{s\Delta}$ 是制造误差的补偿部分，T_{s1} 是蜗杆齿厚公差，T_{s2} 是蜗轮齿厚公差。有关数值见附表 12‑43 和附表 12‑44。

附表 12‑42　传动的最小法向侧隙 j_{nmin} 值　　　　　　　　　　（μm）

传动中心距 a/mm	侧隙种类							
	h	g	f	e	d	c	b	a
>30~50	0	11	16	25	39	62	100	160
>50~80	0	13	19	30	46	74	120	190
>80~120	0	15	22	35	54	87	140	220
>120~180	0	18	25	40	63	100	160	250
>180~250	0	20	29	46	72	115	185	290
>250~315	0	23	32	52	81	130	210	320
>315~400	0	25	36	57	89	140	230	360

附表 12‑43　蜗杆齿厚上偏差 E_{ss1} 中的误差补偿部分 $E_{s\Delta}$ 值　　　　　　（μm）

传动中心距 a/mm	模数 m/mm											
	≥1~3.5			>3.5~6.3			>6.3~10			>10~16		
	蜗杆第Ⅱ公差组精度等级											
	7	8	9	7	8	9	7	8	9	7	8	9
>30~50	48	56	80	56	71	95	63	85	115	—	—	—
>50~80	50	58	90	58	75	100	65	90	120	—	—	—
>80~120	56	63	95	63	78	105	71	90	125	80	110	160
>120~180	60	68	100	68	80	110	75	95	130	85	115	165
>180~250	71	75	110	75	85	120	80	100	140	90	115	170
>250~315	75	80	120	80	90	130	85	100	145	95	120	180
>315~400	80	85	130	85	95	140	90	105	155	100	125	185

附表 12‑44　蜗杆齿厚公差 T_{s1} 和蜗轮齿厚公差 T_{s2}　　　　　　　（μm）

模数 m/mm	蜗杆齿厚公差 T_{s1}			蜗轮齿厚公差 T_{s2}					
				$d_2\leqslant125$			$125<d_2\leqslant400$		
	第Ⅱ公差组精度等级								
	7	8	9	7	8	9	7	8	9
≥1~3.5	45	53	67	90	110	130	100	120	140
>3.5~6.3	56	71	90	110	130	160	120	140	170

模数 m/mm	蜗杆齿厚公差 T_{s1}			蜗轮齿厚公差 T_{s2}					
				$d_2 \leqslant 125$			$125 < d_2 \leqslant 400$		
	第Ⅱ公差组精度等级								
	7	8	9	7	8	9	7	8	9
>6.2~10	71	90	110	120	140	170	130	160	190
>10~16	95	120	150	—	—	—	140	170	210

注：1. 对传动最大法向侧隙 $j_{n\max}$ 无要求时，允许 T_{s1} 增大，最大不超过两倍。

2. 在最小法向侧隙能保证的条件下，T_{s2} 公差带允许要用对称分布。

3. d_2 为蜗轮分度圆直径，单位为 mm。

（3）齿坯公差

为保证制造精度与使用要求一致，蜗杆、蜗轮在轮齿加工、检验和安装时的基准面应尽可能一致，并在相应的零件图上予以标注。蜗杆、蜗轮齿坯公差见附表 12-45。

附表 12-45　蜗杆、蜗轮齿坯公差　　　　　　　　　（μm）

精度等级	齿坯尺寸和形状公差					齿坯基准面径向和端面跳动公差			
	尺寸公差		形状公差		齿顶圆直径公差带	基准面直径 d/mm			
	孔	轴	孔	轴		≤31.5	>31.5~63	>63~125	>125~400
6	IT6	IT5	5 级	4 级	h8	4	6	8.5	11
7,8	IT7	IT6	6 级	5 级	h8	7	10	14	18
9	IT8	IT7	7 级	6 级	h9	10	16	22	28

注：1. 当三个公差组的精度等级不同时，按最高精度等级确定公差。

2. 当以齿顶圆作为测量基准时，也即为蜗杆、蜗轮的齿坯基准面。当齿顶圆不作测量齿厚基准时，尺寸公差按 IT11 确定，但不得大于 0.1 mm。

（4）图样标注

在蜗杆、蜗轮工作图上，应分别标注精度等级、齿厚极限偏差或相应的侧隙种类代号和本标准代号。标注示例：

① 蜗杆的第Ⅰ、Ⅱ、Ⅲ公差组的精度等级为 5 级，齿厚极限偏差为标准值，相配的侧隙种类为 f，则标注为：

蜗杆 5　f　GB/T 10089—1988

若蜗杆的齿厚极限偏差为非标准值，如上偏差为 −0.27 mm，下偏差为 −0.04 mm，则标注为：

蜗杆 5　$\left(\begin{smallmatrix} -0.27 \\ -0.04 \end{smallmatrix} \right)$　GB/T 10089—1988

② 蜗轮的三个公差组的精度同为 5 级，齿厚极限偏差为标准值，相配的侧隙种类为 f，则标注为：

蜗轮 5　f　GB/T 10089—1988

若蜗轮的齿厚极限偏差为非标准值,如上偏差为$+0.10$ mm,下偏差为-0.10 mm,则标注为:

蜗轮 5　$\binom{+0.10}{-0.10}$　GB/T 10089—1988

③ 蜗轮的第 I 公差组精度等级为 5 级,第 II、III 公差组的精度等级为 6 级,齿厚极限偏差为标准值,相配的侧隙种类为 f,则标注为:

蜗轮 5-6-6　f　GB/T 10089—1988

④ 蜗杆传动副的第 I 公差组精度等级为 5 级,第 II、III 公差组的精度等级为 6 级,侧隙种类为 f,则标注为:

蜗杆副　5-6-6　f　GB/T 10089—1988

若法向侧隙为非标准时,如 $j_{n\min}=0.03$ mm,$j_{n\max}=0.06$ mm,则标注为:

蜗杆副　5-6-6　$\binom{0.03}{0.06}$　GB/T 10089—1988

参考文献

[1] 《机械设计手册》编写组. 机械设计手册. 北京：机械工业出版社,2004.

[2] 路永明主编. 机械设计课程设计. 山东：中国石油大学出版社,2005.

[3] 韩莉主编. 机械设计课程设计. 重庆：重庆大学出版社,2004.

[4] 王军主编. 机械设计基础课程设计. 北京：科学出版社,2007.

[5] 李海平主编. 机械设计基础课程设计. 北京：机械工业出版社,2006.

[6] 任嘉卉主编. 机械设计课程设计. 北京：北京航空航天大学出版社,2001.

[7] 孙宝钧主编. 机械设计课程设计. 北京：机械工业出版社,2006.

[8] 汤慧瑾主编. 机械设计课程设计(第2版). 北京：高等教育出版社,2008.

[9] 王大康,卢颂峰主编. 机械设计课程设计. 北京：北京工业大学出版社,2006.

[10] 陈立德主编. 机械设计课程设计指导书. 北京：高等教育出版社,2004.

[11] 王志伟,孟玲琴主编. 机械设计课程设计. 北京：北京理工大学出版社,2007.

[12] 任成高主编. 机械设计基础. 北京：机械工业出版社,2005.

[13] 胡家秀主编. 简明机械零件设计实用手册. 北京：机械工业出版社,2008.

[14] 王旭,王积森主编. 机械设计课程设计(第2版). 北京：机械工业出版社,2008.

[15] 寇尊权,王多主编. 机械设计课程设计. 北京：机械工业出版社,2008.

[16] 李立斌主编. 机械创新设计基础. 长沙：国防科技大学出版社,2002.

[17] 符炜主编. 机械创新设计构思方法. 长沙：湖南科学技术出版社,2006.

[18] 胡家秀,陈峰编著. 机械创新设计概论. 北京：机械工业出版社,2006.

[19] 刘晓宏主编. 创新设计方法及应用. 北京：化学工业出版社,2006.

[20] 骆素军,朱诗顺等主编. 机械课程设计简明手册. 北京：化学工业出版社,2006.

[21] 吴宗泽,罗圣国主编. 机械设计课程设计手册(第2版).北京：高等教育出版社,2006.

[22] 于惠力等主编. 机械设计课程设计. 北京：科学出版社,2007.

[23] 龚溎义主编. 机械设计课程设计图册(第3版). 北京：高等教育出版社,1999.

[24] 朱双霞等主编. 机械设计基础课程设计. 哈尔滨：哈尔滨工程大学出版社,2010.

[25] 向敬忠等主编. 机械设计课程设计图册. 北京：化学工业出版社,2009.

[26] 彭远辉,杨红主编. 机械设计基础课程设计指导与简明手册. 长沙：中南大学出版社,2009.

[27] 王大康,卢颂峰主编. 机械设计课程设计. 北京：北京工业大学出版社,2015.

[28] 成大先主编.《机械设计手册》第五版. 北京：化学工业出版社,2015.